CBAC
Ffiseg
ar gyfer UG

Llyfr Gwaith Adolygu

Gareth Kelly

Iestyn Morris

Nigel Wood

CBAC Ffiseg ar gyfer UG: Llyfr Gwaith Adolygu

Addasiad Cymraeg o *WJEC Physics for AS Level: Revision Workbook* (a gyhoeddwyd yn 2021 gan Illuminate Publishing Limited). Cyhoeddwyd y llyfr Cymraeg hwn gan Illuminate Publishing Limited, argraffnod Hodder Education, an Hachette UK Company, Carmelite House, 50 Victoria Embankment, London EC4Y 0DZ.

Archebion: Ewch i www.illuminatepublishing.com neu anfonwch e-bost at sales@illuminatepublishing.com

Cyhoeddwyd dan nawdd Cynllun Adnoddau Addysgu a Dysgu CBAC

© Gareth Kelly, Iestyn Morris a Nigel Wood (Yr argraffiad Saesneg)

Mae'r awduron wedi datgan eu hawliau moesol i gael eu cydnabod yn awduron y gyfrol hon.

© CBAC 2022 (Yr argraffiad Cymraeg hwn)

Data Catalogio Cyhoeddiadau y Llyfrgell Brydeinig

Mae cofnod catalog ar gyfer y llyfr hwn ar gael gan y Llyfrgell Brydeinig.

ISBN 978-1-912820-89-4

Argraffwyd gan: Cambrian Printers Ltd

11.22

Polisi'r cyhoeddwr yw defnyddio papurau sy'n gynhyrchion naturiol, adnewyddadwy ac ailgylchadwy o goed a dyfwyd mewn coedwigoedd cynaliadwy. Disgwylir i'r prosesau torri coed a gweithgynhyrchu gydymffurfio â rheoliadau amgylcheddol y wlad y mae'r cynnyrch yn tarddu ohoni.

Gwnaed pob ymdrech i gysylltu â deiliaid hawlfraint y deunydd a atgynhyrchwyd yn y llyfr hwn. Mae'r awduron a'r cyhoeddwyr wedi cymryd llawer o ofal i sicrhau un ai bod caniatâd ffurfiol wedi ei roi ar gyfer defnyddio'r deunydd hawlfraint a atgynhyrchwyd, neu bod deunydd hawlfraint wedi'i ddefnyddio o dan ddarpariaeth canllawiau masnachu teg yn y DU – yn benodol, ei fod wedi'i ddefnyddio'n gynnil, at ddiben beirniadaeth ac adolygu yn unig, a'i fod wedi'i gydnabod yn gywir. Os cânt eu hysbysu, bydd y cyhoeddwyr yn falch o gywiro unrhyw wallau neu hepgoriadau ar y cyfle cyntaf.

Gosodiad y llyfr Cymraeg: Neil Sutton, Cambridge Design Consultants

Dyluniad a gosodiad gwreiddiol: Nigel Harriss

Delwedd y clawr: ©V. Belov / Shutterstock.com

Cydnabyddiaeth

Hoffai'r awduron ddiolch i Adrian Moss am ein tywys ni drwy gamau cynnar y broses gynhyrchu, ac i dîm Illuminate, sef Eve Thould, Geoff Tuttle a Nigel Harriss, am eu hamynedd a'u sylw craff. Mawr yw ein diolch hefyd i Helen Payne am ei llygaid barcud wrth sylwi ar gamgymeriadau ac anghysonderau, ac am ei hawgrymiadau deallus.

Cydnabyddiaeth ffotograffau

t122: drwy garedigrwydd yr Ysgol Ffiseg a Seryddiaeth, Prifysgol Minnesota.

Darluniadau eraill © Illuminate Publishing

Cynnwys

Cyflwyniad

CWESTIYNAU YMARFER

PAPURAU ENGHREIFFTIOL

ATEBION

Sut i ddefnyddio'r llyfr hwn

Beth sydd yn y llyfr hwn

Mae'r cwrs Ffiseg UG, sef blwyddyn gyntaf y cwrs Ffiseg Safon Uwch, yn cynnwys dwy uned. Mae pob uned yn cael ei hasesu gydag arholiad 90 munud.

Uned 1: Mudiant, Egni a Mater – wedi'i rhannu'n saith testun

Uned 2: Trydan a Golau – wedi'i rhannu'n wyth testun

Mae gan bob testun ei adran ei hun yn y llyfr hwn, lle byddwch chi'n gweld y canlynol:

- Map cysyniadau, sy'n dangos sut mae'r cysyniadau o fewn y testun yn gysylltiedig â'i gilydd, ac â thestunau eraill.
- Set o gwestiynau graddedig, â lle gwag ar gyfer eich atebion, gyda'r nod o brofi cynnwys y testun mewn ffordd sy'n debyg i'r arholiad.
- Adran cwestiynau ac atebion sy'n cynnwys un neu ddwy enghraifft o gwestiynau arddull arholiad, gydag atebion gan ddau fyfyriwr, Rhodri a Ffion (sy'n rhoi atebion o safon wahanol), ynghyd â marciau a sylwadau gan arholwyr.

Mae'r adran nesaf yn cynnwys dau bapur enghreifftiol – un ar gyfer pob uned. Mae'r adran olaf yn cynnwys atebion i'r holl gwestiynau graddedig a'r papurau enghreifftiol.

Sut i ddefnyddio'r llyfr hwn yn effeithiol

Gallwch chi ddefnyddio'r llyfr hwn i adolygu yn unig, ac os felly, byddwch chi'n gweithio eich ffordd yn raddol drwy'r cwestiynau wrth i chi adolygu pob testun. Fel arall, gallwch chi ei ddefnyddio'n rheolaidd wrth i chi weithio eich ffordd drwy'r cwrs Ffiseg UG, gan ddefnyddio'r cwestiynau fel gwiriad/prawf diwedd testun. Efallai y bydd eich athro am ei ddefnyddio fel llyfr gwaith cartref sy'n cynnwys 15 set o gwestiynau gwaith cartref diwedd testun, yn ogystal â'r papurau enghreifftiol.

Mae'n debyg mai'r dull gwaethaf o adolygu Ffiseg yw darllen eich nodiadau neu eich gwerslyfrau yn unig. Bydd hyn yn gwneud i chi gysgu, ac ychydig iawn o'r wybodaeth byddwch chi'n ei chofio. Beth bynnag fydd ansawdd ysgrifennu'r nodiadau/gwerslyfrau, bydd darllen nodiadau bob amser yn cael effaith gysglyd ar bobl! Un ffordd o fynd i'r afael â'r duedd hon i golli'r gallu i ganolbwyntio yw gwneud eich nodiadau eich hun wrth i chi ddarllen drwy'r nodiadau/gwerslyfr. Fodd bynnag, os byddwch chi'n ailddarllen nodiadau yn unig, byddwch chi ond yn paratoi ar gyfer cwestiynau arholiad lle byddwch chi'n ailadrodd pethau rydych chi wedi'u dysgu. Dim ond 35% o'r arholiadau sy'n gwestiynau o'r fath, sef rhai Amcan Asesu 1 (AA1). Mae angen technegau adolygu gwahanol ar gyfer y sgiliau lefel uwch sydd eu hangen ar gyfer AA2 ac AA3. Gweler tudalennau 5 i 8 am wybodaeth bellach.

Fe welwch chi mai'r ffordd orau o adolygu yw ateb cwestiynau arddull arholiad. Fel yn achos nifer o feysydd eraill, arfer yw mam pob meistrolaeth mewn Ffiseg a dylech chi ymarfer cynifer â phosibl o'r cwestiynau ymarfer a'r papurau enghreifftiol yn y llyfr hwn.

Mae'n anochel y byddwch chi'n dod ar draws cwestiynau sy'n ymddangos yn anodd. Os na allwch ateb cwestiwn, dylech chi ddarllen eich nodiadau/gwerslyfr eto, ond byddwch chi'n gwneud hynny er mwyn eich helpu chi i ganolbwyntio. Os ydych chi'n dal i fethu ateb y cwestiwn, edrychwch ar yr atebion yng nghefn y llyfr. Os nad ydych chi'n deall yr ateb, yna mae'n bryd i chi ofyn i'ch athro neu eich cyd-fyfyrwyr am esboniad o sut a pham mae'r ateb yn gywir. Efallai y bydd eich athro hefyd yn nodi y gall atebion gwahanol ennill marciau, yn enwedig mewn cwestiynau trafod.

Felly bydd ateb y cwestiynau hyn a dadansoddi'r atebion enghreifftiol yn fwy defnyddiol wrth baratoi ar gyfer yr arholiad na dim ond darllen nodiadau neu wneud amserlenni adolygu (waeth pa mor lliwgar ydyn nhw!).

Amcanion asesu

Mae angen i chi ddangos eich gallu i ateb cwestiynau arholiad mewn ffyrdd gwahanol. Un ffordd o edrych ar gwestiwn arholiad yw ystyried a yw'n fathemategol ai peidio – ym maes Ffiseg, mae mathemateg yn y rhan fwyaf o gwestiynau. Mae rhai cwestiynau yn gofyn am arbenigedd o ran sgiliau ymarferol, hyd yn oed yn y papurau ysgrifenedig. Fodd bynnag, mae'n rhaid bodloni'r amcanion asesu hefyd. Mae tri amcan asesu:

Amcan Asesu 1 (AA1)

Cwestiynau AA1 yw rhai lle bydd angen:

dangos gwybodaeth a dealltwriaeth o syniadau, prosesau, technegau a dulliau gweithredu gwyddonol

Mae'r cwestiynau hyn yn ennill 35% o'r marciau yn y ddau bapur UG. Maen nhw'n ennill 30% o'r marciau Safon Uwch oherwydd bod yr unedau U2 yn cynnwys mwy o'r amcanion asesu eraill.

Mae'r frawddeg mewn print trwm yn edrych yn fwy cymhleth nag ydyw mewn gwirionedd. Yn y bôn, dyma'r marciau y gallwch chi eu hennill heb ormod o waith meddwl. Mae'r categori hwn yn cynnwys y canlynol:
- Galw i gof ddiffiniadau, deddfau ac esboniadau o'r fanyleb.
- Mewnosod data priodol mewn hafaliadau.
- Deillio hafaliadau lle bo angen yn y fanyleb.
- Disgrifio arbrofion o'r **gwaith ymarferol penodol**.

Yn gyffredinol, does dim angen i chi lunio barn na meddwl am bethau newydd. Mae'n bosibl dysgu diffiniad neu ddeddf heb ei ddeall yn llawn, felly mae'n syniad da defnyddio llyfryn termau a diffiniadau CBAC i'ch helpu chi i gofio'r rhain. Mae'r termau a'r diffiniadau sydd yn y llyfryn wedi'u hargraffu mewn **print trwm** ar y map cysyniadau sydd wedi'i gynnwys yn y llyfr hwn ar gyfer pob testun.

Enghreifftiau o gwestiynau AA1

1. Esboniwch y gwahaniaeth rhwng baryon a meson. [2]

Ateb da (marciau llawn 2/2): Mae gan faryon 3 chwarc, ond mae gan feson un cwarc ac un gwrthgwarc.

Ateb gwael (dim marciau 0/2): Mae baryonau a mesonau wedi'u gwneud o gwarciau, ond mae gan un 2 a'r llall 3.

Mae'r *ateb gwael* yn colli'r pwynt am y gwrthgwarc, ac nid yw'n glir pa un o'r ddau sydd â 3 chwarc.

2. Nodwch beth yw ystyr ffwythiant gwaith metel. [1]

Ateb da (1/1): Yr egni lleiaf sydd ei angen i dynnu electron o arwyneb glân.

Ateb gwael (0/1): Yr egni mae'n ei gymryd i dynnu electron o fetel.

Mae'r *ateb gwael* yn colli'r pwynt mai dyma'r egni *lleiaf* sydd ei angen, a bod yr allyriad o'r arwyneb.

3. Cyfrifwch egni ffoton pelydriad e-m â thonfedd 3.0×10^{-10} m. [2]

Ateb da (2/2): $E = hf = \dfrac{hc}{\lambda} = \dfrac{6.63 \times 10^{-34} \text{ J s} \times 3.00 \times 10^{8} \text{m s}^{-1}}{3.0 \times 10^{-10} \text{ m}} = 6.63 \times 10^{-16}$ J

Ateb gwael (0/2): $E = hf = 6.63 \times 10^{-34} \times 3.0 \times 10^{-10} = 1.989 \times 10^{-43}$ J

Er bod yr *ateb gwael* wedi dyfynnu hafaliad cywir ($E = hf$), ni wnaeth y myfyriwr fewnosod y data'n gywir (roedd wedi mewnosod y donfedd yn hytrach na'r amledd) ac felly ni chafodd unrhyw farc. Gallai rhoi'r unedau yn y gwaith cyfrifo fod wedi ei gwneud yn haws i'r myfyriwr sylwi ar y camgymeriad.

Amcan Asesu 2 (AA2)

Cwestiynau AA2 yw rhai lle bydd angen.

cymhwyso gwybodaeth a dealltwriaeth o syniadau, prosesau, technegau a dulliau gweithredu gwyddonol:
1. **mewn cyd-destun damcaniaethol**
2. **mewn cyd-destun ymarferol**
3. **wrth ymdrin â data ansoddol**
4. **wrth ymdrin â data meintiol.**

Y geiriau allweddol yma yw 'cymhwyso gwybodaeth'. Mae angen cymhwyso gwybodaeth mewn cyd-destunau damcaniaethol, ymarferol, ansoddol a meintiol. Mae cyd-destun damcaniaethol yn golygu rhyw gyd-destun delfrydol sydd wedi'i lunio gan yr arholwr. Mae cyd-destun ymarferol yn golygu bod y data yn debygol o fod wedi dod o arbrawf go iawn (er bod y data fel arfer yn cael eu creu gan yr arholwr). Mae cyd-destun ansoddol yn golygu heb rifau a chyfrifiadau, ac mae meintiol yn golygu'r gwrthwyneb (h.y. gyda rhifau a chyfrifiadau).

Sylwch y gall cymhwyso gwybodaeth yma hefyd gynnwys dadansoddi data, er bod 'dadansoddi' yn ymddangos yn AA3 (gweler tudalen 8). Yn gyffredinol, os bydd cwestiwn yn dweud wrthych chi pa fath o ddadansoddiad i'w wneud, sgiliau AA2 fydd y rhain. Os bydd y cwestiwn yn fwy penagored, ac mae'n rhaid i chi ddewis y dulliau dadansoddi eich hun, bydd y cwestiwn hwn yn cael ei ddosbarthu fel AA3. AA2 yw'r math mwyaf cyffredin o gwestiwn ac mae'n ennill 45% o'r marciau ar y papurau. Sylwch bod yn rhaid i bob cyfrifiad fod yn farciau AA2 yn bennaf: rydyn ni wedi gweld bod mewnosod data mewn hafaliad yn cael ei ystyried yn AA1, ond bydd unrhyw waith trin hafaliadau, fel newid y testun, a chynhyrchu ateb terfynol, yn dod o dan AA2.

Enghreifftiau o gwestiynau AA2

1. Mae grym 6.96 N yn gosod gwifren â thrawstoriad 4.3×10^{-5} cm^2 o dan straen 2.6%. Cyfrifwch fodwlws Young defnydd y wifren. [3]

Ateb da (3/3): $E = \dfrac{\sigma}{\varepsilon} = \dfrac{6.96 \text{ N} / 4.3 \times 10^{-9} \text{ m}^2}{0.026} = 6.2 \times 10^{10} \text{ Pa}$

Ateb gwael (1/3): $E = \dfrac{\sigma}{\varepsilon} = \dfrac{6.96 \text{ N} / 4.3 \times 10^{-5}}{2.6} = 6.2 \times 10^{4} \text{ Pa}$

Y ddau gamgymeriad yma yw peidio â thrawsnewid cm^2 yn m^2 a pheidio â mynegi'r 2.6% fel 0.026.

2. Mae gan gratin diffreithiant 320 o linellau am bob mm. Cyfrifwch ongl y dot llachar trefn tri pan fydd golau â thonfedd 633 nm yn cael ei dywynnu arno yn normal. [3]

Ateb da (3/3): $d = \dfrac{1}{320\,000} = 3.125 \times 10^{-6}$; $\theta = \sin^{-1}\left(\dfrac{3 \times 633 \times 10^{-9}}{3.125 \times 10^{-6}}\right) = 37.4°$

Ateb gwael (0/3): $\theta = \sin^{-1}\left(\dfrac{3 \times 633}{320}\right) = ??$ mae fy nghyfrifiannell yn dweud bod gwall.

Nid yw'r ymgeisydd yn deall yr hafaliad $\sin\theta = \dfrac{n\lambda}{d}$ oherwydd bod d yn anghywir ac nid yw'r donfedd wedi cael ei thrawsnewid o nm i m, felly nid yw wedi 'cymhwyso gwybodaeth' yn gywir.

Amcan Asesu 3 (AA3)

Cwestiynau AA3 yw rhai lle bydd angen:
> **dadansoddi, dehongli a gwerthuso gwybodaeth, syniadau a thystiolaeth wyddonol, gan gynnwys mewn perthynas â materion, er mwyn:**
> 1. **llunio barn a dod i gasgliadau**
> 2. **datblygu a mireinio dylunio a dulliau gweithredu ymarferol.**

Mae'r cwestiynau hyn yn ennill 20% o'r marciau yn y ddau bapur UG, a 25% o'r marciau Safon Uwch llawn.

Mae'r berfau *dadansoddi, dehongli* a *gwerthuso* i gyd yn berthnasol ac, yn wir, dyma beth fydd yn rhaid i chi ei wneud. Bydd y rhan fwyaf o'r marciau AA3 hyn yn canolbwyntio ar y pwynt cyntaf – *llunio barn* a *dod i gasgliadau*. Bydd y cyd-destun yn aml yn debyg i enghraifft o waith ymarferol penodol gyda data realistig. Mae'n ddigon posibl y bydd eich dadansoddiad yn cynnwys dadansoddi graffiau er mwyn dod i gasgliadau rhifiadol. Efallai y bydd yn rhaid i chi werthuso ansawdd y data a'ch casgliadau. Mewn rhai cwestiynau, bydd gosodiad yn cael ei roi i chi, a bydd yn rhaid i chi benderfynu a yw'n gywir (neu i ba raddau y mae'n gywir) ai peidio. Fel arfer, mae sawl ffordd o gael ateb synhwyrol: mae'n rhaid i chi ddewis un a strwythuro eich ateb yn ofalus. Mae cwestiynau eraill yn ymwneud ag ail ran y gosodiad AA3 – datblygu a mireinio dylunio a dulliau gweithredu ymarferol. Fel arfer, mae'r cwestiynau hyn yn seiliedig ar amherffeithiadau yn y data, a sut gallech chi wella'r dull gweithredu neu'r cyfarpar er mwyn cael gwell data. I ateb y cwestiynau hyn, bydd angen i chi eu darllen yn ofalus oherwydd bydd cliw (efallai ar y dechrau) ynglŷn â beth aeth o'i le.

Mae math arall o gwestiwn yn seiliedig ar ran y gosodiad sy'n nodi '*gan gynnwys mewn perthynas â materion*'. Mae'r '**materion**' yn cynnwys risgiau a manteision; materion moesegol; sut mae gwybodaeth newydd yn cael ei dilysu; sut mae gwyddoniaeth yn llywio'r broses o wneud penderfyniadau. Ceisiwch wneud sylwadau synhwyrol! Bydd y cynllun marcio yn caniatáu sawl ffordd o fynd i'r afael â'r cwestiynau hyn, a bydd y marciau'n eithaf cyraeddadwy – ewch ati i ateb y cwestiynau fel gwleidydd: gwnewch yn siŵr bod gennych chi farn. Mae gan bob papur theori un cwestiwn materion.

Enghreifftiau o gwestiynau AA3

1. Trafodwch ansawdd y data a gafodd Gwynfor er mwyn cyfrifo modwlws Young copr, a nodwch a yw'r data yn cytuno'n dda â'r ddamcaniaeth ai peidio. [4]

Ateb da (4/4): Mae'r data'n ymddangos yn dda gan fod pob pwynt yn agos at y llinell ffit orau. Mae'r llinell ffit orau yn dechrau fel llinell syth drwy'r tarddbwynt, sy'n cytuno â'r ddamcaniaeth, ac mae'r graddiant yn lleihau wrth i fesuriadau gael eu cymryd heibio i derfan elastig copr, sydd hefyd yn cytuno â'r ddamcaniaeth. Mae'r gwerth terfynol ar gyfer modwlws Young copr 25% yn rhy isel ac mae'n anghywir (gan fod yr ateb i'r rhan flaenorol yn awgrymu ansicrwydd o 15% yn unig).

Ateb gwael (0/4): Rwy'n hoffi'r data oherwydd mae patrwm pendant i'r canlyniadau ac mae'r graff yr un siâp â'r un sy'n ymddangos yn y gwerslyfr. Mae gwerth terfynol modwlws Young copr yn ymddangos yn rhy isel ac felly mae'n anghywir.

2. Darganfyddwch a fydd y pelydryn golau sydd i'w weld yn gwasgaru am bellter hir ar hyd y ffibr optegol. [5]

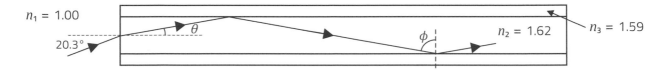

Trafodaeth: Dyma gwestiwn AA3, gan nad ydych chi'n cael gwybod pa egwyddor i'w chymhwyso. Er mwyn ennill marciau da, mae'n rhaid i chi sylweddoli bod adlewyrchiad mewnol cyflawn yn berthnasol i'r cwestiwn. Mae'n rhaid i chi hefyd wneud y cyfrifiadau angenrheidiol i ddarganfod a oes adlewyrchiad mewnol cyflawn yn digwydd yn achos y pelydr golau, ac esbonio sut mae canlyniadau'r cyfrifiadau'n llywio'r cwestiwn.

Paratoi ar gyfer yr arholiadau

Cynlluniau marcio arholiadau

Pan fydd arholwyr yn ysgrifennu cwestiynau ar gyfer arholiadau UG, byddan nhw hefyd yn paratoi cynlluniau marcio sy'n cynnwys manylion sut bydd y cwestiynau hyn yn cael eu marcio. Gweler tudalen 20 i gael enghraifft o gwestiwn a chynllun marcio perthnasol. Byddwch chi'n sylwi bod pob rhan o'r cwestiwn yn cael sylw, gyda manylion am y math o ateb sydd ei angen ar gyfer pob marc. Bydd y cynllun marcio hefyd yn cynnwys gwybodaeth am yr Amcanion Asesu ac unrhyw farciau sy'n cyfrif tuag at y sgiliau mathemategol ac ymarferol yn y papur.

Gadewch i ni edrych yn fanwl ar y cynllun marcio hwn:

Mae **rhan (a)** yn ddarn o waith llyfr y bydd disgwyl i chi ei wybod. Mae'r cynllun marcio yn rhoi ateb disgwyliedig, ond sylwch ar yr ymadrodd *neu ateb cyfatebol*. Mae hyn yn golygu y bydd yr arholwr (h.y. y marciwr) yn chwilio am fynegiant cywir o'r syniad hwn, sut bynnag mae wedi'i eirio. Er enghraifft, gallech chi ddweud, 'Mae swm cydrannau'r grymoedd i unrhyw gyfeiriad yn sero'. Mae'r marcwyr i gyd yn athrawon neu'n gyn-athrawon Ffiseg, felly byddan nhw'n gwybod sut i ddehongli ateb sydd ychydig yn wahanol.

Sylwch hefyd ar y gair *fector*. Mae mewn cromfachau sgwâr, sy'n golygu yr hoffai'r arholwr ei weld, ond byddech chi'n dal i gael y marc hyd yn oed os na fyddwch chi'n cynnwys y term.

Mae'r ail a'r trydydd marc ychydig yn fwy cymhleth: mae un marc ar gael ar gyfer y syniadau *sydd ddim* mewn print italig, a'r llall ar gyfer y geiriau *sydd* mewn print italig. Hyd yn oed os nad yw'n dweud 'neu ateb cyfatebol' mae hynny bob amser wedi'i awgrymu.

Mae **rhan (b)** wedi ei rhannu'n dair rhan. Sylwch yn rhan (i)(I) mai dim ond os byddwch chi'n rhoi'r uned gywir y byddwch chi'n cael y marc.

Yn rhan (i)(II), sylwch ar y llythrennau **dgy**. Ystyr hyn yw *dwyn gwall ymlaen*. Mae angen i chi wybod gwerth dau rym (11.8 N a 35.3 N), ac rydych chi newydd eu cyfrifo nhw yn rhan (b)(i)(I). Os oedd un neu ragor o'r atebion yn (b)(i)(I) yn anghywir, yna mae'r ymadrodd hwn werth y byd. Bydd yr arholwr yn caniatáu i chi weithio gyda'r atebion hyn wrth ateb (b)(i)(II) gan ennill marciau llawn, ar yr amod nad ydych chi'n gwneud rhagor o gamgymeriadau!

Y peth arall i sylwi arno yw'r ymadrodd **neu drwy awgrym** (*by implication*). Mae hyn yn golygu y bydd yr arholwr yn rhoi'r marc hyd yn oed os nad ydych chi wedi ysgrifennu'r hafaliad, ar yr amod bod eich ateb yn gywir wrth gwrs. Bydd yr arholwr yn tybio bod yn rhaid i chi fod wedi cymhwyso'r ffiseg yn gywir er mwyn cael yr ateb. Unwaith eto, hyd yn oed pan nad yw'r cynllun marcio'n dweud hynny'n benodol, mae'r rheol 'neu drwy awgrym' yn berthnasol oni bai bod y cwestiwn yn gofyn i chi **ddangos bod...** neu'n gofyn i chi **ddangos eich gwaith cyfrifo**.

Y marcio

Edrychwch nawr ar atebion Rhodri a Ffion i'r cwestiwn hwn. Mae eu hatebion wedi cael eu marcio. Sylwch fod yr arholwr wedi rhoi tic neu groes lle mae'r marc wedi'i roi neu ei atal. Fe welwch chi hefyd rai sylwadau gan yr arholwr. Os byddwch chi'n cael marc drwy dgy, bydd yr arholwr yn ysgrifennu hyn – edrychwch ar ateb Rhodri i (b)(i)(II).

Yn achos ateb cyntaf Rhodri, mae'r arholwr wedi ysgrifennu 'dim digon'. Mae hyn yn dangos bod yr ateb bron yno, ond mae gormod ar goll i allu dyfarnu'r marc.

Sylw cyffredin arall yw 'mya' – edrychwch ar ateb Ffion i ran (a). Ystyr hyn yw *mantais yr amheuaeth*. Mae Ffion wedi methu gair pwysig (cydrannau), ond roedd yr arholwr yn credu ei bod hi wedi gwneud digon i ennill y marciau.

Mae pob un o bapurau'r unedau UG yn 1½ awr o hyd ac wedi'u marcio allan o 80 marc.

Uned 1

Saith testun sydd yn Uned 1, a bydd tua 11 marc ar gael am bob testun. Byddai disgwyl i arholiad Uned 1 gynnwys saith cwestiwn – un ar bob testun. Bydd gwahaniaethau helaeth rhwng papur pob blwyddyn a'r strwythur sylfaenol hwn, ond bydd yr arholwyr yn ceisio dosbarthu eu marciau'n deg rhwng y testunau: mae saith cwestiwn yn ddisgwyliad synhwyrol. Er hyn, mae pedwar peth (heb gynnwys hap-ddosbarthiad) sy'n codi i ddymchwel y system gymesur hon.

1. Cynnwys ymarferol: Gallwch chi ddisgwyl i 20% o'r arholiad (16 marc) fod yn seiliedig ar ddadansoddi arbrofol. Mae hyn fel arfer yn golygu y bydd un (neu ddau o bosibl) o'r cwestiynau yn seiliedig ar un o'r chwe darn o waith ymarferol penodol ar gyfer yr uned hon. Gallai hyn fod yn ddisgrifiad o'r dull, yn ddadansoddiad o gyfeiliornadau, yn graffiau a chasgliadau – dyma'n aml y cwestiwn hiraf yn y papur.

2. Ansawdd Ymateb Estynedig (AYE): Cwestiwn 6 marc yw hwn, gyda llawer o linellau ar gyfer ysgrifennu ac efallai rhywfaint o le ar gyfer diagramau hefyd. Mae'r rhain yn tueddu i fod yn farciau AA1 ac felly'n dibynnu arnoch chi i ddysgu'r ffiseg sylfaenol sydd ei hangen i ateb y cwestiwn. Ond dim ond rhan o'r broblem yw hyn. Nid yn unig mae'n rhaid i chi roi'r wybodaeth ofynnol i lawr ar bapur, ond mae'n rhaid i chi hefyd wneud hynny mewn fformat rhesymegol sydd wedi'i gyflwyno'n dda, ac sy'n defnyddio sgiliau iaith da. Dim ond 1 marc ar y mwyaf yw'r gosb am sillafu, atalnodi a gramadeg gwael, ond 6 marc yw'r gosb am beidio â gwybod y ffiseg berthnasol! Math cyffredin o gwestiwn ar gyfer y cwestiwn AYE 6 marc hwn yw disgrifiad o waith ymarferol penodol.

3. Cynnwys synoptig: Er bod arholiad Uned 1 fel arfer ychydig ddyddiau cyn arholiad Uned 2, mae angen i chi wneud yn siŵr eich bod chi wedi adolygu Uned 2 yn drylwyr oherwydd y cynnwys synoptig hwn. Gall unrhyw un o destunau Uned 2 gael ei gyfuno â thestun Uned 1 i wneud cwestiwn anoddach, e.e. gallai cwestiwn am egni gyfuno gwaith, egni cinetig ac egni trydanol.

4. Materion: Bydd cwestiwn bob amser am 'faterion' (gan gynnwys pethau fel penderfyniadau sy'n ymwneud â defnyddio ffiseg mewn bywyd bob dydd), a bydd 2 neu 3 marc AA3 ar gael am y cwestiwn hwn. Fyddwch chi ddim yn gallu adolygu ar gyfer y cwestiynau hyn, ond dylech chi ymarfer y cwestiynau sydd wedi codi yn y gorffennol. Byddwch yn hyderus, a cheisiwch nodi rhai pwyntiau synhwyrol sy'n arwain at gasgliad synhwyrol.

Uned 2

Mae'r uned hon yn cynnwys wyth testun sy'n arwain at gymedr o 10 marc am bob testun, felly mae'n deg disgwyl y bydd wyth cwestiwn. Sylwch y gallai dau destun weithiau gael eu cyfuno yn un cwestiwn hirach, neu gallai un testun gael ei rannu yn ddau gwestiwn llai. Mae popeth am y cynnwys ymarferol, AYE, cynnwys synoptig a materion yr un mor berthnasol i Uned 2, ond mae un peth i'w ychwanegu am y cynnwys ymarferol.

Cynnwys ymarferol yn Uned 2: Bydd arholwyr yn gwneud pob ymdrech i wneud yn siŵr bod y sgiliau ymarferol sy'n cael eu hasesu yn Uned 2 yn wahanol i'r rhai sy'n cael eu hasesu yn Uned 1, e.e. fydd y ddwy uned ddim yn gofyn i chi blotio pwyntiau. Mae'r un peth yn wir am y sgiliau ymarferol eraill, fel mesur graddiannau a disgrifio llinellau ffit orau. Felly, ar ôl Uned 1 byddwch chi'n gwybod beth i edrych amdano yn Uned 2.

Geiriau ac ymadroddion gorchymyn pwysig

Dyma'r geiriau neu'r ymadroddion sy'n rhoi gwybod i chi pa fath o ateb sydd i'w ddisgwyl – mae cryn dipyn ohonyn nhw.

Nodwch (*state*): Mae disgwyl i chi roi gosodiad, heb esboniad.

Enghraifft: Nodwch beth sy'n digwydd i'r cerrynt wrth i dymheredd y wifren fetel gynyddu.

Ateb: Mae'n lleihau.

Diffiniwch: Mae angen i chi roi gosodiad sy'n agos at (neu'n cyfateb i) beth sy'n ymddangos yn llyfryn Termau a Diffiniadau CBAC.

Enghraifft: Diffiniwch y gwahaniaeth potensial (gp) rhwng dau bwynt.

Ateb: Dyma'r egni sy'n cael ei drawsnewid o egni potensial trydanol (i ryw ffurf arall) fesul uned o wefr (sy'n llifo o un pwynt i'r llall).

Esboniwch beth yw ystyr: Gall hyn olygu un neu ddau o bethau.

1. Weithiau mae'n golygu'r un peth â 'diffiniwch'.

   Enghraifft: Esboniwch beth yw ystyr y gwahaniaeth potensial (gp) rhwng dau bwynt.

   Ateb: [Yn union yr un peth â'r uchod.]

2. Weithiau mae'n ddiffiniad gyda rhif wedi'i gynnwys.

   Enghraifft: Esboniwch beth yw ystyr y gosodiad 'Modwlws Young dur yw 2×10^{11} Pa'.

   Ateb: Dyma'r diriant wedi'i rannu â'r straen, **ac** ar gyfer dur, mae'n 2×10^{11} Pa.

Esboniwch y gwahaniaeth (rhwng dau beth): Mae'n gofyn i chi roi dau ddiffiniad mewn gwirionedd, oherwydd drwy roi diffiniad o'r ddau beth, byddwch chi wedi esbonio'r gwahaniaeth rhyngddyn nhw yn awtomatig.

Enghraifft: Esboniwch y gwahaniaeth rhwng fector a sgalar.

Ateb: Mae gan fector faint a chyfeiriad, ond dim ond maint sydd gan sgalar.

Disgrifiwch: Mae angen rhoi disgrifiad cryno, ond does dim angen esboniad.

Enghraifft: Disgrifiwch ymddangosiad sbectrwm allyrru.

Ateb: Llinellau disglair ar gefndir tywyll.

Esboniwch ... (rhyw osodiad): Weithiau mae hyn yn gofyn am ddadl resymegol.

Enghraifft: Esboniwch pam mae gratin diffreithiant yn rhoi gwerth mwy cywir o donfedd golau laser na hollt dwbl, er ein bod ni'n gwybod beth yw gwahaniad union yr holltau ar gyfer y ddau.

Ateb: Mae'r gratin diffreithiant yn rhoi dotiau mwy disglair a chlir ac felly, mae'n bosibl pennu eu safle ychydig yn fwy trachywir. Bydd y gratin diffreithiant yn rhoi llawer mwy o wahaniad rhwng y dotiau, sy'n golygu y gallwn ni fesur yr ongl gyda % ansicrwydd is.

Awgrymwch ... (neu awgrymwch reswm ...): Er nad yw'n air gorchymyn cyffredin, gall gynhyrchu rhai cwestiynau sy'n anodd eu hateb, yn aml am nad yw ymgeiswyr yn siŵr beth sy'n cael ei ofyn. Bydd mwy nag un ateb derbyniol, neu byddai'r arholwr wedi defnyddio gair gorchymyn gwahanol. Bydd y rhain yn aml yn farciau AA3, sy'n ymddangos ar ddiwedd cwestiwn sy'n gofyn am sgiliau gwerthuso.

Enghraifft: Awgrymwch reswm pam mae graddiant y gromlin tymheredd yn erbyn amser yn lleihau ar dymheredd uwch.

Ateb: Mae'r graddiant yn lleihau oherwydd bod mwy o wres yn cael ei golli wrth i'r gwahaniaeth tymheredd rhwng y bloc alwminiwm a'r aer gynyddu (oherwydd hyn, mae angen mwy o egni mewnbwn am bob uned tymheredd). Ateb arall fyddai bod y cynhwysedd gwres sbesiffig yn cynyddu gyda'r tymheredd.

Cyfrifwch neu Darganfyddwch: Y nod yw cael yr ateb cywir (ynghyd â'r uned gywir, os yw'n ofynnol yn ôl y cynllun marcio). Gyda'r gair gorchymyn hwn, bydd yr ateb cywir yn cael marciau llawn heb y gwaith cyfrifo. Er hyn, mae'n syniad da iawn i chi ddangos eich gwaith cyfrifo gan fod marciau ar gael am hyn, hyd yn oed os yw'r ateb yn anghywir.

Enghraifft: Cyfrifwch fàs pêl ddur sydd â diamedr 2.00 cm, a dwysedd 7800 kg m^{-3}.

Ateb: $m = \rho V = \rho \frac{4}{3} \pi r^3 = 7800$ kg m$^{-3} \times \frac{4}{3} \times \pi \times (0.0100$ m$)^3 = 0.033$ kg (2 ff.y.)

[Sylwch nad oes yn rhaid i chi roi unedau yn y cyfrifiad – ond bydd angen i chi eu rhoi yn eich ateb!]

Cymharwch: Dydy hwn ddim yn air gorchymyn cyffredin, ond dylech chi wneud yn union beth mae'n ei ddweud wrthych chi am ei wneud – cymharu'r pethau mae'r cwestiwn yn eu dweud wrthych chi am eu cymharu.

Enghraifft: Cymharwch ymddangosiad seren boeth (10 000 K) ag ymddangosiad seren oer (3000 K) gyda'r un diamedr.

Ateb: Bydd y seren boeth yn ymddangos yn fwy disglair ac ychydig yn las, a bydd y seren oer yn ymddangos yn goch.

Gwerthuswch: Bydd gofyn i chi lunio barn, e.e. a yw gosodiad yn gywir neu'n anghywir, neu i benderfynu a yw data'n dda neu a yw gwerth terfynol yn fanwl gywir.

Cyfiawnhewch: Bydd y gair hwn weithiau'n cael ei ddefnyddio mewn ffordd debyg iawn i'r gair 'darganfyddwch' pan fydd marciau AA3 yn cael eu hasesu, e.e. cyfiawnhewch osodiad Blodeuwedd bod y darlleniad 2.00 V yn anomalaidd (afreolaidd).

Trafodwch: Gall hwn fod yn air gorchymyn yn y cwestiwn 'materion' yn aml. Yn gyffredinol, byddwch chi'n weddol agos ati os byddwch chi'n gwneud ychydig o bwyntiau o blaid mater y drafodaeth, ychydig o bwyntiau yn ei erbyn, ac yna'n dod i ryw fath o gasgliad synhwyrol.

Camgymeriadau cyffredin

1. **Peidio â thrawsnewid y rhifau sy'n cael eu rhoi yn gywir:** Fel arfer, mae pellterau planedol mewn km ond mae radiysau gwifrau mewn mm. Gall gwrthyddion fod mewn Ω, $k\Omega$ neu $M\Omega$. Mae'n rhaid trawsnewid y gwerthoedd hyn i'r pwerau o 10 cywir. Mae trawsnewidiadau cyffredin eraill i'w cael, fel newid diamedr i radiws wrth ddefnyddio fformiwlâu arwynebedd neu gyfaint. Gall y rhain i gyd arwain at gamgymeriadau syml nad ydyn nhw'n dangos dealltwriaeth wael o'r ffiseg. Fydd camgymeriadau o'r fath ddim yn cael cosb o fwy nag un marc fel arfer. Er hynny, mae'n debyg mai dyma'r camgymeriadau mwyaf cyffredin gan fyfyrwyr Ffiseg.

2. **Peidio â darllen y cwestiwn yn ddigon gofalus:** Mae hyn fel arfer yn arwain at beidio ag ateb y cwestiwn sy'n cael ei ofyn – naill ai drwy ateb cwestiwn gwahanol yn gyfan gwbl neu drwy fethu rhan o'r cwestiwn. Y rhannau mwyaf cyffredin o gwestiynau sy'n cael eu hepgor yw'r rhai nad oes ganddyn nhw linellau toredig i chi eu hateb arnyn nhw, e.e. ychwanegu at ddiagramau. Rhowch sylw arbennig i'r rhannau byr hyn o gwestiynau. Cwestiynau cyffredin eraill sy'n cael eu methu yw rhai sydd ag amod **a/ac** yn y cwestiwn ei hun, e.e. cyfrifwch y maint **ac** y cyfeiriad. Bydd myfyriwr wedi anghofio un rhan o'r cwestiwn neu'r llall yn yr ateb.

3. **Peidio â deall hafaliadau'n iawn:** Mae hyn yn aml yn golygu amnewid gwerthoedd anghywir mewn hafaliadau – pechod anfaddeuol! Mewn hafaliadau cinematig, er enghraifft, mae u a v yn aml yn cael eu cymysgu. Ddylech chi ddim gorfod defnyddio'r llyfryn data mewn gwirionedd; dylech chi wybod yr hafaliadau, gan wirio o bryd i'w gilydd i wneud yn siŵr eich bod chi'n eu cofio'n gywir. Sut mae gwneud yn siŵr nad ydych chi'n camddeall hafaliad? Ymarfer, ymarfer, ymarfer!

4. **Peidio â gwybod y termau a'r diffiniadau sylfaenol** (achos rhyfeddol o gyffredin o golli marciau): Mae gan CBAC lyfryn yn llawn o'r rhain – dylech chi wybod popeth sydd yn y llyfryn hwn.

5. **Anghofio sgwario gwerth yn yr hafaliad:** Mae hyn yn digwydd amlaf gyda'r hafaliad egni cinetig – bydd yr hafaliad $E = \frac{1}{2}mv^2$ wedi'i ysgrifennu'n gywir ond yna bydd yr ymgeisydd yn anghofio sgwario'r cyflymder ar y cyfrifiannell. Neu i'r gwrthwyneb, yn anghofio cyfrifo ail isradd yr ateb wrth ddefnyddio'r un hafaliad i gyfrifo'r cyflymder!

6. **Peidio â chynllunio'r strwythur cyn ateb cwestiwn AYE** (ac esboniadau estynedig): Mae gormod o ymatebion AYE yn ddryslyd ac yn ddistrwythur. Mae'n hawdd gwella hyn drwy dreulio eiliad neu ddwy yn cynllunio ac yn strwythuro eich ateb. Mae defnyddio brawddegau byr yn tueddu i helpu hefyd.

7. **Peidio â chydweddu'r gwerthoedd cyfatebol cywir mewn cyfrifiad:** Yr enghraifft fwyaf cyffredin o'r camgymeriad hwn yw yn achos cylchedau trydanol: cerrynt, gp a gwrthiant, e.e. bydd gp a cherrynt yn cael eu cyfuno i gael gwrthiant ($R = V/I$) ond dydy'r cerrynt a'r gp ddim yn cydweddu – mae'r gp ar gyfer un gwrthydd a'r cerrynt ar gyfer un arall.

Uned 1: Mudiant, Egni a Mater

Adran 1: Ffiseg sylfaenol

Crynodeb o'r testun

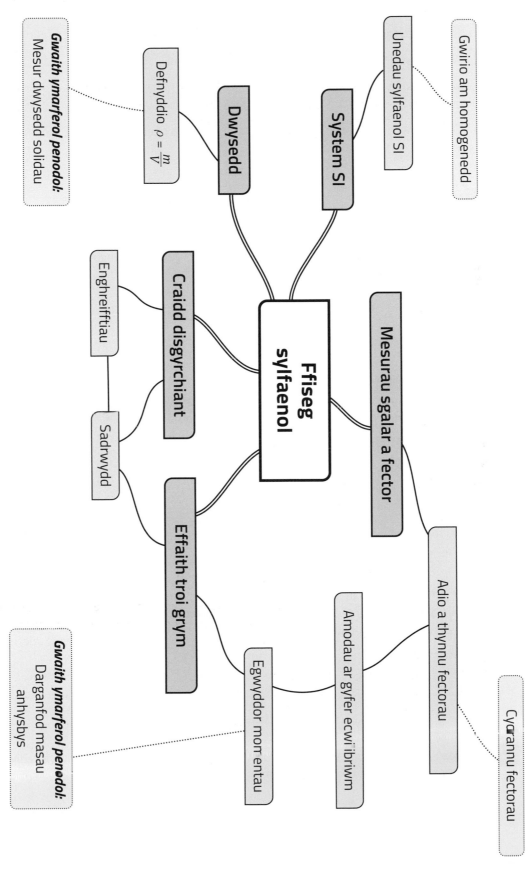

Ffiseg sylfaenol

Dwysedd — Defnyddio $\rho = \frac{m}{V}$

Gwaith ymarferol penodol: Mesur dwysedd solidau

System SI — Unedau sylfaenol SI — Gwirio am homogenedd

Craidd disgyrchiant — Enghreifftiau — Sadrwydd

Effaith troi grym — Egwyddor momentau

Gwaith ymarferol penodol: Darganfod masau anhysbys

Mesurau sgalar a fector — Adio a thynnu fectorau — Cydrannu fectorau — Amodau ar gyfer ecwilibriwm

C1 Mae'r candela (cd) yn un o saith uned sylfaenol SI. Nid yw'r uned hon yn cael ei defnyddio mewn Ffiseg Safon Uwch. Nodwch enwau a symbolau'r chwech uned sylfaenol SI arall. [2]

C2 Gallwn ni ysgrifennu 2il ddeddf mudiant Newton fel hyn: $F = ma$.

(a) Nodwch yr uned SI ar gyfer grym a rhowch ei symbol. [1]

(b) Defnyddiwch yr hafaliad i ysgrifennu'r uned grym yn nhermau metr (m), cilogram (kg) ac eiliad (s). [2]

(c) Defnyddiwch yr ateb i (b) a'r hafaliad sy'n diffinio'r gwaith i ddangos bod y joule, J, yn gallu cael ei fynegi fel kg m^2 s^{-2}. [2]

C3 Mae gwrthrychau sy'n symud yn araf iawn mewn aer yn profi grym llusgiad, F, sydd mewn cyfrannedd â'u buanedd, v, drwy'r aer, hynny yw $F = kv$, lle mae k yn gysonyn.

(a) Dangoswch fod uned k yn gallu cael ei ysgrifennu fel $[k] = $ kg s^{-1}. [2]

(b) Ar gyfer gwrthrychau sy'n symud yn gyflymach, mae'r hafaliad llusgiad yn newid yn $F = KAv^2$, lle mae A yn arwynebedd trawstoriadol ac mae K yn gysonyn (yn wahanol i'r un yn rhan (a)). Mynegwch uned K yn nhermau'r unedau sylfaenol SI. [2]

C4 Mae'r hafaliad $A = \pi r^2$ yn dangos y berthynas rhwng arwynebedd, A, cylch, a radiws y cylch hwnnw. Esboniwch pam nad oes uned gan π. [1]

C5 Dyma restr o fesurau byddwch chi'n dod ar eu traws ar y cwrs Ffiseg Safon Uwch. Rhannwch nhw yn fesurau *sgalar* a mesurau *fector*. [2]

egni   cyflymiad   amser   dwysedd   tymheredd   cyflymder   momentwm   gwasgedd

C6 Un o'r hafaliadau cinematig ar gyfer cyflymiad cyson yw $v = u + at$. Dangoswch fod yr hafaliad hwn yn homogenaidd. [2]

C7 Mae dau rym yn gweithredu ar wrthrych. 28 N a 45 N yw maint y grymoedd. Lluniadwch ddiagramau i ddangos sut gall y grym cydeffaith gael maint: (a) 73 N, (b) 17 N ac (c) 53 N. [4]

Ym mhob achos, nodwch gyfeiriad y grym cydeffaith mewn perthynas â'r grym 45 N.

[Awgrym: $28^2 + 45^2 = 53^2$]

(a)

Cyfeiriad = ...

(b)

Cyfeiriad = ...

(c)

Cyfeiriad = ...

C8 Mae grym yn gweithredu ar 25° i'r llorwedd. Maint cydran fertigol y grym yw 53 N. Cyfrifwch:

(a) Maint y grym. [2]

(b) Cydran lorweddol y grym. [1]

C9 Mae dau gwch, T_1 a T_2, yn tynnu llong fawr allan o'r porthladd. Mae T_1 yn rhoi grym 5.0 kN ar 15° i'r cyfeiriad ymlaen. Mae T_2 yn gwch mwy pwerus ac mae'n rhoi grym mwy, F, ar 10° i'r cyfeiriad ymlaen. Mae grym cydeffaith y rhain i'r cyfeiriad ymlaen yn union.

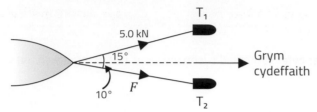

(a) Dangoswch mai tua 1.3 kN yw maint cydran y grym 5.0 kN ar 90° i'r cyfeiriad ymlaen. [2]

(b) Nodwch faint cydran grym F ar 90° i'r cyfeiriad ymlaen. [1]

(c) Cyfrifwch faint grym F. [2]

(ch) Cyfrifwch gydeffaith y ddau rym ar y llong. [3]

C10 Mae sawl grym yn gweithredu ar wrthrych. Nodwch y ddau amod mae'n rhaid eu bodloni er mwyn i'r gwrthrych fod mewn ecwilibriwm. [2]

C11 Mae pêl yn cael ei thaflu drwy'r awyr. Ar amser t_1 mae'n teithio gyda chyflymder 15.0 m s^{-1} ar 30.0° i'r llorwedd ac yn mynd i fyny. Ar amser t_2 mae ei chyflymder yn 20.0 m s^{-1} ar 49.5° i'r llorwedd ac yn disgyn.

(a) Dangoswch fod cydrannau llorweddol a fertigol cyflymder y bêl ar t_1 yn 13.0 m s^{-1} ac yn 7.50 m s^{-1} i fyny, yn ôl eu trefn. [2]

....

....

....

(b) Drwy ystyried cydrannau llorweddol a fertigol y cyflymder ar t_2 a'ch atebion i ran (a), cyfrifwch newid cyflymder y bêl rhwng t_1 a t_2. [3]

....

....

....

....

....

C12 Mae pêl, sy'n teithio ar 12 m s^{-1}, yn gwrthdaro â wal ac yn adlamu ar 10 m s^{-1} ar ongl sgwâr i'w chyfeiriad gwreiddiol. Mae'r diagram yn dangos yr olwg o uwchben.

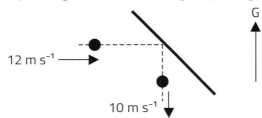

Cyfrifwch faint a chyfeiriad y newid mewn cyflymder. [3]

....

....

....

....

....

C13 Mae gan sbring gysonyn sbring k. Dyma'r grym am bob uned estyniad sydd ei angen i ymestyn y sbring ac mae ganddo'r uned N m^{-1}. Os oes gwrthrych â màs m yn cael ei hongian o'r sbring, yn cael ei dynnu i lawr a'i ryddhau, mae'n osgiliadu gyda chyfnod T. Nid yw'r myfyriwr yn cofio pa un o'r canlynol yw'r hafaliad cywir ar gyfer cyfrifo T:

$$T = 4\pi^2 \frac{m}{k}, \qquad T = 4\pi^2 \frac{k}{m}, \qquad T^2 = 4\pi^2 \frac{m}{k}, \qquad \text{neu} \qquad T^2 = 4\pi^2 \frac{k}{m}$$

Drwy ystyried unedau T, m a k, gwerthuswch a allai unrhyw un o'r hafaliadau hyn fod yn gywir. [3]

....

....

....

....

C14 Mae rîl yn cynnwys gwifren gopr gyda diamedr 0.317 mm. Cyfrifwch:

(a) Arwynebedd trawstoriadol y wifren mewn m². Rhowch eich ateb ar ffurf safonol. [2]

(b) Cyfaint hyd 85.0 cm o'r wifren. [2]

(c) Hyd y wifren hon a allai gael ei gynhyrchu o floc copr â màs 2.50 kg.
[Dwysedd copr yw 8.96×10^3 kg m⁻³.] [3]

C15 (a) Mae nwy ar wasgedd 2.50 MPa yn cael ei ddal gan biston mewn silindr â radiws 10.0 cm. Cyfrifwch y grym mae'r nwy yn ei roi ar y piston. [2]

(b) Mae sampl nwy yn cael ei ddal mewn pibell benagored gan biston sy'n cynnwys disg copr solid, â hyd 10.0 cm, fel sydd i'w weld. Gwasgedd, p_A, yr aer uwchben y disg copr yw 101 kPa. Cyfrifwch wasgedd, p, y nwy. [Awgrym: mae'r disg yn cael ei ddal yn ei le gan wir rym i fyny (*net upward force*) oherwydd y gwahaniaeth mewn gwasgedd.] [4]

(Dwysedd copr = 8.96×10^3 kg m⁻³)

C16 Mae Rhian yn cael bloc petryal o haearn, ac mae gofyn iddi ddarganfod ei ddwysedd. Dyma ei mesuriadau hi:

hyd / cm	6.35, 6.38, 6.34, 6.38, 6.37
lled / cm	4.26, 4.24, 4.28, 4.17, 4.25
uchder / cm	2.79, 2.81, 2.83, 2.80, 2.81
màs / g	599.5

(a) Mae Rhian yn meddwl ei bod hi wedi gwneud camgymeriad gydag un o'i mesuriadau, felly mae hi'n penderfynu ei anwybyddu. Nodwch y mesuriad amheus a rhowch reswm dros eich ateb. [2]

....

....

....

(b) Wrth gyfrifo'r ansicrwydd yn ei gwerth ar gyfer dwysedd yr haearn, mae Rhian yn penderfynu anwybyddu'r ansicrwydd ym mesuriad y màs. Gwerthuswch ei phenderfyniad. [2]

....

....

....

(c) Defnyddiwch y data i gyfrifo gwerth ar gyfer dwysedd haearn, a hefyd ei ansicrwydd **absoliwt**. [5]

....

....

....

....

....

....

....

C17 Mae Maurice yn cael pren mesur **hanner metr** unffurf, màs 100 g a darn o linyn, ac mae gofyn iddo fesur màs, m, darn metel. Mae'n hongian y màs 100 g o'r marc 1.0 cm ac yn cydbwyso'r pren mesur ar ymyl pensil. Y pwynt cydbwyso yw 15.0 cm.

pensil

Mae'n amnewid y màs 100 g am y darn metel. Y pwynt cydbwyso nawr yw 12.5 cm.

Defnyddiwch y canlyniadau hyn i ddarganfod màs y darn metel. [4]

....

....

....

....

....

C18 Mae arwydd tafarn unffurf â lled 80 cm a màs 3.5 kg wedi'i hongian o far metel â màs 1.5 kg a hyd 90 cm, gan ddau gyswllt, **A** a **B**. Mae pob cyswllt 10 cm o ymyl yr arwydd. Mae'r bar metel wedi'i gysylltu â'r wal gyda cholfach (*hinge*), **H**. Mae cyswllt **A** 15 cm o **H**. Mae'r bar metel hefyd wedi'i gysylltu â'r wal gyda gwifren sydd ynghlwm wrth y bar yn **B**.

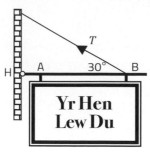

(a) Esboniwch pam mae'r tyniannau yn y ddau gyswllt, **A** a **B**, yn hafal a chyfrifwch eu maint. [3]

(b) Cyfrifwch swm momentau clocwedd y grymoedd ar y bar, o amgylch **H**. [2]

(c) Drwy ystyried momentau o amgylch **H**, cyfrifwch y tyniant, T, yn y wifren, gan nodi pa egwyddor rydych chi'n ei defnyddio ar gyfer ecwilibriwm. [3]

(ch) Mae'r colfach, **H**, hefyd yn rhoi grym ar y bar metel. Gan ddefnyddio amod gwahanol ar gyfer ecwilibriwm, darganfyddwch beth yw maint a chyfeiriad y grym mae'r colfach yn ei roi ar y bar. [3]

C19 Mae Dominic yn cwblhau tabl o werthoedd fector a sgalar:

Fectorau	Sgalarau
Grym	Tymheredd
Gwaith	Dadleoliad
Cyflymder	Egni

(a) Nodwch pa rai o ddewisiadau Dominic sy'n anghywir. [2]

....

....

....

(b) Yn achos dynameg hylif, mae'n bosibl darganfod gludedd (μ) hylif gyda'r hafaliad hwn:

$$\mu = \frac{\rho u L}{k}$$

lle mae k yn rhif diddimensiwn, ρ yw dwysedd yr hylif, u yw buanedd y llif a lle mae L yn hyd nodweddiadol.

(i) Esboniwch pam mae N s m^{-2} yn uned ddilys ar gyfer y gludedd, μ. [4]

....

....

....

....

....

(ii) Mae'r rhif diddimensiwn, k, yn yr hafaliad yn ffactor pwysig wrth ddarganfod mudiant pêl criced. Cyfrifwch k ar gyfer pêl criced â hyd nodweddiadol (L) 7.1 cm, sy'n teithio drwy aer â dwysedd 1.16 kg m^{-3} a gludedd 1.87 × 10^{-5} N s m^{-2} ar fuanedd 41.2 m s^{-1}. [3]

....

....

....

....

....

Cwestiynau Ymarfer Uned 1

Dadansoddi cwestiynau ac atebion enghreifftiol

C&A 1

(a) Mae grymoedd yn gweithredu ar wrthrych, ac mae llinellau gweithredu'r grymoedd i gyd yn yr un plân. Nodwch yr amodau mae'n rhaid eu bodloni er mwyn i'r gwrthrych fod mewn ecwilibriwm. [3]

(b) Mewn theatr, mae golau cylch (*spotlight*) â màs 3.60 kg yn hongian o roden unffurf â hyd 3.00 m a màs 1.20 kg. Mae'r rhoden yn cael ei dal yn llorweddol gan wifrau fertigol sydd ynghlwm wrth bwyntiau A a B, fel sydd i'w weld.

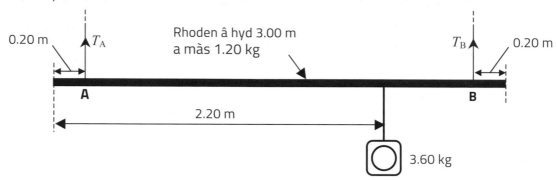

(i) (I) Defnyddiwch saethau wedi'u labelu i ddangos maint a chyfeiriad y ddau brif rym arall ar y system. [2]

(II) Darganfyddwch y tyniannau T_A a T_B. [4]

(ii) Gan esbonio eich ymresymu, darganfyddwch y màs lleiaf y gallwn ni ei hongian o *unrhyw le* ar y bar i wneud i'r bar ogwyddo. Mae'r golau cylch 3.60 kg wedi'i dynnu ymaith. [3]

Beth sy'n cael ei ofyn

Mae'r cwestiwn hwn yn ymwneud ag ecwilibriwm gwrthrychau pan fydd nifer o rymoedd yn gweithredu arnyn nhw. Mae gan y cwestiwn sawl rhan sy'n cynnwys AA1, AA2 ac AA3, gyda sgiliau geiriol a mathemategol. Mae'n dechrau gyda rhan adalw (a), ar yr amodau ar gyfer ecwilibriwm gwrthrych o dan ddylanwad nifer o rymoedd. Mae'r rhan hon wedi'i chynllunio i'ch arwain i'r cyfeiriad cywir ar gyfer y dadansoddi a'r gwerthuso yn rhan (b).

Cynllun marcio

Rhan o'r cwestiwn			Disgrifiad	AA 1	AA 2	AA 3	Cyfanswm	Sgiliau M	Sgiliau Y
(a)			1. Mae swm [fector] y grymoedd ar y gwrthrych yn sero, neu ateb cyfatebol [1] 2. Mae swm y momentau clocwedd *o amgylch unrhyw bwynt* yn hafal i swm y momentau gwrthglocwedd *o amgylch y pwynt hwnnw.* Ddim mewn print italig: [1], mewn print italig: [1]	3			3		
(b)	(i)	(I)	Saeth fertigol i lawr o ganol y rhoden, wedi'i labelu'n 11.8 N (angen uned) [1] Saeth fertigol i lawr ar y golau cylch, wedi'i labelu'n 35.3 N (angen uned) [1]		2		2	2	
		(II)	Hafaliad cywir o gymhwyso Egwyddor momentau, **neu** drwy awgrym, dgy ar 11.8 N a 35.3 N [1] 2il hafaliad yn gywir, e.e. $T_A + T_B = 11.8 + 35.3$ neu Egwyddor momentau o amgylch 2il bwynt [1] $T_A = 14.0$ N (derbyn 14 N) [1] $T_B = 33.1$ N (derbyn 33 N) [1] Dgy ar yr ail rym i'w gyfrifo, os yw'n anghywir dim ond oherwydd camgymeriad yn y cyntaf		4		4	4	

					3			
(ii)		Gosodiad (mewn geiriau): **Naill ai**: màs lleiaf os yw'n hongian o ben y bar **Neu**: bydd y wifren sydd ymhellach o'r màs yn llac (neu ateb cyfatebol) pan fydd y rhoden ar fin gogwyddo [1] (Os yw wedi'i hongian o'r chwith): $mg \times 0.2$ [m] = 11.8 [N] $\times 1.3$ [m] [1] $m = 7.82$ kg [1]					3	1 1	
Cyfanswm			3	6	3	12	8	

Atebion Rhodri

(a) Mae swm y grymoedd i fyny ar y gwrthrych yn hafal i swm y grymoedd i lawr. (dim digon)

Mae swm y momentau clocwedd yn hafal i swm y momentau gwrthglocwedd. ✓ X

SYLWADAU'R MARCIWR

Mae angen cydrannau grym i unrhyw gyfeiriad gael swm o sero. Nid yw wedi ennill y marc cyntaf.

Nid yw wedi ennill y trydydd marc oherwydd mae'n bwysig nodi bod y momentau clocwedd a gwrthglocwedd yn cael eu cymryd o amgylch yr un pwynt.

1 marc

(b) (i) (I)

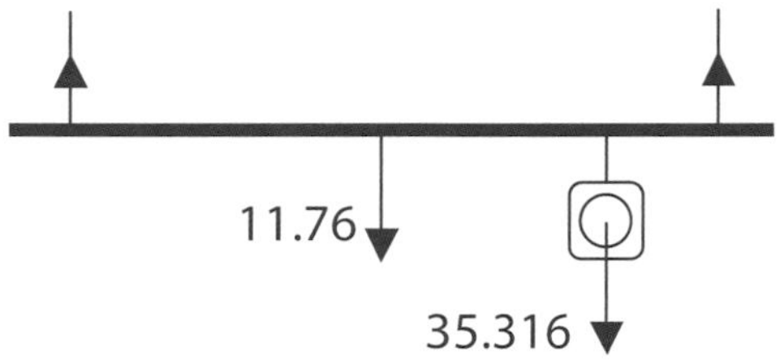

11.76

35.316

✓ X

SYLWADAU'R MARCIWR

Mae'r ail farc wedi'i golli am beidio â chynnwys yr uned. Mae Rhodri wedi rhoi gormod o ffigurau ystyrlon, ond mae hyn yn fwy tebygol o gael ei gosbi mewn cwestiwn sy'n seiliedig ar ganlyniadau arbrofol. Er hynny, mae'n well osgoi hyn!

1 marc

(II) Momentau o amgylch B

$11.8 \times 1.3 + 35.3 \times 0.6 = T_A$ X

$\therefore T_A = 36.5$ N X

$T_A + T_B = 11.8 + 35.3$ ✓dgy

$\therefore T_A + T_B = 47.1$

$\therefore T_B = 47.1 - 36.5 = 10.6$ N   ✓dgy

SYLWADAU'R MARCIWR

Yn yr hafaliad cyntaf, mae Rhodri wedi ysgrifennu T_A yn lle 2.6 [m] $\times T_A$. Mae ysgrifennu grym yn lle moment yn gamgymeriad o ran yr egwyddor (ac yn un rhyfeddol o gyffredin), felly mae'n colli'r marc cyntaf a'r trydydd marc. Er hyn, $T_A + T_B = 11.8 + 35.3$ yw'r hafaliad grym cywir, ac mae'n cael ei ddefnyddio yn gywir i ddod o hyd i T_B, gyda dgy ar T_A. Felly mae Rhodri yn ennill yr ail farc a'r pedwerydd marc.

2 farc

(ii) Gogwyddo'n fwyaf tebygol os yw màs yn hongian o'r pen   ✓

$mg \times 0.2 = 11.8 \times 1.3 + 10.6 \times 2.6$ X

màs = 22 kg   X

SYLWADAU'R MARCIWR

Dim ond y marc cyntaf sydd wedi'i ennill, am sylweddoli lle'r oedd angen hongian y màs. Wnaeth Rhodri ddim sylweddoli y byddai'r tyniant yn y wifren bellaf yn sero ac (mewn anobaith efallai?) fe wnaeth ddefnyddio'r gwerth blaenorol.

1 marc

Cyfanswm   **5 marc / 12**

Atebion Ffion

(a) Mae swm y grymoedd i unrhyw un cyfeiriad ar y gwrthrych yn sero. ✓'mya'

Mae swm y momentau clocwedd o amgylch y colyn yn hafal i swm y momentau gwrthglocwedd ✓ o amgylch y colyn. ✗

SYLWADAU'R MARCIWR

Dylai Ffion fod wedi ysgrifennu, 'mae swm cydrannau'r grymoedd i unrhyw gyfeiriad yn sero'. Pwynt cynnil yw hwn, ac mae'r arholwr wedi dyfarnu'r marc cyntaf drwy 'mya'.

Nid yw wedi ennill y trydydd marc oherwydd nid oes rhaid cael colyn – gall momentau gael eu cymryd o amgylch unrhyw bwynt.

2 farc

(b) (i) (I)

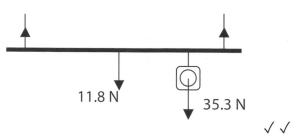

11.8 N   35.3 N

✓✓

SYLWADAU'R MARCIWR

Ateb perffaith.

2 farc

(II) $1.3T_A + 24.71 = 1.3T_B$

$T_A + T_B = 47.1 \text{ N}$ ✓

∴ $1.3T_A + 24.71 = 1.3(47.1 - T_A)$

∴ $2.6T_A = 46.52$

∴ $T_A = 17.9 \text{ N}$ a $T_B = 29.2 \text{ N}$ ✓✗✓

SYLWADAU'R MARCIWR

Roedd yr hafaliad cyntaf yn deillio o gymhwyso'r Egwyddor momentau o amgylch canol y rhoden. Gan nad yw'r ymgeisydd wedi dweud hyn wrthym ni, byddai unrhyw wall wrth gyfrifo moment 24.7(1) N m y golau cylch wedi gwneud y dull bron yn amhosibl ei ddilyn, a byddai'r rhan fwyaf o'r marciau wedi'u colli – tacteg risg uchel! Sylwch hefyd y byddai wedi bod yn fwy taclus cymryd momentau o amgylch A neu B oherwydd byddai 'pellter perpendicwlar' T_A neu T_B yn sero, felly dim ond un o'r tyniannau anhysbys fyddai'n ymddangos yn yr hafaliad. Fel y mae, mae'r ymgeisydd wedi datrys pâr o hafaliadau cydamserol, gan wneud camgymeriad rhifyddol yn unig (46.52 yn lle 36.52), gan golli'r trydydd marc.

3 marc

(ii) $0.2 W = 1.3 \times 11.8$ ✗✓

∴ $W = 76.7 \text{ N}$

màs = $\frac{76.7}{9.81}$ = 7.8 kg   ✓

SYLWADAU'R MARCIWR

Mae'r marc cyntaf wedi'i golli oherwydd nid yw'r ymgeisydd wedi gwneud unrhyw ymgais i esbonio ei hymresymu, fel sy'n ofynnol gan y cwestiwn. Roedd y dadansoddiad yn hollol gywir.

2 farc

Cyfanswm	9 marc / 12

Adran 2: Cinemateg

Crynodeb o'r testun

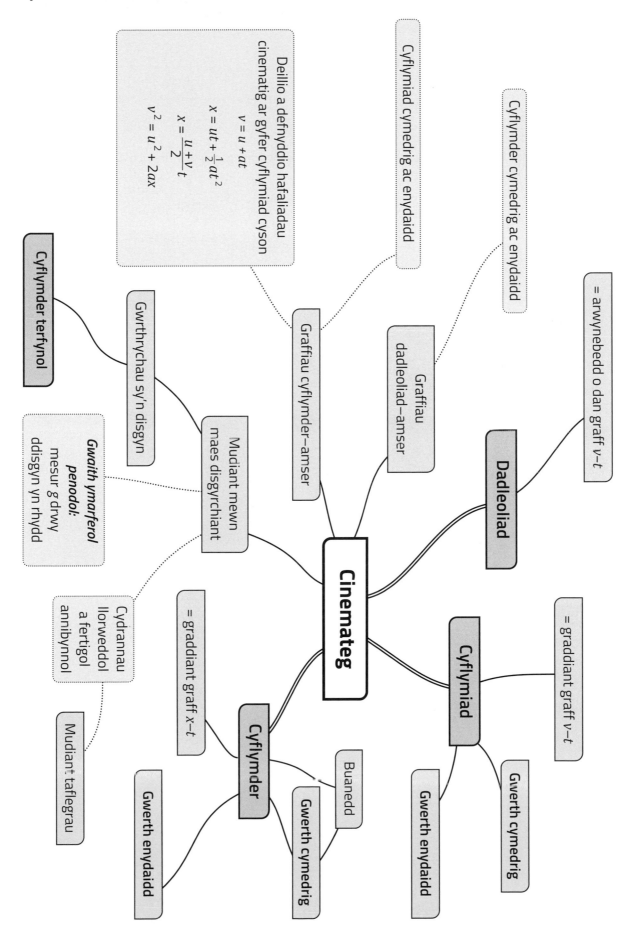

Deillio a defnyddio hafaliadau cinematig ar gyfer cyflymiad cyson

$$v = u + at$$

$$x = ut + \frac{1}{2}at^2$$

$$x = \frac{u+v}{2}t$$

$$v^2 = u^2 + 2ax$$

Cyflymiad cymedrig ac enydaidd

Cyflymder cymedrig ac enydaidd

= arwynebedd o dan graff v–t

Cyflymder terfynol

Gwrthrychau sy'n disgyn

Graffiau cyflymder–amser

Graffiau dadleoliad–amser

Dadleoliad

Gwaith ymarferol penodol: mesur g drwy ddisgyn yn rhydd

Mudiant mewn maes disgyrchiant

Cinemateg

Cydrannau llorweddol a fertigol annibynnol

= graddiant graff x–t

Cyflymder

Mudiant taflegrau

Gwerth enydaidd

Gwerth cymedrig

Buanedd

Cyflymiad

= graddiant graff v–t

Gwerth enydaidd

Gwerth cymedrig

C1 (a) Diffiniwch:

(i) Buanedd cymedrig. [1]

....

....

(ii) Cyflymder cymedrig. [1]

....

....

(b) Mae Rhiannon yn rhedeg o A i C o amgylch dwy ochr i gae sgwâr (trowch at y diagram). Mae hi'n cymryd 27 s. Cyfrifwch:

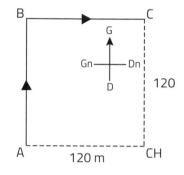

(i) Ei buanedd cymedrig. [1]

....

....

(ii) Ei chyflymder cymedrig. [2]

....

....

C2 Mae pêl sy'n symud i'r dwyrain ar 19 m s^{-1} yn gwrthdaro â wal fertigol ac yn adlamu'n ôl i'r cyfeiriad dirgroes ar 11 m s^{-1}. Yr amser cyswllt gyda'r wal yw 25 ms. Darganfyddwch gyflymiad cymedrig y bêl yn ystod y gwrthdrawiad, a rhowch sylwadau ar ei faint. [4]

....

....

....

....

....

....

....

C3 (a) Deilliwch yr hafaliadau canlynol ar gyfer mudiant cyflymol unffurf (*uniformly accelerated motion*). Mae croeso i chi ddefnyddio'r graff sydd wedi'i fraslunio, gan ychwanegu eich labeli eich hun.

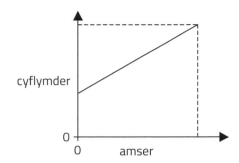

(i) $v = u + at$ [1]

....

....

....

(ii) $x = \dfrac{u + v}{2}t$ [2]

....

....

....

(iii) $x = ut + \frac{1}{2}at^2$ [2]

....

....

....

....

(b) Defnyddiwch yr hafaliadau $v = u + at$ ac $x = \dfrac{u + v}{2}t$

i ddeillio'r hafaliad canlynol ar gyfer mudiant cyflymol unffurf.

$$v^2 = u^2 + 2ax$$ [3]

....

....

....

....

C4 Mae carreg yn cael ei thaflu gyda chyflymder 15.5 m s^{-1} i fyny.

(a) Gan anwybyddu grymoedd heblaw am dynfa disgyrchiant y Ddaear, darganfyddwch:

(i) Ei uchder mwyaf uwchben ei bwynt lansio. [2]

....

....

....

(ii) Yr amser mae'n ei gymryd i gyrraedd ei uchder mwyaf. [2]

....

....

....

(b) Mae Bryn yn dweud y dylai'r amser mae'n ei gymryd i'r bêl gyrraedd hanner ei uchder mwyaf fod yn hanner yr amser i gyrraedd ei uchder mwyaf. Heb wneud gwaith cyfrifo pellach, gwerthuswch yr honiad hwn. [2]

....

....

....

(c) (i) Cyfrifwch yr amser mae'n ei gymryd **o'r lansiad** i'r garreg gyrraedd hanner yr uchder mwyaf, ar y ffordd yn ôl i lawr. [3]

....

....

....

....

....

(ii) Cyfrifwch fuanedd y garreg ar yr amser hwn. [2]

....

....

....

C5 Mae Ilyushin Il-76 yn awyren sy'n gallu cael ei defnyddio fel bomiwr dŵr. Mae'n cario swm mawr o ddŵr i'w ollwng ar ardaloedd sy'n llosgi, e.e. tanau coedwig. Mae awyren fomio'n hedfan ar uchder 100 m ar fuanedd 120 m s^{-1}. Mae'n rhyddhau ei brif lwyth (y dŵr) cyn iddi fod dros y tân.

(a) Esboniwch yn nhermau mudiant y dŵr, pam mae'n rhaid iddi wneud hyn. [2]

....

....

(b) Cyfrifwch pa mor bell cyn yr ardal sy'n llosgi y dylai'r awyren ryddhau'r dŵr. [Anwybyddwch effaith gwrthiant aer.] [3]

....

....

....

....

C6 Mae Huw yn taflu pêl ar fuanedd, u , 20.0 m s^{-1}, ar ongl, θ, 37° uwchben y llorwedd.

(a) (i) Cyfrifwch y gydran cyflymder llorweddol cychwynnol. [1]

(ii) Cyfrifwch y gydran cyflymder fertigol cychwynnol. [2]

(iii) Mae Huw yn poeni bod adio ei atebion i (a) (i) a (ii) yn creu cyfanswm sy'n fwy na'r buanedd gwreiddiol. Trafodwch a ddylai boeni ai peidio. [2]

(b) Darganfyddwch:

(i) Yr uchder mwyaf mae'r bêl yn ei gyrraedd. [2]

(ii) Cyrhaeddiad llorweddol y bêl (o'i bwynt lansio nes iddi ddod yn ôl i'r un lefel). [3]

(c) Mae Huw yn darllen mewn gwerslyfr mathemateg Safon Uwch bod cyrhaeddiad (*range*), R, taflegryn yn cael ei roi gan:

$$R = \frac{u^2 \sin 2\theta}{g}$$

(i) Dangoswch fod yr hafaliad hwn yn homogenaidd (h.y. mae'n gweithio yn nhermau unedau). [2]

(ii) Cymharwch ganlyniad defnyddio'r hafaliad hwn gyda'ch ateb i (b)(ii). [1]

C7 Mae graff cyflymder–amser yn cael ei roi ar gyfer beiciwr ar ffordd syth.

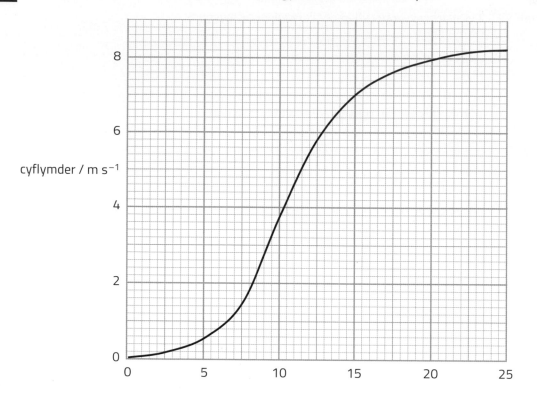

(a) Drwy ychwanegu at y graff os ydych chi am wneud hynny, darganfyddwch:

(i) Maint cyflymiad cymedrig y beiciwr rhwng 10.0 s a 20.0 s. [2]

....

....

....

(ii) Maint ei gyflymiad ar 15.0 s. [4]

....

....

....

....

....

(b) Mae Iolo yn credu y gellir ateb (a) (ii) drwy ddarganfod y cyflymiad cymedrig dros y cyfwng amser 14.5 s i 15.5 s. Gwerthuswch ei honiad. [2]

....

....

....

C8 Dyma graff cyflymder–amser delfrydol ar gyfer car trydan sy'n teithio rhwng dwy set o oleuadau traffig:

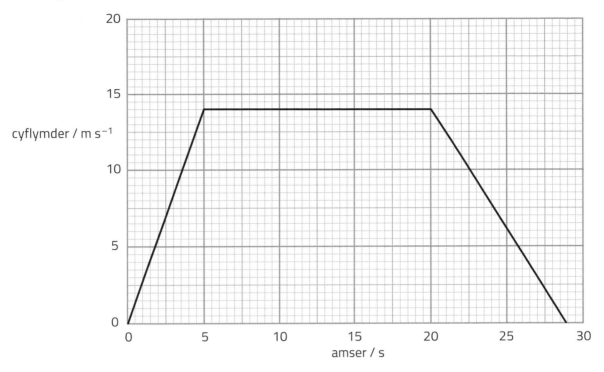

(a) Darganfyddwch gyflymder cymedrig y car yn ystod y mudiant. [3]

....

....

....

....

....

....

(b) Gan ddefnyddio'r un grid, lluniadwch graff dadleoliad–amser ar gyfer y mudiant. Bydd angen i chi ychwanegu graddfa dadleoliad at y grid. [3]

Lle gwag ar gyfer gwaith cyfrifo ychwanegol, os oes angen.

(c) Brasluniwch graff cyflymiad–amser ar gyfer y mudiant yn y lle gwag isod. Labelwch y gwerthoedd pwysig. [3]

C9 Mae Helen yn eistedd mewn cerbyd agored ar lein fach (*narrow-gauge railway*) sy'n teithio ar fuanedd cyson 8.0 m s⁻¹. Mae hi'n taflu pêl yn fertigol i fyny (o'i safbwynt hi) ar fuanedd 10.0 m s⁻¹ (h.y. cydran fertigol gwirioneddol cyflymder y bêl yw 10.0 m s⁻¹) ac yna'n dal y bêl.

Dylech chi anwybyddu effeithiau gwrthiant aer ar gyfer rhannau (a)–(c) y cwestiwn hwn.

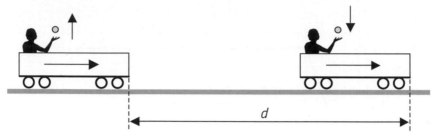

(a) Cyfrifwch y pellter mae'r trên yn ei symud yn ystod yr amser mae'r bêl yn yr awyr. [3]

(b) Ychwanegwch at y diagram uchod i fraslunio'r llwybr mae'r bêl yn ei gymryd yn ystod ei mudiant drwy'r awyr, fel y byddai arsylwr sy'n sefyll y tu allan i'r trên yn ei weld. [1]

(c) Esboniwch yn nhermau mudiant fertigol a llorweddol y bêl, pam mae Helen yn gallu dal y bêl er ei bod hi wedi symud y pellter rydych chi wedi'i gyfrifo yn rhan (a). [2]

(ch) Trafodwch sut byddai gwrthiant aer wedi effeithio ar fudiant y bêl. Meddyliwch am y peth o safbwynt Helen a safbwynt yr arsylwr. [3]

Dadansoddi cwestiynau ac atebion enghreifftiol

C&A 1 Mae graff cyflymder–amser (gyda graddfeydd wedi'u tynnu o'r echelinau) wedi'i roi ar gyfer gwrthrych sy'n symud ar hyd llinell fertigol. Disgrifiwch beth mae'r graff yn ei ddweud wrthym ni am fudiant y gwrthrych yn ystod pob cam, AB, BC a CD, yn nhermau ei gyflymder, ei gyflymiad a'i ddadleoliad o'i fan cychwyn (yn A). [6 AYE]

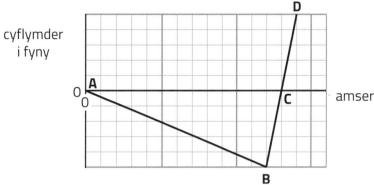

Beth sy'n cael ei ofyn

Ar yr olwg gyntaf, dyma gwestiwn syml iawn am ddehongli graff cyflymder–amser. Ar gyfer y cwestiwn AYE hwn, mae'n bwysig gwneud yn siŵr bod yr holl bwyntiau'n cael eu trafod, h.y. y camau AB, BC a CD, a hefyd y tair agwedd ar y mudiant. Mae angen sicrhau cysylltiadau da rhwng y pwyntiau hyn yn y naratif hefyd. I ennill marc yn y band uchaf (5–6 marc), mae angen rhoi disgrifiad cynhwysfawr o gyflymder, cyflymiad a dadleoliad ym mhob un o'r tri cham. Bydd atebion yn y bandiau canol (3–4 marc) ac isaf (1–2 farc) yn rhoi llai o sylw da i'r agweddau ar y mudiant, neu i'r camau gwahanol, neu'r ddau.

Cynllun marcio

Rhan o'r cwestiwn	Disgrifiad	AA 1	AA 2	AA 3	Cyfanswm	Sgiliau M	Sgiliau Y

	Cynnwys dangosol
	AB – cyflymder: mae'n cynyddu o sero; i lawr
	    cyflymiad: mae'n gyson; i lawr
	    dadleoliad: mae'n cynyddu i lawr; ar gyfradd sy'n cynyddu
	BC – cyflymder: i lawr; mae'n lleihau i sero
	    cyflymiad: mae'n gyson; i fyny; yn fawr o'i gymharu â thros AB
	    dadleoliad: mae mwy o ddadleoliad i lawr; ar gyfradd sy'n lleihau; dim ond ychydig yn fwy
	CD – cyflymder: i fyny; mae'n cynyddu o sero; mae'n dod i ben ar y cyflymder gwrthdro i B
	    cyflymiad: mae'r un peth â thros BC
	    dadleoliad: mae lleihad yn y dadleoliad i lawr; ond dim ond ychydig / yn hafal i'r cynnydd dros BC
		2	4		6		

Cyfanswm		2	4		6		

Cwestiynau Ymarfer Uned 1

Atebion Rhodri

Yn AB, mae'r gwrthrych yn symud i lawr, gan fynd yn gyflymach, felly mae'n cyflymu. Mae ei ddadleoliad (i lawr) yn cynyddu'n raddol.

Yn BC, mae'r gwrthrych yn colli ei holl gyflymder. Mae ganddo gyflymiad cyflym i fyny. Mae ei ddadleoliad yn dal i gynyddu.

Yn CD, mae'r gwrthrych yn mynd yn gyflymach eto, ond yn mynd i fyny, gyda'r un cyflymiad ag o'r blaen. Mae'r dadleoliad i lawr yn lleihau oherwydd mae'r gwrthrych yn mynd i fyny.

SYLWADAU'R MARCIWR

Nid oes camgymeriadau amlwg yn yr ateb hwn, ond mae diffyg manylder cyffredinol, sy'n golygu ei fod yn ateb band canol.

Yn AB, dylen ni fod wedi cael gwybod bod y cyflymiad i lawr. Nid yw 'yn raddol' yn ffordd dda o ddisgrifio sut mae'r dadleoliad yn cynyddu.

Yn BC, un feirniadaeth fach yw nad yw cyflymiadau'n *gyflym* nac yn *araf*, ond yn hytrach yn *fawr* neu'n *fach*, yn *uchel* neu'n *isel*. Nid yw'r ymgeisydd wedi sôn bod y dadleoliad ychwanegol yn fach o'i gymharu â'r dadleoliad dros AB.

Yn CD, mae 'yr un cyflymiad ag o'r blaen' yn amwys. Roedd hefyd angen i rywbeth gael ei ddweud am gymaint neu gyn lleied y mae'r dadleoliad i lawr yn lleihau.

4 marc

[**Sylw:** Mae marcio cwestiynau AYE yn ymwneud â llunio barn. Efallai y byddai arholwr gwahanol wedi dyfarnu 3 marc.]

Atebion Ffion

Dros AB, mae cyflymder y gwrthrych yn lleihau, ond mewn gwirionedd mae'r gwrthrych yn mynd yn gyflymach. Mae hyn yn golygu bod ganddo gyflymiad sy'n negatif ac yn gyson (graddiant cyson). Mae ei ddadleoliad yn negatif ac yn cynyddu o ran maint.

Dros BC, mae'r gwrthrych yn arafu, er bod goledd y graff yn fawr ac yn bositif, felly mae'r cyflymiad yn bositif, yn gyson ac yn fwy na'r cyflymiad dros AB. Mae'r dadleoliad negatif yn dal i gynyddu o ran maint, ond ddim o ryw lawer gan fod yr arwynebedd o dan y graff yn fach yma.

Dros CD, mae cyflymder y gwrthrych yn cynyddu erbyn hyn. Mae'r cyflymiad yr un peth ag yn BC. Mae dadleoliad negatif y gwrthrych yn lleihau ychydig.

SYLWADAU'R MARCIWR

Byddai ateb yr ymgeisydd hwn wedi bod yn rhagorol pe bai wedi defnyddio *i fyny* yn lle *positif* ac *i lawr* yn lle *negatif*. Mae'r frawddeg gyntaf braidd yn ddryslyd, ac mae'n awgrymu bod rhywfaint o broblem gysyniadol am fesurau fector. Byddai wedi bod yn gliriach pe bai'r ymgeisydd wedi dweud bod maint y cyflymder yn cynyddu yn AB.

Nid oes sylw wedi'i wneud am y cyfraddau y mae'r dadleoliad yn newid ar bob cam.

Roedd y cwestiwn yn gofyn am osodiadau disgrifiadol yn lle esboniadau, ond mae'r ymgeisydd wedi cyfiawnhau ei hateb (ar gyfer BC) drwy sôn am raddiant graff ac arwynebedd o dan y graff. Mae'r ddau sylw byr hyn yn tueddu i wella ei hateb, ond mae gormod o ddeunydd esboniadol yn amharu ar y disgrifiad y gofynnwyd amdano.

Mae'r sylw da sydd wedi'i roi i gyflymiad, cyflymder a dadleoliad ym mhob un o'r tri cham yn golygu bod yr ateb yn un band uchaf.

5 marc

C&A 2

(a) Mewn arbrawf i ddarganfod gwerth ar gyfer g, mae myfyriwr yn gollwng chwech marblen, un ar y tro, o ffenestr wythfed llawr adeilad tal. Mae myfyriwr arall yn defnyddio stopwatsh i amseru pa mor hir mae'r marblis yn ei gymryd i gyrraedd y ddaear (mewn ardal wedi'i chau â rhaffau). Mae'r uchder gollwng yn cael ei fesur fel 24.30 m ± 0.01 m. Dyma'r amserau sy'n cael eu cofnodi:

2.31 s   2.47 s   2.26 s   2.42 s   2.35 s   2.51 s

Cyfrifwch werth ar gyfer g o'r canlyniadau hyn, a hefyd ei ansicrwydd absoliwt, gan roi eich gwaith cyfrifo.

[6]

(b) Rhowch sylwadau ar y gwerth ar gyfer g a'i ansicrwydd a gafodd ei gyfrifo yn rhan (a), a thrafodwch yn gryno achosion tebygol cyfeiliornadau ac ansicrwydd. [4]

Beth sy'n cael ei ofyn

Mae'r cwestiwn hwn yn mynd i'r afael yn uniongyrchol â sgiliau arbrofol. Mae wedi'i osod o amgylch gwaith ymarferol penodol: mesur g drwy ddisgyn yn rhydd. Mae rhan (a) yn cynnwys defnydd safonol o ddata arbrofol i ddarganfod canlyniad gyda'i ansicrwydd cysylltiedig. Mae ansicrwydd un newidyn (yr uchder gollwng) yn cael ei roi; mae'n rhaid cyfrifo'r ansicrwydd yn yr amser o'r canlyniadau crai. Mae rhan (b) yn gofyn am werthusiad o'r canlyniad terfynol.

Cynllun marcio

Rhan o'r cwestiwn		Disgrifiad	AA			Cyfanswm	Sgiliau	
			1	2	3		M	Y
(a)		amser cymedrig = 2.39 s [1] $g = \dfrac{2h}{t^2}$ (neu drwy awgrym) [1] $g = 8.51$ m s^{-2} neu 8.5 m s^{-2} [1] $\Delta t = \dfrac{2.51 - 2.26}{2}$ (neu drwy awgrym) [1] [= ± 0.13 s] $p_g = 2 \times \dfrac{0.13\,(\text{dgy})}{2.39} \times 100$ neu drwy awgrym [1] [= 11%] $\Delta g = \pm 0.9$ m s^{-2} **neu** 0.94 m s^{-2} os yw g i 2 bwynt degol [1] ***Dewis arall ar gyfer y 3 marc olaf*** Naill ai cyfrifo uchafswm neu leiafswm g [9.52 m s^{-2}; 7.71 m s^{-2}] ✓ ansicrwydd g = (uchafswm – lleiafswm) / 2 , neu ateb cyfatebol ✓ $\Delta g = \pm 0.9$ m s^{-2} **neu** 0.91 m s^{-2} os yw g i 2 bwynt degol ✓		6			4	6
(b)		Mae'r gwerth ar gyfer g yn isel neu mae'r [%] ansicrwydd yn fawr [1] Nid yw gwerth safonol g yn cael ei ganiatáu gan yr ansicrwydd [1] Mae ansicrwydd mawr [ar hap] i'w ddisgwyl wrth amseru cyfnodau amser mor fyr â llygad gyda stopwatsh [1] Mae'n debyg bod gwerth isel g oherwydd cyfeiliornad [systematig], e.e. gwrthiant aer [dros gwymp hir] **neu** amseriadau [1]			4		4	4
Cyfanswm			6	4		10	8	10

Cwestiynau Ymarfer Uned 1

Atebion Rhodri

(a) $2.31 + 2.47 + 2.26 + 2.42 + 2.35 + 2.51 = 14.32$

$14.32 \div 6 = 2.39$ ✓

$24.3 = \frac{1}{2} \times g \times 2.39^2$

$g = \frac{2 \times 24.3}{2.39^2}$ ✓ $= 8.5 \text{ m s}^{-2}$ ✓

$2.51 - 2.31 = 0.2$ ✗

$0.2 \div 2 = 0.1$, $\frac{0.1 \times 100}{2.39} = 4.18\%$

$4.18\% \times 2 = 8.36\%$ ✓ dgy

$\frac{9.51 - 8.51}{2} = \pm 0.71 \text{ m s}^{-2}$ yn g ✗

SYLWADAU'R MARCIWR

Mae Rhodri wedi dilyn dull gweithredu cywir, gan ddangos ei holl gamau. Er hyn, byddai wedi bod yn fwy diogel rhoi ychydig mwy o *eiriau* yn nodi beth mae ei ffigurau'n ei gynrychioli.

Mae wedi gwneud camgymeriad wrth gyfrifo ei ansicrwydd yn yr amserau, gan ddewis 2.31 s yn lle 2.26 s fel ei werth isaf; mae wedi colli'r pedwerydd marc. Gan ei fod wedi rhoi g i 1 pwynt degol yn unig, mae'n anghywir rhoi ei ansicrwydd i 2 bwynt degol; mae wedi colli'r chweched marc.

4 marc

(b) Mae gwerth g yn rhy isel, oherwydd y gwerth cywir yw 9.8 m s^{-2}. ✓ Gallai hyn fod oherwydd gwrthiant aer (llusgiad). ✓ Dydy stopwatsh ddim yn ddigon da ar gyfer cyfnodau amser mor fyr. (dim digon)

SYLWADAU'R MARCIWR

Mae brawddeg gyntaf Rhodri yn ennill y marc cyntaf (hawdd), ac mae ei ail frawddeg yn ennill y pedwerydd marc. Mae wedi colli'r ail farc, oherwydd nid yw wedi dweud nad yw ei amrediad o werthoedd sy'n cael eu caniatáu yn cynnwys 9.81 m s^{-2}. Mae wedi sylweddoli nad yw techneg y stopwatsh yn addas iawn, ond nid yw wedi cysylltu hyn ag ansicrwydd, felly mae'n colli'r trydydd marc.

2 farc

Cyfanswm **6 marc / 10**

Atebion Ffion

(a) Cymedr yr amserau =

$\frac{2.31 + 2.47 + 2.26 + 2.42 + 2.36 + 2.51}{6} = 2.39 \text{ s}$ ✓

$x = ut + \frac{1}{2}at^2$

$u = 0 \rightarrow a = \frac{2x}{t^2} = \frac{2 \times 24.3}{2.39^2}$ ✓ $= 8.5 \text{ m s}^{-2}$ ✓

Mae'r cyflymiad uchaf posibl ar gyfer 2.26 s

felly uchafswm $a = \frac{2x}{t^2} = \frac{2 \times 24.3}{2.26^2} = 9.51 \text{ m s}^{-2}$ ✓

Ansicrwydd $= \frac{9.51 - 8.51}{2}$ ✗ $= 0.5 \text{ m s}^{-2}$ ✗

(dim dgy) ✗

SYLWADAU'R MARCIWR

Mae ateb yr ymgeisydd hwn wedi'i strywthuro'n glir ac yn gymwys iawn. Mae hi wedi dewis y ffordd hawdd o gyfrifo'r ansicrwydd absoliwt yn *g*, ond mae hi wedi gwneud camgymeriad difrifol yn y cam olaf: yr ansicrwydd yw $9.51 - 8.51$, nid $\frac{9.51 - 8.51}{2}$.

Mae'n debyg ei bod wedi drysu â dulliau sy'n gofyn am rannu gyda 2. Nid yw'n bosibl dyfarnu'r marc olaf gyda dgy, oherwydd mae'n gamgymeriad sy'n ymwneud ag egwyddor, nid dim ond gwall. Mae'r ddau farc olaf wedi'u colli.

4 marc

(b) Mae hyd yn oed y cyflymiad uchaf posibl yn llai na'r gwerth wedi'i dderbyn, sef 9.81 m s^{-2}. ✓✓. Efallai fod hyn oherwydd bod yr amserwr yn stopio'r stopwatsh yn rhy hwyr bob tro, ✓ neu oherwydd bod y gwrthiant aer wir yn lleihau'r cyflymiad. Beth bynnag, mae cyfeiliornad 0.1 s o ran amseru cyfnod amser mor fyr yn golygu ansicrwydd canrannol mawr. ✓ Dydy stopwatsh ddim yn ddigon da ar gyfer cyfnodau amser mor fyr.

SYLWADAU'R MARCIWR

Er ei bod wedi defnyddio geiriau gwahanol i'r rhai sydd yn y cynllun marcio, mae brawddeg gyntaf Ffion yn ennill y ddau farc cyntaf. Mae ei hail frawddeg yn cynnwys mwy na digon i roi'r pedwerydd marc iddi. Mae ei brawddeg nesaf yn ennill y trydydd marc. Ateb cymwys.

4 marc

Cyfanswm **8 marc / 10**

Adran 3: Dynameg

Crynodeb o'r testun

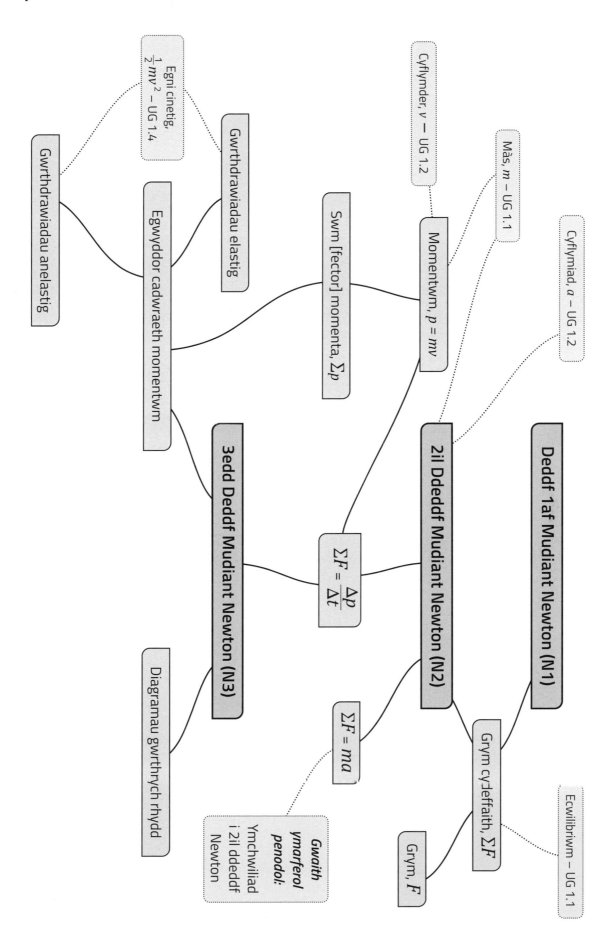

Egni cinetig, $\frac{1}{2} mv^2$ – UG 1.4

Gwrthdrawiadau anelastig

Gwrthdrawiadau elastig

Egwyddor cadwraeth momentwm

Swm [fector] momenta, Σp

Cyflymder, v – UG 1.2

Màs, m – UG 1.1

Momentwm, $p = mv$

Cyflymiad, a – UG 1.2

3edd Deddf Mudiant Newton (N3)

2il Ddeddf Mudiant Newton (N2)

Deddf 1af Mudiant Newton (N1)

$\Sigma F = \dfrac{\Delta p}{\Delta t}$

Diagramau gwrthrych rhydd

$\Sigma F = ma$

Gwaith ymarferol penodol: Ymchwiliad i 2il ddeddf Newton

Grym cydeffaith, ΣF

Grym, F

Ecwilibriwm – UG 1.1

C1 Mae 3edd deddf mudiant Newton yn ymwneud â pharau o rymoedd. Yn rhan (b) y cwestiwn hwn, maen nhw'n cael eu galw yn 'grymoedd partner 3edd deddf Newton'.

(a) Mynegwch 3edd deddf mudiant Newton. [1]

(b) Mae'r diagram yn dangos llyfr yn ddisymud ar fwrdd.

llyfr ⟶

(i) **Dangoswch ar y diagram** y ddau brif rym ar y llyfr, gan ddefnyddio saethau wedi'u labelu. [2]

(ii) Ar gyfer pob un o'r ddau rym rydych chi wedi'u labelu, nodwch y gwrthrych y mae grym partner 3edd deddf Newton yn gweithredu arno. [2]

C2 Mae athro yn gofyn i ddau fyfyriwr ysgrifennu 2il ddeddf mudiant Newton fel hafaliad.
Mae Bethan, myfyriwr TGAU, yn ysgrifennu:
$$F = ma.$$

Mae Angharad, myfyriwr Safon Uwch, yn ysgrifennu:
$$F = \frac{\Delta p}{t}.$$

(a) Gan ddiffinio'r holl symbolau, esboniwch sut mae'r ddau hafaliad hyn yn gyson â'i gilydd. [3]

(b) Moleciwlau nwy yn taro'r waliau ac yn adlamu i ffwrdd sy'n achosi'r grym y mae nwy yn ei roi ar waliau ei gynhwysydd. Esboniwch pa un o'r ddau hafaliad sydd fwyaf defnyddiol yn y cyd-destun hwn. [2]

C3   Mae blwch â màs 28 kg yn cael ei lusgo ar hyd tir gwastad i gyfeiriad y dwyrain gan ddefnyddio rhaff.

Mae gan y blwch gyflymiad cyson. Wrth iddo lithro pellter 2.7 m mae ei gyflymder yn cynyddu o 1.5 m s^{-1} i 2.1 m s^{-1}.

rhaff

(a)   Cyfrifwch y grym cydeffaith ar y blwch.   [3]

(b)   Yn ystod y cyflymiad, mae'r rhaff yn rhoi grym 18.2 N ar y blwch. Darganfyddwch faint a chyfeiriad y grym ffrithiannol mae'r **blwch yn ei roi ar y ddaear**, gan roi eich ymresymu.   [3]

C4   Mae dau droli, A a B, pob un â màs 12 kg, wedi'u cysylltu gyda chadwyn â màs 2.0 kg. Maen nhw'n cael eu tynnu gan raff, a'u cyflymiad yw 0.75 m s^{-2}. Y grym ffrithiannol ar bob troli yw 5.0 N.

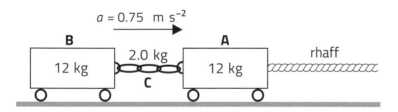

Gan esbonio eich ymresymu, cyfrifwch:

(a)   Y grym mae'r rhaff yn ei roi ar droli **A**.   [2]

(b)   Y grym sy'n cael ei roi gan droli **B** ar y gadwyn, **C**.   [3]

C5 Mae grymoedd yn gweithredu ar fàs 4.0 kg yn y plân llorweddol, fel sydd i'w weld.

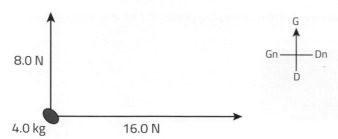

Darganfyddwch faint a chyfeiriad (fel cyfeiriant) cyflymiad llorweddol y gwrthrych.
Gallwch chi ychwanegu at y diagram, neu luniadu diagram fector ar wahân yn y lle gwag ar y dde.

[4]

....

....

....

....

....

C6 Mae'r diagram yn dangos pêl ddur sydd wedi'i chysylltu ag angorfâu sefydlog gyda sbringiau estynedig. Mae'r bêl yn cael ei dal yn ei lle gan electromagnet (sydd ddim i'w weld). Y tyniant ym mhob sbring yw 6.0 N.

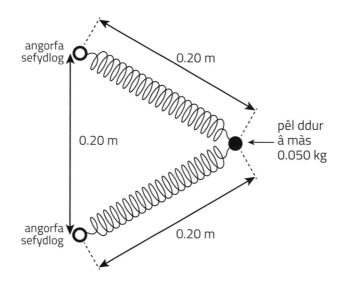

(a) Cyfrifwch gyflymiad y bêl ychydig ar ôl i'r electromagnet gael ei droi i ffwrdd. [4]

....

....

....

....

....

(b) Rhowch ddau reswm pam bydd cyflymiad y bêl yn lleihau wrth i'r bêl symud. [Mae grymoedd gwrtheddol yn ddibwys.] [3]

....

....

....

....

....

C7 Mae troli archfarchnad gwag yn cael ei wthio a'i ryddhau fel ei fod yn nythu gyda dau droli unfath sy'n nythu yn barod, ac yn symud yn arafach i'r cyfeiriad dirgroes (trowch at y diagram). Ar ôl y gwrthdrawiad, mae'r tri troli yn symud i ffwrdd gyda'i gilydd ar yr un cyflymder.

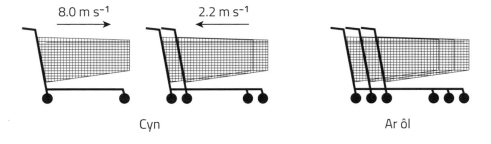

8.0 m s⁻¹	2.2 m s⁻¹
Cyn	Ar ôl

(a) Darganfyddwch gyflymder y trolïau ar ôl y gwrthdrawiad. [3]

....

....

....

....

....

(b) Mynegwch gyfanswm egni cinetig terfynol y tri troli fel ffracsiwn o gyfanswm eu hegni cinetig cychwynnol. [3]

....

....

....

....

....

(c) Mae myfyriwr yn credu bod yr egni cinetig 'coll' wedi'i roi i atomau'r trolïau. Trafodwch yr honiad hwn. [2]

....

....

....

C8 Mae dymbel yn cynnwys dau bwysyn metel, pob un â màs 2.5 kg, wedi'u gwahanu gan roden ysgafn. Mae'r dymbel yn cylchdroi o amgylch ei ganol, fel bod buanedd y pwysynnau yn 5.0 m s^{-1}.

Cyfrifwch gyfanswm yr egni cinetig a chyfanswm momentwm y dymbel. Esboniwch eich ymresymu.

[4]

....

....

....

....

....

....

C9 Mae pêl â màs 0.220 kg yn cael ei gollwng ar y llawr o uchder 2.00 m. Mae'n adlamu'n ôl i fyny, gan gyrraedd uchder mwyaf o 1.20 m.

(a) Dangoswch mai tua 2.5 N s yw'r newid ym momentwm y bêl wrth iddi adlamu. [5]

....

....

....

....

....

....

....

....

(b) Mae'r bêl yn cyffwrdd â'r ddaear am 150 ms. Cyfrifwch y grym cydeffaith cymedrig ar y bêl wrth iddi adlamu. [2]

....

....

....

....

(c) Esboniwch pam mae'n rhaid i'r grym cymedrig mae'r ddaear yn ei roi ar y bêl wrth iddi adlamu fod tua 2 N yn fwy na'r grym cydeffaith cymedrig ar y bêl a gafodd ei gyfrifo yn (b). [2]

....

....

....

C10 Mae dau gleider â masau gwahanol yn symud tuag at ei gilydd ar drac aer gwastad, fel sydd i'w weld. Ar ôl y gwrthdrawiad, mae'r gleider 0.25 kg yn symud gyda chyflymder 0.107 m s⁻¹ i'r dde.

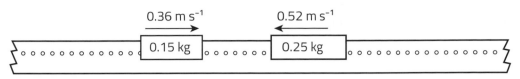

(a) Darganfyddwch gyflymder y gleider 0.15 kg ar ôl y gwrthdrawiad. [3]

....

....

....

....

....

....

(b) Dangoswch fod y gwrthdrawiad yn anelastig. [3]

....

....

....

....

....

....

C11 Mae moleciwl â màs 6.6×10^{-27} kg sy'n teithio ar 2 500 m s⁻¹ yn adlamu o amgylch y tu mewn i flwch sydd fel arall yn wag, fel sydd i'w weld. Mae'r gwrthdrawiadau â'r waliau yn elastig ac mae'r cyfeiriad bob amser ar 30° i ochr **XY**.

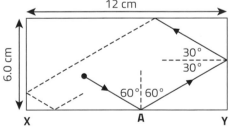

(a) Cyfrifwch newid momentwm y moleciwl yn **A**. [3]

....

....

....

....

(h) Cyfrifwch y grym cymedrig mae'r moleciwl yn ei roi ar ochr XY. [Awgrym: Dylech chi ystyried yr amser mae'n ei gymryd cyn i'r moleciwl daro ochr **XY** eto.] [3]

....

....

....

Dadansoddi cwestiynau ac atebion enghreifftiol

C&A 1 Mae beiciwr, Carys, yn symud heb bedlo i lawr bryn. Mae gan Carys a'i beic (C-a-B) gyfanswm màs 78 kg, ac maen nhw i'w gweld ar y diagram fel un petryal.

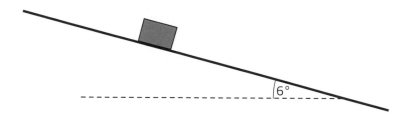

(a) **Ychwanegwch saethau wedi'u labelu at y diagram** i ddangos y grymoedd sy'n gweithredu ar C-a-B.

[3]

(b) Cyfrifwch gydran y grym disgyrchiant sy'n cyflymu C-a-B.

[2]

(c) Mae buanedd Carys yn cynyddu o 4.5 m s^{-1} i 11.3 m s^{-1} dros amser 12.0 s. Cyfrifwch y grym **gwrtheddol** cymedrig ar C-a-B, gan roi eich ymresymu.

[3]

(ch) Mae Carys yn credu bod yn rhaid i'r cyflymiad fod yn fwy tuag at ddiwedd yr amser 12.0 s nag yw ar y dechrau. Gwerthuswch y gred hon.

[3]

Beth sy'n cael ei ofyn

Mae mudiant, neu ddiffyg mudiant, gwrthrychau ar blanau ar oledd yn sefyllfa gyffredin ar gyfer cwestiynau UG a Safon Uwch. Mae angen gwybodaeth o Adrannau 1.1 ac 1.2 yn ogystal ag 1.3 yma. Yn rhan (a), mae disgwyl i chi gofio bod disgyrchiant (neu bwysau) yn gweithredu'n fertigol tuag i lawr ar wrthrych, bod arwyneb gwastad bob amser yn rhoi grym ar ongl sgwâr ar wrthrych sy'n cyffwrdd, a bod ffrithiant yn gweithredu mewn ffordd sy'n gwrthwynebu mudiant. Mae hyn yn cael ei ystyried yn AA1 er bod yn rhaid cymhwyso'r wybodaeth i'r sefyllfa hon, oherwydd byddwch chi yn sicr wedi gweld y sefyllfa hon o'r blaen. Mae cymryd cydrannau yn (b) yn sgil o Adran 1.1, ac mae cyfrifo cyflymiad, sy'n ofynnol yn (c), yn dod o 1.2, y tro hwn wedi'i gymhwyso at rymoedd a mudiant, sef cysyniad 1.3. Mae (b) ac (c) yn gwestiynau AA2. Yn aml iawn, mae arholwyr yn cyflwyno gosodiad gan 'fyfyriwr' ac yn gofyn am sylwadau; dyma ffordd arferol o osod cwestiwn AA3. Ar gyfer y math hwn o gwestiwn, nid oes marc ar gael am ddweud bod Carys yn anghywir (neu'n gywir), ond mae angen sôn am hyn fel rhan o'r ateb.

Cynllun marcio

Rhan o'r cwestiwn			Disgrifiad	AA			Cyfanswm	Sgiliau	
				1	2	3		M	Y
(a)			Saeth tuag i lawr wedi'i labelu â *pwysau* (neu ateb cyfatebol) [1]	3			3		
			Saeth fel arfer 'tuag i fyny' o'r arwyneb wedi'i labelu â *grym cyffwrdd normal* (derbyn *adwaith normal*) [1]						
			Saeth i fyny'r llethr wedi'i labelu â *grym gwrtheddol* neu ateb cyfatebol [1]						
			Dim cosbau am saethau wedi'u *lleoli* yn od						
			[–1 marc yn cael ei golli am bob grym anghywir ychwanegol]						
(b)			Lluosi â sin 6.0° [1]		2		2	2	
			[78 × 9.81 × sin 6.0° =] 80 N [1]						
(c)			Cyflymiad cymedrig = $\frac{11.3 - 4.5}{12.0}$ [m s⁻²] [1] [= 0.567 m s⁻²]		3		3	1	
			Grym cydeffaith cymedrig = 78 × 0.567 N [1] [= 44.2 N]					1	
			Grym gwrtheddol cymedrig = [80 N – 44 N] = 36 N [1]						
			Dgy llawn ar 80 N						
(ch)			Grym gwrtheddol [**neu** gwrthiant aer] yn cynyddu wrth i'r buanedd gynyddu [1]			3	3		
			Felly mae'r grym cydeffaith yn lleihau [1]						
			Felly mae'r cyflymiad yn lleihau **ac** mae Carys yn anghywir [1]						
Cyfanswm				3	5	3	11	4	

Atebion Rhodri

(a)

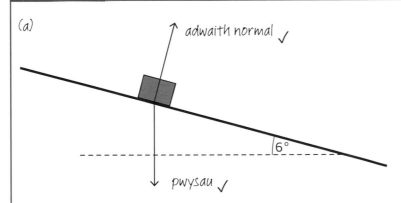

adwaith normal ✓

6°

pwysau ✓

SYLWADAU'R MARCIWR
Mae Rhodri yn ennill marciau am farcio pwysau ac 'adwaith normal' yn gywir. Nid yw'n cynnwys y grym gwrtheddol ac felly nid yw'n ennill y trydydd marc.

Nid yw Rhodri wedi gwneud unrhyw ymdrech i roi cynffonnau'r saethau ar y pwyntiau lle mae'r grymoedd yn gweithredu, ond nid yw'n hawdd gwneud hynny yn yr achos hwn, ac nid oedd cosb am beidio â gwneud hynny.

2 farc

(b) Pwysau = 78 x 9.81 = 765.18 N

Cydran i lawr y llethr = 765.18 × cos 6° ✗

= 761 N ✗ dim dgy

SYLWADAU'R MARCIWR
Mae Rhodri wedi lluosi'r pwysau â cos 6° yn lle sin 6° (neu cos 84°). Dyma gamgymeriad difrifol, ac nid oes marc ar wahân ar gyfer cyfrifo *mg*.

0 marc

(c) Newid cyflymder = 11.3 – 4.5

= 6.8 m s⁻¹

felly cyflymiad $\frac{6.8}{12}$ = 0.56666 m s⁻² ✓

felly grym = 78 × 0.56666 = 44.2 N ✓ 'mya'

SYLWADAU'R MARCIWR
Nid yw Rhodri wedi cyfrifo'r grym gwrtheddol. Mae wedi cyfrifo'r grym cydeffaith yn gywir, ond nid yw wedi nodi mai dyma yw y grym cydeffaith. Mae'r arholwr wedi rhoi mantais yr amheuaeth yma, felly mae Rhodri'n ennill y ddau farc cyntaf.

2 farc

(ch) Mae'n amlwg bod Carys yn gywir. Mae hi'n mynd yn gyflymach ac yn gyflymach wrth iddi fynd i lawr y llethr. ✗

SYLWADAU'R MARCIWR
Mae'n ymddangos bod Rhodri yn drysu rhwng cyflymiad a chyflymder neu fuanedd. Nid yw'n ennill unrhyw farciau.

0 marc

Cyfanswm **4 marc / 11**

Atebion Ffion

(a)

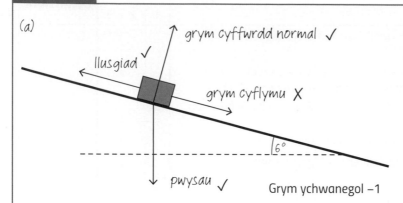

grym cyffwrdd normal ✓

llusgiad ✓

grym cyflymu ✗

6°

pwysau ✓ Grym ychwanegol –1

SYLWADAU'R MARCIWR
Mae Ffion yn ennill marciau am farcio pwysau a grym cyffwrdd normal (term gwell nag 'adwaith normal') yn gywir. Mae hi hefyd yn marcio llusgiad yn gywir. Ond, mae Ffion yn cynnwys 'grym cyflymu' sydd ddim yn rym ar wahân, ond yn hytrach naill ai'n gydran o'r pwysau neu'n rym cydeffaith y gydran hon a'r llusgiad. Ni ddylai'r saeth hon fod yno ac mae'n cael ei chosbi 1 marc.

2 farc

(b) Pwysau = 78 x 9.81

grym cyflymu = $78 \times 9.81 \times \sin 6°$ ✓

= 80 N ✓

SYLWADAU'R MARCIWR
Clir a chywir. Mae Ffion yn ennill y ddau farc.

2 farc

(c) Cyflymiad oherwydd 80 N = $\frac{80}{78}$ = 1.03 m s^{-2} ?

cyflymiad gwirioneddol = $\frac{6.8}{12}$ = 0.57 m s^{-2} ✓

Felly arafiad oherwydd grym gwrtheddol = 1.03 − 0.57 = 0.46 m s^{-2} ?

Felly, grym gwrtheddol = 78 × 0.46= 36 N ✓

SYLWADAU'R MARCIWR
Nid yw'n gyd-ddigwyddiad bod dull gweithredu Ffion yn rhoi'r ateb cywir. Ac eto, dim ond un o'i thri chyflymiad (y 'cyflymiad gwirioneddol') sydd ag unrhyw ystyr ffisegol. Dylai'r rhesymu fod wedi'i wneud yn nhermau grymoedd. 1 marc wedi'i atal.

2 farc

(ch) Mae hi'n symud gyflymaf ar y diwedd, felly mae'r gwrthiant aer ar ei fwyaf bryd hynny ✓ felly mae Carys yn anghywir. ✗

SYLWADAU'R MARCIWR
Mae'r 3 marc sydd wedi'u neilltuo yn awgrymu bod angen ateb llawn. Er bod ateb Ffion yn dechrau'n dda, nid yw'n cynnwys y cam canol o ystyried y grym cydeffaith. Nid oes marc ar gael am ddweud yn syml bod Carys yn anghywir.

1 marc

Cyfanswm **7 marc / 11**

Adran 4: Cysyniadau egni

Crynodeb o'r testun

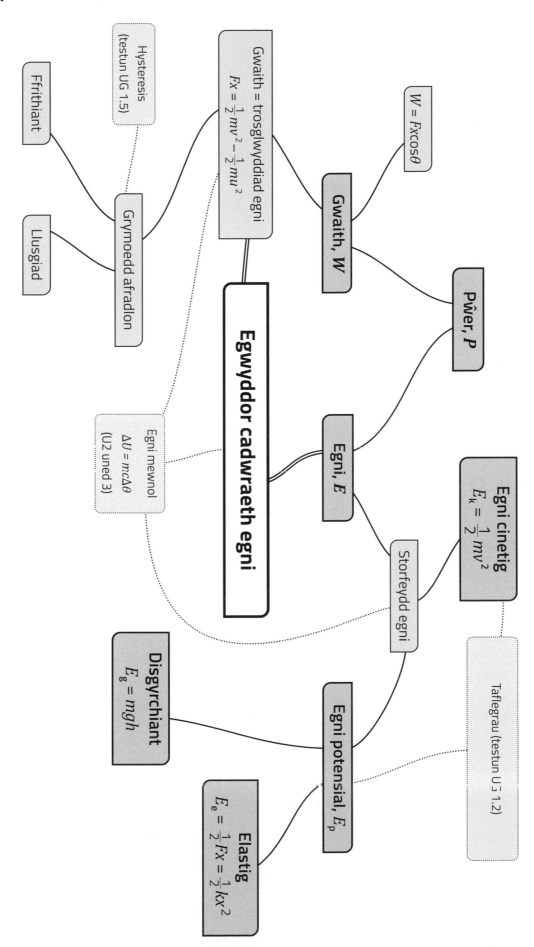

Ffrithiant

Hysteresis
(testun UG 1.5)

Llusgiad

Grymoedd afradlon

Gwaith = trosglwyddiad egni
$$Fx = \frac{1}{2}mv^2 - \frac{1}{2}mu^2$$

$W = Fx\cos\theta$

Gwaith, W

Pŵer, P

Egwyddor cadwraeth egni

Egni mewnol
$\Delta U = mc\Delta\theta$
(U2 uned 3)

Egni, E

Storfeydd egni

Egni cinetig
$$E_k = \frac{1}{2}mv^2$$

Disgyrchiant
$$E_g = mgh$$

Egni potensial, E_p

Taflegrau (testun U3 1.2)

Elastig
$$E_e = \frac{1}{2}Fx = \frac{1}{2}kx^2$$

C1 Mae'r cilowat-awr (kW awr) yn uned egni.

(a) Defnyddiwch ddiffiniad pŵer i esbonio pam mae'r kW awr yn uned egni. [1]

....

....

(b) Mae gan fatri car trydan gyfradd 96 kW awr. Mynegwch hyn mewn joule (J) yn y ffurf safonol. [2]

....

....

....

C2 (a) Nodwch egwyddor cadwraeth egni. [1]

....

....

(b) Mae carreg â màs 0.150 kg yn cael ei thaflu'n groeslinol (*diagonally*) tuag i fyny gyda buanedd 50.0 m s⁻¹.

(i) Gan dybio bod gwrthiant aer yn ddibwys, defnyddiwch egwyddor cadwraeth egni i gyfrifo buanedd y garreg ar ei uchder mwyaf, sef 31.9 m. [3]

....

....

....

....

....

(ii) Heb gyfrifo, esboniwch a fyddai'r ateb i (i) yn wahanol pe bai màs y garreg yn wahanol. [2]

....

....

....

C3 Mae beiciwr yn symud heb bedlo i lawr bryn sydd â graddiant 5.0°. Ar ôl teithio 200 m o ddisymudedd, ei fuanedd yw 12.0 m s⁻¹. Màs cyfunol y beiciwr a'r beic yw 85 kg.

(a) Cyfrifwch yr egni potensial disgyrchiant sy'n cael ei golli. [2]

....

....

....

(b) Gan ddefnyddio dadl egni, cyfrifwch y grym gwrtheddol cymedrig sy'n gweithredu. [2]

....

....

....

C4 Mae Rheolau'r Ffordd Fawr yn nodi mai 55 m yw pellter brecio nodweddiadol car sy'n teithio ar fuanedd 60 mya (26.7 m s^{-1}) ar ffordd sych gyda theiars da.

(a) Cyfrifwch y grym brecio sy'n cael ei dybio gan Reolau'r Ffordd Fawr ar gyfer car â màs 1200 kg.

[3]

(b) Y pellter brecio sy'n cael ei nodi ar gyfer ceir sy'n teithio ar 30 mya, 50 mya a 70 mya yw 14 m, 38 m a 75 m, yn ôl eu trefn. Gwerthuswch a yw Rheolau'r Ffordd Fawr yn tybio grym brecio cyson.

[3]

(c) Mae'r ffigurau pellter brecio nodweddiadol sy'n cael eu nodi gan Reolau'r Ffordd Fawr yr un peth ar gyfer pob car. Mae John yn dweud bod hyn yn golygu bod y Rheolau'n tybio bod gan bob car yr un grym brecio. Trafodwch a yw gosodiad John yn gywir.

[2]

C5 Mae llyfryn Termau a Diffiniadau CBAC yn diffinio pŵer fel 'y gwaith sy'n cael ei wneud bob eiliad neu'r egni sy'n cael ei drosglwyddo bob eiliad'.

(a) Defnyddiwch ddiffiniad o waith neu egni i esbonio pam mae dwy ran y diffiniad yn gywerth.

[2]

(b) Mae John yn dweud bod y naill ran neu'r llall yn ddefnyddiol mewn rhai sefyllfaoedd, ond weithiau dim ond un ohonyn nhw sy'n briodol.

Pŵer allbwn yr Haul yw tua 3.8 × 10^{24} W; mae gan geffyl sy'n llusgo boncyff pren bŵer allbwn defnyddiol o tua 600 W. Defnyddiwch yr enghreifftiau hyn i egluro gosodiad John.

[3]

C6 Mae sbring fertigol gyda chysonyn sbring 32.0 N m⁻¹ wedi cael ei glampio ar ei ben uchaf. Mae llwyth â màs 0.600 kg ynghlwm wrth waelod y sbring, ar uchder 0.400 m uwchben mainc mewn labordy, ac yn cael ei gynnal fel nad yw'r sbring yn cael ei ymestyn. Yna, mae'r llwyth yn cael ei ryddhau.

(a) Dangoswch mai tua 2.4 J yw'r egni potensial disgyrchiant cychwynnol (o uchder y fainc). [2]

(b) Cyfrifwch yr egni potensial disgyrchiant sy'n cael ei golli, yr egni potensial elastig a'r egni cinetig pan fydd y llwyth wedi disgyn 0.184 m. [3]

(c) Defnyddiwch eich ateb i (b) i gyfrifo buanedd y llwyth pan fydd wedi disgyn 0.184 m. [2]

(ch) Dangoswch mai'r pwynt isaf mae'r llwyth yn ei gyrraedd yw 0.032 m uwchben y fainc. [3]

(d) Mae myfyriwr yn tybio'n gywir y gall gyfrifo buanedd, v, y llwyth pan fydd wedi disgyn o bellter h drwy ddefnyddio'r hafaliad:

$$mgh = \tfrac{1}{2}kh^2 + \tfrac{1}{2}mv^2$$

(i) Esboniwch yr hafaliad hwn yn nhermau trosglwyddiad egni. [2]

(ii) Defnyddiwch yr hafaliad uchod i gyfrifo gwerthoedd h lle mae $v = 1.00$ m s⁻¹. [3]

C7 (a) Mae'r gwaith, W, sy'n cael ei wneud gan rym maint, F, sy'n symud ei bwynt gweithredu bellter d i'r un cyfeiriad ag F yn cael ei roi gan $W = Fd$.

Defnyddiwch ddiffiniadau cyflymder a phŵer i ddangos bod y pŵer, P, sy'n cael ei drosglwyddo gan rym F sy'n symud ar fuanedd v yn cael ei roi gan $P = Fv$. [2]

....

....

....

....

(b) Mae'r llusgiad aerodynamig, D, ar fodel SUV trydan newydd yn cael ei roi gan $D = kv^2$, lle mae k yn gysonyn, gyda gwerth 0.4 mewn unedau SI.

(i) Gallwn ni ysgrifennu uned k fel N $(m\ s^{-1})^{-2}$. Mynegwch hyn mewn unedau sylfaenol SI yn y termau symlaf. [2]

....

....

....

....

(ii) Cyfrifwch y pŵer sy'n cael ei drosglwyddo gan injan yr SUV pan fydd y car yn teithio ar fuanedd cyson 30 m s^{-1}. [3]

....

....

....

....

....

(iii) Mae hysbyseb ar gyfer yr SUV yn dweud y gall y car deithio pellter 900 km gyda batri 100 kW awr. Gwerthuswch yr honiad hwn. [Dylech chi wneud tybiaethau rhesymol am effeithlonrwydd system yrru'r injan a'r buanedd gyrru.] [4]

....

....

....

....

....

....

....

....

C8 Mae teithiwr yn yr Arctig yn llusgo sled wedi'i llwytho â chyfanswm màs 210 kg am bellter 7.0 km ar draws arwyneb wedi'i rewi, mewn llinell syth ar fuanedd cyson 1.4 m s⁻¹. I wneud hynny, mae'n rhoi grym cyson 83 N ar y sled drwy raff, sydd ar ongl o lai na 5° i'r llorwedd.

(a) Cyfrifwch y gwaith sy'n cael ei wneud ar y sled gan y teithiwr. [2]

(b) Gan ystyried nifer y ffigurau ystyrlon yn y data, esboniwch pam, i ateb rhan (a), nad oedd angen gwybod union ongl y rhaff i'r llorwedd. [2]

(c) Nodwch werth y grym ffrithiannol rhwng y sled a'r iâ. [1]

(ch) Ar gyfer y rhan fwyaf o'r daith 7.0 km, nid yw'r sled yn ennill unrhyw egni cinetig. Esboniwch pam, a nodwch natur yr egni sy'n cael ei drosglwyddo i'r sled a'r iâ. [2]

(d) Ar ddiwedd y daith, mae'r ffrithiant rhwng y sled a'r iâ yn achosi i'r sled ddod i stop.

   (i) Nodwch y newid egni sy'n digwydd yn ystod y broses hon. [1]

   (ii) Cyfrifwch y pellter sy'n cael ei deithio gan y sled wrth ddod i stop. [2]

(dd) Ar ddechrau'r daith, mae'r teithiwr yn rhoi grym 105 N ar y sled i'w gyflymu o ddisymudedd i'w fuanedd cyson. Mae Aled yn dweud bod y rhan fwyaf o'r gwaith sy'n cael ei wneud yn y broses yn mynd i egni cinetig y sled. Gwerthuswch yr honiad hwn. [2]

C9 Ffermwr mynydd yng nghanolbarth Cymru yw Bethan, ac mae hi'n gosod tyrbin gwynt trydanol bach, gyda llafnau 6.0 m, i roi pŵer i'w fferm. Ar un diwrnod penodol, buanedd y gwynt yw 15 m s^{-1}.

(a) Mae hi'n cyfrifo bod màs, m, yr aer sy'n rhyngweithio â llafnau'r tyrbin gwynt bob eiliad yn cael ei roi gan:

$$m = \pi r^2 v \rho$$

lle r yw radiws y llafnau, v yw buanedd y gwynt a ρ yw dwysedd yr aer.

(i) Dangoswch fod yr hafaliad hwn yn homogenaidd, h.y. bod yr unedau yr un peth ar y ddwy ochr. [2]

....

....

....

(ii) Drwy ystyried egni cinetig yr aer, dangoswch y gallwch chi gyfrifo'r pŵer mewnbwn, P_{MEWN}, i'r tyrbin gwynt drwy ddefnyddio'r fformiwla:

$$P_{MEWN} = \frac{1}{2} \pi r^2 \rho v^3$$

[2]

....

....

....

(iii) 56% yw effeithlonrwydd y tyrbin gwynt ei hun. Mae'n cael ei gyplu â generadur trydanol ag effeithlonrwydd 95% drwy flwch gêr ag effeithlonrwydd 85%. Cyfrifwch bŵer allbwn trydanol y generadur, mewn kW, i nifer priodol o ffigurau ystyrlon.
[ρ_{aer} = 1.3 kg m^{-3}] [4]

....

....

....

....

....

(b) Mae Bethan yn gwybod bod allbwn y tyrbin gwynt yn amrywio, felly mae'n bwriadu gosod batrïau ailwefradwy i storio egni i'w ddefnyddio pan nad oes gwynt, gan ddileu'r angen i brynu trydan gan y grid. Ei gofyniad pŵer cymedrig yw 75% o'r gwerth y gwnaethoch chi ei gyfrifo yn (a)(iii). Mae hi'n gwybod mai'r buanedd gwynt cymedrig ar ei fferm yw 7.5 m s^{-1}. Mae hi'n credu felly bod pŵer allbwn cymedrig y generadur yn hanner y gwerth y gwnaethoch chi ei gyfrifo yn (a)(iii), ac ni fyddai'n ddigon i fodloni holl anghenion pŵer y fferm. Gwerthuswch a yw Bethan yn gywir. [3]

....

....

....

....

....

Dadansoddi cwestiynau ac atebion enghreifftiol

C&A 1

(a) Mae'r diagram yn dangos sffêr dur yn gorffwys yn erbyn sbring wedi'i gywasgu. Mae'r bwlyn yn cael ei ryddhau, gan ganiatáu i'r sbring ehangu'n gyflym, ac achosi i'r bêl deithio ar hyd y trac o A, i fyny i CH ac yn llorweddol tuag at D.

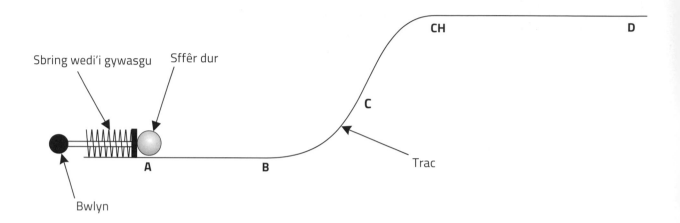

Esboniwch fudiant y sffêr yn nhermau'r grymoedd a'r trosglwyddiadau egni sy'n digwydd o'r foment mae'r sbring yn dechrau ehangu. [6AYE]

(b) Mae gan reid gwifren wib mewn parc antur hyd 200 m a chwymp 25 m.

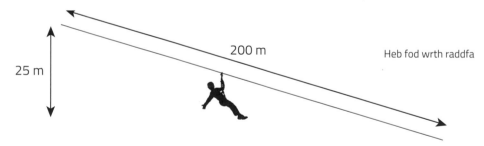

Mae reidiwr â màs 70 kg yn cyrraedd buanedd 15 m s⁻¹ ychydig cyn cyrraedd gwaelod y reid.

Cyfrifwch y grym gwrtheddol cymedrig ar y reidiwr yn ystod y reid. [4]

Beth sy'n cael ei ofyn

Mae'r cwestiwn hwn yn ymwneud â throsglwyddiadau egni.

Mae rhan (a) yn gwestiwn *Ansawdd Ymateb Estynedig* (AYE), sy'n cael ei farcio yn nhermau cynnwys ac eglurder yr ateb. Mae ganddo agweddau AA1 ac AA2. Mae'r arholwr yn chwilio am esboniad o'r grymoedd sy'n gwneud gwaith ar y bêl, gan achosi trosglwyddiadau egni sy'n cael eu henwi. Gweler tudalen 8 i gael disgrifiad cyffredinol o gwestiynau AYE. Yn yr achos hwn, mae'r arholwr yn chwilio am wybodaeth am y storfeydd egni (potensial disgyrchiant, potensial elastig, cinetig, ac ati) yn ogystal â'r mecanwaith sy'n achosi'r trosglwyddiad, h.y. gwaith gan rym a nodwyd. Byddai atebion lefel isel (1–2 marc neu 3–4 marc) yn hepgor rhai o'r trosglwyddiadau egni, yn peidio â gwerthfawrogi mai gwaith yw'r ffordd mae'r trosglwyddiadau egni yn digwydd, neu'n peidio â nodi'r grymoedd dan sylw yn llawn.

Mae rhan (b) yn gwestiwn cyfrifo sy'n dilyn y thema gwaith a throsglwyddiadau egni yn rhan (a), sydd hefyd yn gwestiwn AA1 ac AA2 sy'n cynnwys ymresymu mathemategol sylfaenol.

Cynllun marcio

Rhan o'r cwestiwn			Disgrifiad	AA			Cyfanswm	Sgiliau	
				1	2	3		M	Y
(a)			**Cynnwys dangosol** • Trosglwyddiadau egni • Adnabod ffurfiau egni • Elastig → cinetig • Cinetig → potensial disgyrchiant • Colli egni fel egni mewnol / gwres • Trosglwyddiadau sy'n gysylltiedig â safleoedd **Grymoedd a throsglwyddiadau egni** • Gwaith fel cyfrwng trosglwyddo egni • Grym o'r sbring: elastig → cinetig • Grym disgyrchiant: cinetig → disgyrchiant • Grymoedd afradlon: cinetig → mewnol / gwres • Ffrithiant neu wrthiant aer fel grym afradlon • Esboniad moleciwlaidd o ffrithiant neu wrthiant aer	2	4		6		
(b)			mgh yn cael ei ddefnyddio i gyfrifo'r E_p sy'n cael ei golli neu drwy awgrym [e.e. 17167.5 (J) wedi'i weld] [1] $\frac{1}{2}mv^2$ yn cael ei ddefnyddio i gyfrifo'r cynnydd mewn E_k neu drwy awgrym [e.e. 7875 (J) wedi'i weld] [1] Cyfrifo cyfanswm y golled yn $E_p + E_k$, dgy, neu drwy awgrym [e.e. 9292.5 (J) wedi'i weld] [1] Grym gwrtheddol $= \left[\frac{9292.5}{200}\right] = 46(.5)$ N dgy [1]	2	2		4	4	
Cyfanswm				4	6	0	10	4	

Atebion Rhodri

(a) Ar y dechrau, mae'r egni i gyd yn egni potensial yn y sbring. Pan fydd y sbring yn cael ei ryddhau, mae'n gwthio'r bêl, gan roi egni cinetig iddi. Wrth iddi symud, mae gan y bêl egni cinetig rhwng A a B, yna mae'n ennill egni potensial ac yn colli egni cinetig i CH. Ar ôl CH mae'n arafu, gan golli egni cinetig oherwydd ffrithiant, nes ei bod yn stopio. Yna mae ganddi egni potensial yn unig.

(b) $EP = 70 \times 9.81 \times 25 = 17167.5$ J ✓

$EC = \frac{1}{2} \times 70 \times 15^2 = 7875$ J ✓

$v^2 = u^2 + 2ax$, $15^2 = 0^2 + 2a \times 200$,

felly $a = \frac{15^2}{2 \times 200} = 0.5625$ m s^{-2} X

$F = ma = 70 \times 0.5625 = 39.375$ N
X

dim dgy

SYLWADAU'R MARCIWR

Mae Rhodri yn nodi'r rhan fwyaf o'r ffurfiau egni, heblaw am egni mewnol / gwres, ond nid yw'n gwahaniaethu rhwng egni potensial elastig ac egni potensial disgyrchiant. Mae'n sôn am ddau rym (gwthiad y sbring a ffrithiant) ond nid yw'n sôn am rôl gwaith wrth drosglwyddo egni. Dyma ateb lefel isel (band gwaelod). Byddai'n gallu gwella ei ateb drwy nodi gwaith yn erbyn grym disgyrchiant wrth drosglwyddo o egni cinetig i egni potensial disgyrchiant, ac yn yr un modd gwaith yn erbyn ffrithiant wrth drosglwyddo i egni mewnol / gwres.

2 farc

SYLWADAU'R MARCIWR

Mae Rhodri'n dechrau'n dda. Mae'n defnyddio'r awgrym yn rhan (a) yn dda ac yn cyfrifo'r newid mewn egni potensial disgyrchiant ac egni cinetig yn gywir. Felly mae'n ennill y ddau farc cyntaf. Nid yw'n nodi mgh nac $\frac{1}{2}mv^2$ yn benodol, ond mae'n amlwg ei fod wedi'u defnyddio, fel sy'n ofynnol yn ôl y cynllun marcio. Nid oes cosb am ffigurau ystyrlon.

Nid yw'r ddau farc sydd ar ôl wedi'u dyfarnu oherwydd nid yw'r gwaith yn berthnasol. Mewn gwirionedd, mae Rhodri wedi cyfrifo'r grym cydeffaith cymedrig ar y reidiwr. Mae dull arall ar gael o ateb y cwestiwn, sy'n cynnwys cyfrifiad Rhodri:

1 Cyfrifo cydran y grym disgyrchiant i lawr y wifren (rydyn ni'n tybio ei fod yn syth) gan ddefnyddio $mg\sin\theta$ (85.8 N).
2 Tynnu'r grym cydeffaith mae Rhodri wedi ei gyfrifo i roi'r 46.4 N, sef yr ateb cywir.

Ond nid yw Rhodri yn gallu ennill marciau am ddau ateb rhannol.

2 farc

Cyfanswm **4 marc / 10**

Atebion Ffion

(a) Y ffurfiau egni dan sylw yw: egni potensial elastig (EPE), egni potensial disgyrchiant (EPD), egni cinetig (EC) a gwres (G). I ddechrau, mae gan y sbring EPE oherwydd ei fod wedi'i gywasgu. Pan fydd yn ehangu, mae'n rhoi grym ar y bêl, sy'n gwneud gwaith ac mae'r bêl yn ennill EC (rhwng A a B). Rhwng B a CH, mae'r bêl yn codi felly mae'n ennill EPD ac yn colli EC. Mae'r EC sy'n cael ei golli yn hafal i'r EPD sy'n cael ei ennill. Felly ar CH mae gan y bêl lai o EC nag ar B. Wrth iddi rolio o CH tuag at D mae'n arafu am ei bod yn taro moleciwlau aer (h.y. gwrthiant aer), felly mae'n colli mwy o EC ac mae'r aer yn ennill egni gwres (G).

SYLWADAU'R MARCIWR

Mae Ffion yn nodi'r holl storfeydd egni perthnasol yn gywir. Mewn cwestiwn U2, byddai disgwyl i fyfyriwr ddefnyddio egni mewnol yn lle gwres, ond mae gwres yn cael ei dderbyn yma. Mae Ffion hefyd yn nodi'n gywir mai gwaith yw'r cyfrwng trosglwyddo egni ac mae hi'n enwi'r grym dan sylw mewn dau o'r trosglwyddiadau. Mae rôl moleciwlau aer wrth roi grym gwrthiant aer yn bwynt da i'w wneud.

Gallai'r ateb gael ei wella mewn dwy ffordd:
- Drwy nodi rôl disgyrchiant wrth drosglwyddo egni cinetig i egni potensial disgyrchiant, h.y. gwaith sy'n cael ei wneud yn erbyn disgyrchiant.
- Drwy nodi bod gwrthiant aer (a ffrithiant rolio) yn bwysig drwy gydol y daith, nid dim ond ar ôl CH.

Dyma ateb lefel uchel.

5 marc

(b) Egni sy'n cael ei golli $= mgh - \frac{1}{2}mv^2$

$= 70 \times 9.81 \times 25$ ✓ $- \frac{1}{2} \times 70 \times 15^2$

$= 1420$ J (3 ff.y.) ✗ ✓ dgy

Felly gwaith yn erbyn ffrithiant
$= 1420 = F \times 200$

Felly $F = \frac{1420}{200} = 7.1$ N ✓ dgy

SYLWADAU'R MARCIWR

Mae hwn bron yn ateb perffaith, gyda dim ond un camgymeriad, sy'n golygu bod Ffion wedi colli un marc.

Mae Ffion yn nodi'r dull o gyfrifo'r golled egni yn gryno, gan gynnwys yr egni potensial disgyrchiant (y mae hi'n cael y marc cyntaf ar ei gyfer) a'r egni cinetig. Yn anffodus, mae wedi gwneud camgymeriad drwy beidio â defnyddio'r $\frac{1}{2}$ wrth gyfrifo'r EC, felly nid yw hi wedi defnyddio $\frac{1}{2}mv^2$ ac oherwydd hyn, mae'n colli'r ail farc.

Ond mae'n ennill y trydydd marc am gyfuno'r newid mewn EP ac EC ar yr egwyddor dgy, oherwydd llithriad rhifyddol oedd y camgymeriad. Mae'r marc olaf yn cael ei ddyfarnu hefyd ar yr egwyddor dgy, er bod ateb Ffion o 7.1 N yn anghywir.

3 marc

Cyfanswm	8 marc / 10

Adran 5: Solidau dan ddiriant

Crynodeb o'r testun

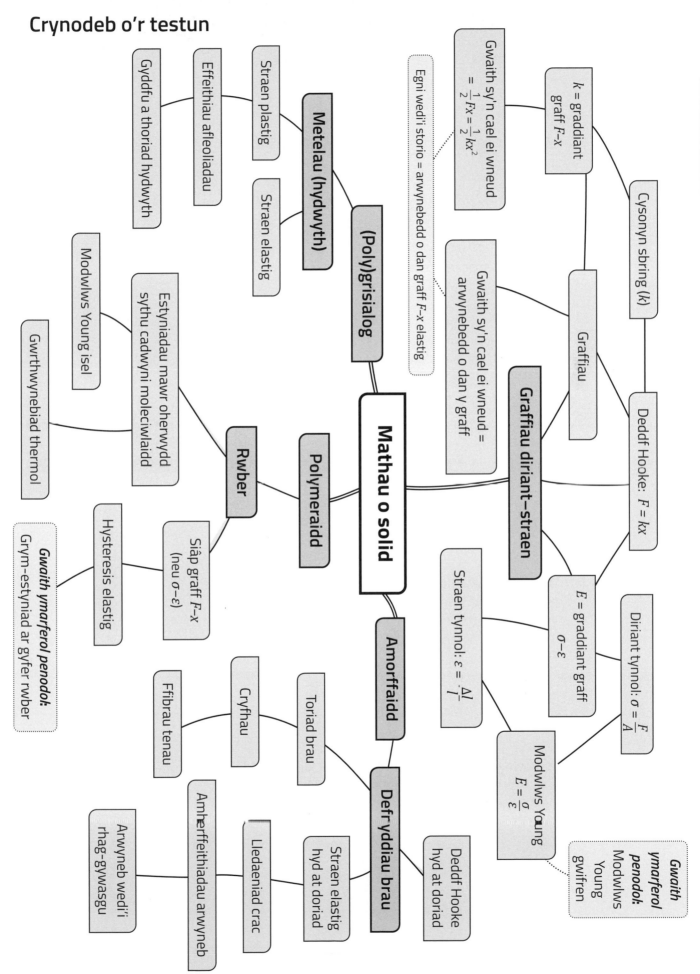

C1 Gall deddf Hooke ar gyfer sbring gael ei fynegi drwy'r hafaliad:

$$F = kx$$

(a) Nodwch ystyr y symbolau, F, k ac x, yn yr hafaliad hwn. [1]

F ....

k ....

x ....

(b) Mynegwch uned k yn nhermau'r unedau sylfaenol SI. [2]

....

....

....

(c) Nodwch yr amod sydd ei angen er mwyn i'r hafaliad hwn fod yn ddilys. [1]

....

C2 Mae defnyddiau solid yn gallu cael eu dosbarthu'n rhai *crisialog, amorffaidd* neu *bolymeraidd*. Nodwch beth yw ystyr pob un o'r termau hyn, a rhowch enghraifft o bob math o ddefnydd. [3]

....

....

....

....

....

....

C3

(a) Defnyddiwch yr echelinau i fraslunio graffiau diriant–straen (σ–ε) ar gyfer defnydd brau, fel gwydr, a defnydd hydwyth, fel copr. Labelwch y graffiau. [2]

(b) Mae defnyddiau brau yn wan o dan dyniant. Disgrifiwch un ffordd o gynyddu cryfder tynnol defnydd brau ac esboniwch yn gryno sut mae'n gweithio. [3]

....

....

....

....

....

C4 Mewn arbrawf i ddarganfod cysonyn sbring, mae Aled yn mesur estyniad sbring pan fydd llwyth â màs (300 ± 6) g yn cael ei hongian oddi arno. Ei ganlyniad yw (15.1 ± 0.2) cm.

(a) Cyfrifwch werth y cysonyn sbring a hefyd ei ansicrwydd **absoliwt**. [4]

....

....

....

....

....

....

....

(b) Mae myfyriwr blwyddyn 13 yn dweud wrth Aled bod cyfnod, T, osgiliad fertigol màs, m, ar sbring yn gysylltiedig â'r cysonyn sbring, k, drwy'r hafaliad:

$$T = 2\pi \sqrt{\frac{m}{k}}$$

Dyluniwch ffordd y gallai Aled ddefnyddio canlyniad ei arbrawf yn rhan (a) a mesuriad arall i brofi'r hafaliad hwn. [3]

....

....

....

....

....

....

C5 Mae rhai defnyddiau yn *hydwyth*.

(a) Nodwch beth yw ystyr defnydd hydwyth. [1]

....

....

(b) Mae metelau hydwyth yn rhai *polygrisialog*.

(i) Nodwch beth yw ystyr polygrisialog. [1]

....

....

(ii) Esboniwch sut mae presenoldeb afleoliadau yn cyfrif am natur hydwyth metelau polygrisialog. Gallai lluniadu diagram eich helpu i esbonio. [3]

....

....

....

....

....

C6 Mae metelau hydwyth yn dangos *straen elastig* ar werthoedd isel o *ddiriant*. Uwchben y *terfan elastig*, maen nhw'n dangos *straen plastig*. Nodwch ystyr y termau mewn print italig. [4]

....

....

....

....

....

C7 Mae gan wifren **A** hyd l a diamedr d ac mae wedi'i gwneud o fetel â modwlws Young E. Mae wedi'i chysylltu ar y pen â gwifren **B** sydd â hyd $2l$, diamedr $2d$ a modwlws Young $1.5E$. Mae grym, F, yn cael ei roi ar ben pob gwifren, fel sydd i'w weld.

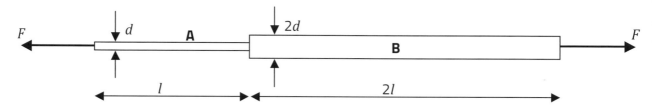

Yn y cwestiwn sy'n dilyn, σ_A yw'r diriant yng ngwifren **A**, W_A yw'r gwaith sy'n cael ei wneud wrth ymestyn gwifren **A**, ac ati. Cwblhewch y tabl i ddangos cymarebau'r mesurau sy'n cael eu rhoi. [6]

Mesur	Cymhareb		Mesur	Cymhareb		Mesur	Cymhareb
Tyniant	$\dfrac{F_A}{F_B}=$		Straen	$\dfrac{\varepsilon_A}{\varepsilon_B}=$		Gwaith	$\dfrac{W_A}{W_B}=$
Diriant	$\dfrac{\sigma_A}{\sigma_B}=$		Estyniad	$\dfrac{\Delta l_A}{\Delta l_B}=$		Egni potensial am bob uned cyfaint	$\dfrac{W_A/V_A}{W_B/V_B}=$

Lle gwag ar gyfer gwaith cyfrifo:

C8 Mae Joel yn defnyddio darn o wifren ddur, â hyd 3.550 m, i gael gwerth ar gyfer modwlws Young, E, dur. Mae'n rhoi'r wifren o dan dyniant drwy hongian llwyth o un pen a mesur y diamedr mewn gwahanol leoedd. Dyma ei ganlyniadau:

Diamedr /mm: 0.23 0.23 0.25 0.23 0.24 0.25

Mae'n ychwanegu llwyth ychwanegol 0.800 kg at y wifren ac yn mesur yr estyniad ychwanegol, sef 3.1 mm.

(a) Pam mae Joel yn hongian llwyth o ben y wifren cyn mesur y diamedr? [1]

....

(b) Amcangyfrifwch yr ansicrwydd **canrannol** yng ngwerth Joel ar gyfer E, gan esbonio eich ymresymu. Nid oes angen cyfrifo E o ganlyniadau Joel. [3]

....

....

....

....

....

(c) Mae Bethan yn dweud y byddai defnyddio darn teneuach o wifren yn lleihau'r ansicrwydd yn y canlyniad. Trafodwch a yw hi'n gywir ai peidio. [2]

....

....

....

....

C9 Mae gan gebl dur ddiamedr 3.0 cm a hyd 5.0 km. Mae *diriant ildio* 300 MPa gan y dur, a modwlws Young 2.0 GPa.

(a) Nodwch ystyr y term mewn print italig. [1]

....

....

(b) Wrth ei ddefnyddio, mae'r diriant gweithio diogel mwyaf yn un rhan o bump o'r diriant ildio. Cyfrifwch yr egni potensial elastig sy'n cael ei storio yn y cebl gyda'r diriant hwn. [3]

....

....

....

....

....

Cwestiynau Ymarfer Uned 1

C10 Mae llinyn bwa hir modern, sy'n cael ei ddefnyddio mewn gornestau saethyddiaeth, yn rhoi grym mwyaf 280 N i saeth 50 g, am hyd tynnu (h.y. y pellter mae'r saeth yn cael ei thynnu'n ôl) 76 cm.

(a) Gan dybio bod y grym mewn cyfrannedd â'r pellter mae'r saeth yn cael ei thynnu yn ôl, cyfrifwch y gwaith sy'n cael ei wneud wrth dynnu'r bwa. [2]

(b) Rydyn ni'n amcangyfrif bod effeithlonrwydd y trosglwyddiad egni i'r saeth yn 90%. Mae llyfryn gwerthu yn nodi bod y bwa yn gallu saethu saeth bellter 400 m, os yw'r saeth yn cael ei saethu ar ongl 45° i'r llorwedd. Gwerthuswch yr honiad hwn. [Dylech chi anwybyddu effaith gwrthiant aer.] [5]

C11 Mae cynnig yn cael ei wneud i osod byfferau sy'n amsugno egni ar ddiwedd llinell reilffordd leol, i atal trenau sy'n symud yn araf rhag symud y tu hwnt i'r platfform.

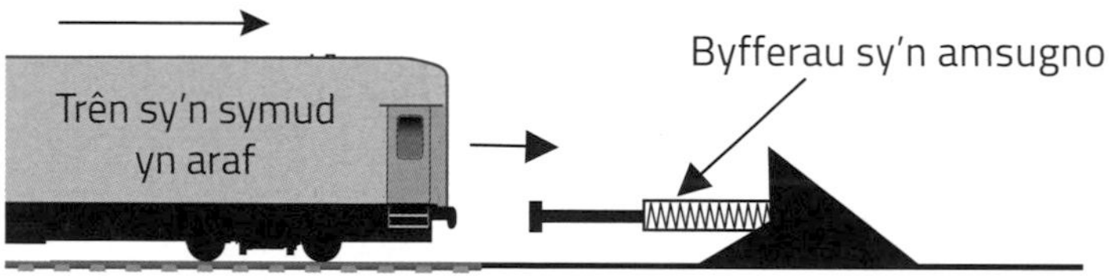

Byfferau sy'n amsugno egni

Trên sy'n symud yn araf

Mae'r byfferau'n cynnwys sbringiau sy'n cael eu cywasgu ac sy'n amsugno egni'r trenau. Mae dau ddyluniad yn cael eu cynnig, pob un yn cynnwys cysonyn sbring gwahanol. Gwerthuswch fanteision ac anfanteision defnyddio sbring gyda chysonyn sbring is. [4]

Dadansoddi cwestiynau ac atebion enghreifftiol

C&A 1 Mae myfyriwr yn ymchwilio i briodweddau tynnol band rwber â hyd gwreiddiol 10 cm. Mae hi'n cynhyrchu'r graff hwn:

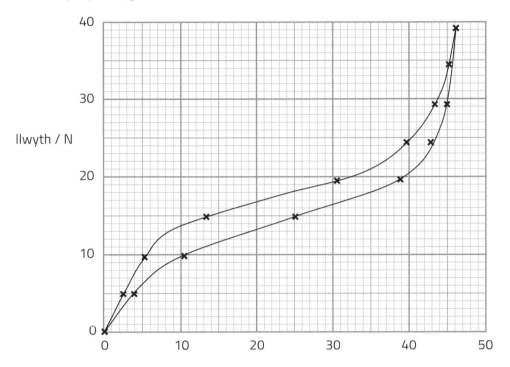

(a) Defnyddiwch y graff i helpu i esbonio'r termau *elastig* a *hysteresis*. [3]

(b) Mae'r croesau'n dangos y canlyniadau mae'r myfyriwr yn eu cael. Awgrymwch yn gryno sut mae'r myfyriwr yn gwneud yr ymchwiliad, gan gynnwys sut mae'n cael gwerthoedd y grymoedd. [3]

(c) Mae myfyriwr arall yn dweud nad yw'r canlyniadau'n foddhaol rhwng llwythi 5 N a 15 N. Esboniwch y sylw hwn ac awgrymwch sut gallai'r dull gweithredu gael ei wella. [2]

(ch) Mae rwber yn wahanol i fetelau gan fod straeniau mawr yn bosibl, ac mae grymoedd tynnol isel yn gysylltiedig. Rhowch gyfrif am y gwahaniaethau hyn yn nhermau adeiledd moleciwlaidd. [4]

(d) Amcangyfrifwch yr egni sy'n cael ei afradloni wrth lwytho a dadlwytho'r band rwber, gan esbonio sut gwnaethoch chi gael eich ateb. [3]

Beth sy'n cael ei ofyn

Dyma gwestiwn sy'n canolbwyntio ar waith ymarferol penodol. Mae ganddo agweddau ar ddylunio arbrawf – rhannau (b) ac (c), galw i gof esboniad o briodweddau mecanyddol rwber – rhan (ch), a rhyngweithio â'r data – rhannau (a), (b) a (d).

Cynllun marcio

Rhan o'r cwestiwn	Disgrifiad	AA 1	AA 2	AA 3	Cyfanswm	Sgiliau M	Sgiliau Y
(a)	Mae defnydd elastig yn mynd yn ôl i'w faint a'i siâp gwreiddiol pan fydd diriant yn cael ei dynnu. [1] <u>Yn yr achos hwn, mae'r estyniad yn sero ar ddiwedd y gromlin dadlwytho</u>	1			3		
	Mewn hysteresis elastig, nid yw graffiau llwyth–estyniad ar gyfer dadlwytho a llwytho yn cyd-daro. [1] <u>Yn yr achos hwn, mae'r gromlin dadlwytho o dan y gromlin llwytho</u>	1					
	Y ddwy adran wedi'u tanlinellu [1]		1				

Rhan o'r cwestiwn	Disgrifiad	AA 1	AA 2	AA 3	Cyfanswm	Sgiliau M	Sgiliau Y
(b)	Mae gan y myfyriwr set o lwythi (neu fasau) sy'n cael eu hychwanegu at y band rwber hyd at yr uchafswm, gan fesur yr estyniad bob tro [1] Mae'n ailadrodd y mesuriadau wrth leihau'r llwyth (yn yr un modd) [1] Cysylltu'r pwysau â'r masau yn rhifiadol, e.e. mae 3.8 N yn cael ei gynhyrchu gan fàs 4.0 kg [1]	2	1		3	1	3
(c)	Ar y gromlin llwytho, mae newid amlwg yn y graddiant rhwng 5 N a 15 N (felly mae siâp y gromlin yn ansicr) [1] Darganfod canlyniadau ar gyfer masau gwahanol (e.e. 0.7, 0.9, 1.2 kg) rhwng 5 N a 15 N [1]		2		2		2
(ch)	Mae estyniadau mewn defnyddiau eraill, e.e. dur, yn cael eu cynhyrchu drwy ymestyn bondiau [rhyngatomig] anhyblyg iawn. [1] Bondiau cyrhaeddiad byr yw'r rhain ac felly mae'r defnydd yn torri ar straeniau bach [hyd yn oed os yw'r defnydd yn hydwyth] [1] Mewn rwber, mae estyniadau mawr yn cael eu cynhyrchu drwy sythu cadwyni C–C hir [1] [sy'n bosibl drwy gylchdroi'r bondiau sengl], ac mae angen grymoedd llawer is [1]	4			4		
(d)	Nodi mai'r afradlonedd yw'r arwynebedd rhwng y cromliniau [1] Dull gweithredu rhesymol wedi'i ymgeisio, e.e. cyfrif sgwariau neu rannu'n siapiau geometrig [1] Ateb yn yr amrediad 1.3–1.7 J [1]	1	1 1		3		1
Cyfanswm		9	4	2	15	2	5

Atebion Rhodri

(a) Mae defnyddiau elastig yn mynd yn ôl i'w siâp gwreiddiol. X (dim 'mya')

Hysteresis yw lle mae dolen rhwng y ddau graff. ✓ ('mya')

SYLWADAU'R MARCIWR

Nid yw Rhodri yn ennill y pwynt marcio cyntaf; dylai fod wedi dweud bod y siâp a'r maint gwreiddiol yn cael eu hadennill pan fydd y diriant yn cael ei dynnu, neu eiriau tebyg. Yn yr ail, mae'r ymadrodd 'dolen rhwng y ddau graff' ychydig yn aneglur ond mae i bob pwrpas yr un fath â'r hyn sydd ei angen, ac mae'r arholwr yn dyfarnu'r marc drwy 'mya'.

Nid yw Rhodri yn cyfeirio at y graff ei hun, felly nid yw'n ennill y trydydd marc.

1 marc

(b) Mae'r llwythi'n lluosrifau ychydig yn llai na 5 N, sef pwysau pwysyn 0.5 kg. ✓ Mae'r myfyriwr yn ychwanegu pwysynnau 0.5 kg fesul un ac yn mesur yr estyniad, ✓ ac yna'n tynnu'r llwythi un ar ôl y llall, gan fesur yr estyniad. ✓

SYLWADAU'R MARCIWR

Mae Rhodri wedi sylwi'n gywir bod y llwyth yn cynyddu fesul pwysau màs 0.5 kg bob tro. Efallai y byddai wedi bod yn well pe bai wedi defnyddio $W = mg$ i ddangos hyn yn fwy penodol, ond mae wedi gwneud digon i ennill y marc. Mae wedi mynd ymlaen i gysylltu hyn â dull safonol yr arbrawf hwn, i ennill y ddau farc arall.

3 marc

(c) Dylai ailadrodd y darlleniadau a chyfrifo'r mesur cyfartalog i wneud yn siŵr eu bod yn fwy manwl gywir (neu wirio'r cywirdeb). X

SYLWADAU'R MARCIWR

Mae Rhodri wedi methu sylwi bod y cwestiwn hwn yn ymwneud â'r canlyniadau gwirioneddol a gafwyd. Mae wedi rhoi ateb gwan, sef 'ailadrodd' a 'mesur cyfartalog' pan na fydd hyn yn datrys y broblem yn yr achos yma. Mae angen mwy o ddata i lenwi'r bwlch ac felly darganfod union siâp y graff yma.

0 marc

(ch) Mae gan y band rwber hwn estyniad 46 cm ar gyfer hyd gwreiddiol 10 cm, a dim ond 38 N oedd y llwyth. Pe bai wedi bod yn ddur, byddai'r estyniad wedi bod yn llawer llai – dim ond ychydig mm. Y rheswm dros hyn yw bod rwber wedi'i wneud o foleciwlau cadwyn hir, sy'n gallu ymestyn. ✓

(d) Pellter cyfartalog rhwng graffiau = 3 N (yn ôl y llygad)

Pellter ymestyn = 46 cm = 0.46 N ✓

∴ Arwynebedd rhwng y graffiau

= 0.46 × 3 = 1.38 J

Tua 1.4 J ✓

SYLWADAU'R MARCIWR

Am y rhan fwyaf o'i ateb, dim ond ailadrodd y cwestiwn mae Rhodri yn ei wneud, er ei fod wedi ychwanegu rhywfaint o ddata rhifiadol. Yr unig beth newydd mae'n ei drafod yw'r syniad o ymestyn moleciwlau cywasgedig, ac mae'n ennill marc am hyn. Nid yw wedi esbonio pam mae dur yn anhyblyg na pham na dim ond pellter byr y gall ymestyn. Dylai hefyd fod wedi esbonio pam mae estyniad mawr yn bosibl yn y rwber gyda grymoedd isel.

1 marc

SYLWADAU'R MARCIWR

Ffordd braf o amcangyfrif yr 'arwynebedd' rhwng y cromliniau (am farc) ac ateb sy'n gyfforddus o fewn yr amrediad disgwyliedig (am farc arall). Mae Rhodri'n colli'r marc hawsaf drwy beidio â sôn am arwyddocâd yr arwynebedd hwn yn nhermau afradlonedd egni.

2 farc

Cyfanswm **7 marc / 15**

Atebion Ffion

(a) Mae'r graff yn dangos bod yr estyniad yn mynd yn ôl i sero ar ôl i'r llwyth gael ei dynnu. Dyma beth yw ystyr y term elastig. ✓

Mae'r graff yn dangos bod y graffiau llwyth–estyniad ar gyfer llwytho a dadlwytho yn wahanol ✓ – dyma hysteresis elastig. ✓

(b) Mae gan y myfyriwr set o bwysynnau hyd at 3.8 N. Mae'n eu hychwanegu, un ar ôl y llall, ac yn mesur yr estyniad o'r dechrau bob tro. ✓ Yna mae'n tynnu'r pwysynnau fesul un ac yn mesur yr estyniad (o'r dechrau) eto. ✓

(c) Dylai fod mwy o ganlyniadau mewn gwirionedd. Mae'n graff cymhleth, felly i fod yn siŵr mae angen mwy o ddarlleniadau. ✓ 'mya' ✗

(ch) Mae rwber yn cynnwys moleciwlau hir dryslyd. Mae'n bosibl sythu llawer ar y rhain, felly mae estyniad mawr yn bosibl. ✓ Does dim angen llawer o rym i wneud hyn, oherwydd dydy bondiau ddim yn cael eu hymestyn – dim ond eu cylchdroi. ✓

Mae metelau'n wahanol oherwydd mae angen ymestyn y bondiau rhwng yr atomau, ac mae angen grymoedd llawer mwy i wneud hyn. ✓

(d) Yr arwynebedd o dan y graff yw'r gwaith sy'n cael ei wneud:

I ddod o hyd i hyn, mae angen cyfrifo'r sgwariau:

Sgwâr 1 cm = 0.05 m × 5 N = 0.25 J ✓

Ymestyn: Cyfanswm nifer y sgwariau = 31

∴ Gwaith sy'n cael ei wneud = 7.75 J ✓

Cyfangu: 25 sgwâr → 6.25 J

∴ Egni sy'n cael ei golli fel gwres

= 7.75 – 6.25 = 1.5 J ✓

SYLWADAU'R MARCIWR

Dyma ateb da. Mae Ffion yn esbonio *elastig* a *hysteresis* yn gywir ac yn nodi nodweddion y graff sy'n egluro'r priodweddau hyn. Ateb cryno da.

3 marc

SYLWADAU'R MARCIWR

Mae Ffion wedi disgrifio'n gywir y dull gweithredu ar gyfer llwytho a dadlwytho, ac mae hi hefyd wedi pennu'r estyniad ar gyfer y gwaith ymarferol penodol hwn, ac oherwydd hyn mae hi wedi ennill marciau dau a thri. Mae hi wedi nodi'r llwyth mwyaf 3.8 N ond nid yw'n cysylltu hyn â'r masau sydd eu hangen i gyflawni'r pwysau hwn, ac felly mae'n methu rhan rhifiadol y cwestiwn.

2 farc

SYLWADAU'R MARCIWR

Mae Ffion ar y trywydd cywir. Mae'r arholwr wedi rhoi marc 'mya' am *mwy o ddata* oherwydd yr ymadrodd 'graff cymhleth'. Er mwyn cael yr ail farc, dylai Ffion fod wedi esbonio natur y cymhlethdodau, h.y. newid graddiant mawr, a'r angen am fwy o ddata yn yr ardal benodol.

1 marc

SYLWADAU'R MARCIWR

Mae Ffion yn ennill y ddau farc sydd ar gael ar gyfer priodweddau rwber – mae'n estynadwy a dim ond tyniant isel sydd ei angen.

Mae ei hateb ynghylch pam mae angen grymoedd mawr i ymestyn dur yn gywir ac yn ennill marc. Nid yw Ffion yn gwneud unrhyw ymdrech i esbonio'r ffaith mai dim ond ychydig y cant y gall dur ymestyn cyn torri, sydd ei angen i ennill y pedwerydd marc.

3 marc

SYLWADAU'R MARCIWR

Mae Ffion yn amcangyfrif yn eithaf rhesymol y gwaith sy'n cael ei wneud (ar y band rwber) wrth ymestyn y band rwber, drwy gyfrif sgwariau. Mae hi hefyd yn amcangyfrif y gwaith sy'n cael ei wneud (gan y band) wrth gyfangu. Mae'n cydnabod, ac yn nodi, mai'r gwahaniaeth rhwng y rhain yw'r egni 'coll' ar ffurf 'gwres', sy'n dderbyniol ar lefel UG ac yn ennill y tri marc llawn.

3 marc

Cyfanswm **12 marc / 15**

C&A 2 Disgrifiwch yn gryno y broses lle mae defnydd brau yn torri dan dyniant. [3]

Beth sy'n cael ei ofyn

Dyma gwestiwn AA1 syml, sy'n gofyn i ymgeiswyr atgynhyrchu gwybodaeth sy'n ofynnol yn ôl y fanyleb. Mae'n debygol o gael ei ofyn fel rhan o gwestiwn hirach.

Cynllun marcio

Disgrifiad	AA 1	2	3	Cyfanswm	Sgiliau M	Y
Craciau neu amherffeithiadau yn [arwyneb] y defnydd [1] Mae diriant wedi'i grynodi ar flaenau craciau, sy'n fwy na'r diriant torri [yn lleol] [1] Mae craciau'n ymestyn [gan grynodi'r diriant ymhellach] [1]	3			3		
	3			3		

Atebion Rhodri

Mae defnyddiau brau yn torri oherwydd craciau neu grafiadau ar yr arwyneb. ✓ Enghraifft o hyn yw adeiladwyr yn 'torri' brics drwy wneud crac ar eu traws a'u taro. ✗

SYLWADAU'R MARCIWR

Mae Rhodri wedi nodi'n gywir bod craciau ar yr arwyneb yn cychwyn toriad brau, ac mae'n ennill y marc cyntaf. Yn lle rhoi mwy o fanylion am y broses, a fyddai'n ennill mwy o farciau iddo, mae'n rhoi enghraifft nad oes ei hangen.

1 marc / 3

Atebion Ffion

Mae gan ddefnyddiau brau, fel gwydr, dyllau bach neu graciau ynddynt. ✓ Pan fydd y defnydd yn cael ei ymestyn, mae'r diriant ar ymyl y craciau yn llawer mwy na'r diriant cyfartalog. Os yw'r diriant hwn yn ddigon mawr, mae'r bondiau ar flaen y crac yn torri, ✓ sy'n gwneud i'r crac dyfu nes ei fod yn ymestyn ar draws y defnydd. ✓ Felly mae'r defnydd yn torri.

SYLWADAU'R MARCIWR

Mae Ffion wedi rhoi disgrifiad da o broses toriad brau. Mae hi wedi nodi arwyddocâd craciau ar gyfer y marc cyntaf, ac mae hi wedi nodi'n gywir bod y diriant ar flaen crac wedi'i chwyddo. Mae'n sôn yn gywir am y diriant hwn yn torri bondiau, ac felly mae'n ennill yr ail farc am hyn. Yn ddelfrydol, byddai Ffion wedi dweud bod y diriant ar flaen newydd y crac yn fwy fyth erbyn hyn, gan arwain at dwf crac afreolus, ond nid yw'r cynllun marcio yn gofyn am hyn ac mae hi'n ennill y trydydd marc am nodi bod y crac yn tyfu.

3 marc / 3

Adran 6: Defnyddio pelydriad i ymchwilio i sêr

Crynodeb o'r testun

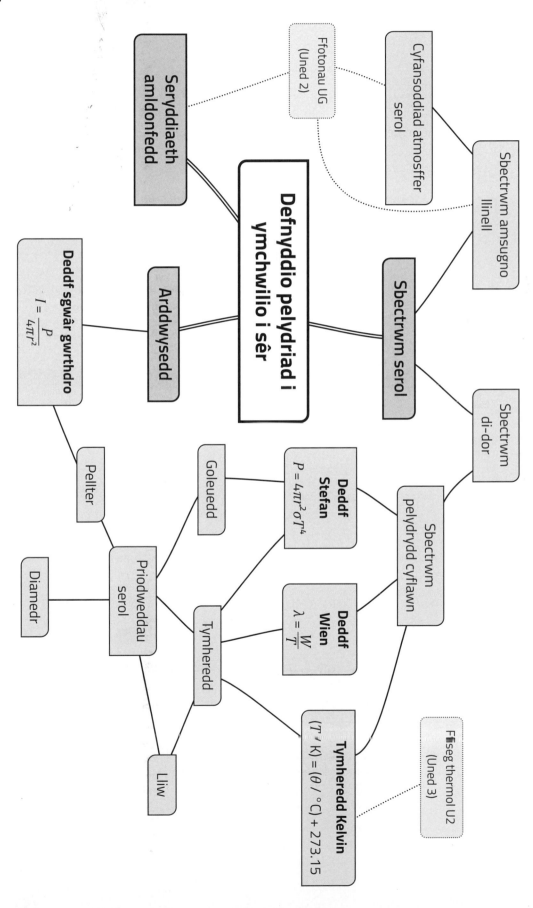

C1 Gallwn ni ysgrifennu'r joule (J) yn nhermau'r unedau sylfaenol SI fel kg m^2 s^{-2}. Yr uned SI ar gyfer *arddwysedd* pelydriad yw W m^{-2}. Defnyddiwch hafaliadau sy'n diffinio i fynegi'r uned hon mewn unedau sylfaenol SI. [3]

C2 Diffiniwch y term *pelydrydd cyflawn* yn nhermau amsugniad ac allyriad pelydriad. [2]

C3 Mae gan sêr corrach coch dosbarth M5V radiws sydd tua chwarter radiws yr Haul a thymheredd (mewn Kelvin) sydd tua hanner tymheredd yr Haul. Mae goleuedd yr Haul tua 4 × 10^{26} W. Amcangyfrifwch oleuedd sêr M5V. [4]

C4 Mae màs, M, a goleuedd, L, sêr yn aml yn cael eu mynegi yn nhermau màs a goleuedd yr Haul, $M_\odot$ ac $L_\odot$ yn ôl eu trefn. Y mwyaf yw'r màs, y mwyaf yw'r goleuedd.

Ar gyfer masau yn yr amrediad $0.43M_\odot < M < 2M_\odot$, mae'r berthynas yn aml yn cael ei nodi fel

$$\frac{L}{L_\odot} = \left(\frac{M}{M_\odot}\right)^4$$

(a) $0.70\ M_\odot$ yw màs y seren 61 Cygni A. Defnyddiwch yr hafaliad uchod i amcangyfrif ei goleuedd fel lluosrif $L_\odot$. [1]

(b) Mewn gwirionedd, $0.153\ L_\odot$ yw goleuedd 61 Cygni A. Mae Alex yn dweud y dylai pŵer ($M/M_\odot$) yn yr hafaliad uchod fod yn llai na 4. Gwerthuswch a yw Alex yn gywir. [2]

C5 Mae'r graff yn dangos sbectrwm di-dor y golau o seren bell. Rydyn ni'n gwybod beth yw pellter y seren o'r Ddaear. Mae cyfanswm arddwysedd pelydriad y seren sy'n cyrraedd y Ddaear yn cael ei roi gan yr arwynebedd o dan y graff.

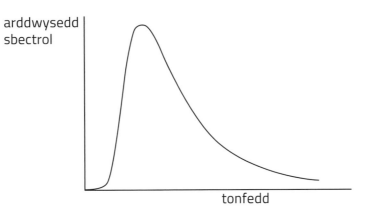

Esboniwch sut gallwn ni ddefnyddio graff o'r fath (gyda graddfeydd echelin priodol), a hefyd deddfau pelydriad, i ddarganfod priodweddau'r seren. [6 AYE]

....

....

....

....

....

....

....

....

....

....

....

....

....

C6 Mae sbectrwm seren yn cynnwys *sbectrwm allyrru di-dor* a *sbectrwm amsugno llinell*. Disgrifiwch beth yw ystyr y termau hyn. [2]

....

....

....

....

C7 Esboniwch sut gallwn ni gael gwybodaeth am gyfansoddiad seren o'i sbectrwm amsugno. [3]

....

....

....

....

....

C8 Diamedr yr Haul yw 1.39×10^6 km a thonfedd yr allyriad brig yw 501 nm.

(a) Cyfrifwch dymheredd arwyneb yr Haul. [2]

....

....

....

....

(b) Mae gwefan yn dweud mai 3.83×10^{26} W yw goleuedd yr Haul. Gwerthuswch a yw'r data yn y cwestiwn hwn yn gyson â'r ffaith bod yr Haul yn allyrru pelydriad fel pelydrydd cyflawn. [3]

....

....

....

....

....

....

C9 Mae gan arwyneb yr Haul dymheredd o tua 6000 K. Rhanbarthau bach ar arwyneb yr Haul yw brychau haul (*sunspots*), sydd â thymheredd o tua 4000 K.

(a) (i) Cyfrifwch donfedd brig y pelydriad sy'n cael ei allyrru gan frychau haul. [2]

....

....

....

(ii) Nodwch ranbarth y sbectrwm e-m sy'n cynnwys y donfedd brig. [1]

....

(b) Mae brychau haul yn ymddangos yn ddu mewn lluniau o arwyneb yr Haul. Esboniwch hyn. Bydd cyfrifiad yn eich helpu chi i ateb. [3]

....

....

....

....

....

C10 Yn ôl Bryn, os yw deddf Wien yn gywir, bydd egni ffoton o frig sbectrwm seren mewn cyfrannedd â thymheredd arwyneb y seren. Gwerthuswch a yw Bryn yn gywir. [3]

....

....

....

....

....

C11 Disgrifiwch beth yw ystyr seryddiaeth amldonfedd a rhowch enghraifft o sut mae'n cael ei ddefnyddio. [2]

....

....

....

....

C12 Mae'r tabl isod yn rhoi gwybodaeth am dymheredd, T, amrywiol ffynonellau pelydriad thermol yn y bydysawd.

Ffynhonnell	T / K
Pelydriad cefndir microdonnau cosmig	2.7
Cymylau moleciwlaidd galaethol (y mae sêr yn ffurfio ohonynt)	10–50
Arwyneb seren cawr coch / gorgawr glas	3 000 / 50 000

Ffynhonnell	T / K
Disg croniant mewnol tyllau du	10^7
Nwy rhyngalaethog (nodweddiadol)	10^6
Uwchnofa	5×10^7

Defnyddiwch ddata o'r tabl hwn i esbonio sut mae seryddiaeth amldonfedd yn ddefnyddiol wrth astudio'r prosesau gwahanol sy'n digwydd yn y bydysawd. [5]

....

....

....

....

....

....

....

....

....

Cwestiynau Ymarfer Uned 1

C13 Mae gan adran uwchfioled y sbectrwm e-m amrediad tonfedd 10–400 nm. Cyfrifwch amrediad yr egnïon ffoton yn y sbectrwm uwchfioled. Mynegwch eich atebion mewn J ac eV. [4]

C14 Mae atomau heliwm, He$^+$ wedi'u hïoneiddio'n unigol, (h.y. atomau heliwm gydag un electron ar goll) i'w cael yn atmosffer sêr poeth. Y 6 lefel egni isaf mewn He$^+$ yw:

–54.4 eV (cyflwr isaf)   –13.6 eV   –6.0 eV   –3.4 eV   –2.2 eV   –1.5 eV

(a) Mae llinell amsugno sydd â thonfedd 1.0 μm yn cael ei gweld yn sbectrwm isgoch seren. Esboniwch sut gall hyn godi o He$^+$ yn atmosffer y seren. [4]

(b) Mae egni ffotonau yn y sbectrwm gweladwy rhwng 1.9 eV a 3.1 eV. Nodwch drosiadau mewn ïonau He$^+$ sy'n gallu arwain at linellau tywyll yn y sbectrwm amsugno gweladwy. [2]

(c) Mae Eleri yn sylwi nad oes llinellau oherwydd He$^+$ yn sbectrwm gweladwy yr Haul. Mae hi'n credu mai'r rheswm dros hyn yw bod tymheredd arwyneb yr Haul yn rhy isel, tua 6000 K. Gwerthuswch yr honiad hwn. [3]

Dadansoddi cwestiynau ac atebion enghreifftiol

C&A 1 Ar y cyfan, mae sêr yn ymddwyn fel *pelydrydd cyflawn*.

(a) Nodwch beth yw ystyr pelydrydd cyflawn yn nhermau allyrru ac amsugno pelydriad. [2]

(b) Nodwch beth yw ystyr *goleuedd* seren. [1]

(c) Dyma dair o nodweddion yr Haul:
Diamedr = 1.4×10^6 km   Tymheredd arwyneb = 5770 K   Goleuedd = 3.83×10^{26} W

Yn y dyfodol, bydd yr Haul yn mynd drwy gyfnod lle mae ei ddiamedr yn 300 miliwn km a'i dymheredd arwyneb yn 3000 K. Yna bydd yn mynd yn seren llawer llai gyda diamedr 14 000 km a thymheredd arwyneb 20 000 K.

Defnyddiwch yr wybodaeth uchod, yn ogystal â chyfrifiadau, i ddisgrifio'r newidiadau yn ymddangosiad yr Haul i arsylwr pell. [5]

Beth sy'n cael ei ofyn

Fel llawer o gwestiynau, mae'n dechrau gyda rhai agweddau ar alw i gof (AA1), sydd wedi'u cynllunio i'ch arwain chi i mewn i gymhwyso ffiseg (AA2). Yn yr achos hwn, dylech fod wedi dysgu diffiniadau *pelydrydd cyflawn* a *goleuedd* i allu ateb rhannau (a) a (b). Wrth ateb rhan (c), bydd angen i chi nodi'r nodweddion arsylwadol sy'n addas i'w cyfrifo, gan ddefnyddio deddf Stefan-Boltzmann a deddf Wien, cyn gwneud y cyfrifiadau perthnasol ac yna dehongli'r canlyniadau.

Cynllun marcio

Rhan o'r cwestiwn		Disgrifiad	AA			Cyfanswm	Sgiliau	
			1	2	3		M	Y
(a)		[Pelydrydd cyflawn yw gwrthrych sy'n] amsugno'r holl belydriad [electromagnetig] sy'n ei daro... [1] ...[ac mae] yn allyrru'r pelydriad mwyaf posibl ar unrhyw donfedd [ar y tymheredd hwnnw] [1]	2			2		
(b)		Goleuedd seren yw cyfanswm y pŵer mae'n ei allyrru [neu'r egni mae'n ei allyrru am bob uned amser] <u>ar ffurf pelydriad electromagnetig</u> [1]	1			1		
(c)		Ymgais i ddefnyddio deddf Stefan [hyd yn oed gyda chamgymeriadau], e.e. amnewid yn $L = A\sigma T^4$ (derbyn dryswch radiws/diamedr neu'r defnydd o πr^2) ar unrhyw adeg neu $\dfrac{L_1}{L_2} = \dfrac{A_1 T_1^4}{A_2 T_2^4}$ wedi'i weld [1] Ymgais i ddefnyddio deddf Wien [hyd yn oed gyda chamgymeriadau] [1] Cyfrifo goleuedd (neu $L / L_\odot$) **a** thonfedd brig y naill gyfnod esblygu neu'r llall [1.3×10^{30} W / $3000 L_\odot$ 970 nm; 5.6×10^{24} W / $1.5 \times 10^{-7} L_\odot$ 150 nm] [1] [neu oleuedd neu donfedd brig y ddau] Nodweddion y ddau gyfnod wedi'u cyfrifo [1] Nodi lliwiau [coch $\longrightarrow$ glas/gwyn] neu ranbarth y sbectrwm e-m ar gyfer y brig [isgoch, uwchfioled] [1]		5		5	4	
Cyfanswm			3	5		8	4	

Atebion Rhodri

(a) Mae pelydrydd cyflawn yn amsugno ac yn allyrru'r holl belydriad sy'n ei daro. ✓ ✗

SYLWADAU'R MARCIWR

Mae rhywfaint o ddryswch yn ateb Rhodri. Mae pelydrydd cyflawn yn amsugno'r holl belydriad sy'n ei daro. Nid yw 'allyrru'r holl belydriad sy'n ei daro' yn gwneud unrhyw synnwyr. Mae'n allyrru pelydriad yn gryfach ar unrhyw donfedd na gwrthrych sydd ddim yn belydrydd cyflawn.

1 marc

(b) Dyma gyfanswm y pŵer allbwn. ✗ Dim digon

SYLWADAU'R MARCIWR

Roedd Rhodri bron yno ond roedd angen iddo nodi pelydriad electromagnetig yn benodol. Mae sêr hefyd yn rhyddhau egni ar ffurf niwtrinoeon, sydd ddim yn cyfrannu at y goleuedd.

0 marc

(c) Y cyfnod nesaf yw'r cawr coch – byddai'n ymddangos yn goch ac yn llawer mwy disglair (mwy o oleuedd). Y cyfnod olaf yw'r corrach gwyn, ac mae'n llawer gwannach. ✓

Cawr coch: $L = A\sigma T^4$

$= 4\pi (3.0 \times 10^8)^2 \times 5.67 \times 10^{-8} \times 3000^4$ ✓ cynnig

$= 5.19 \times 10^{24}$ W

$\lambda_{mwyaf} = \dfrac{2.90 \times 10^{-3}}{3000} = 9.67 \times 10^{-7}$ – felly coch ✓

Corrach gwyn: $L = A\sigma T^4$

$= 4\pi (1.4 \times 10^4)^2 \times 5.67 \times 10^{-8} \times 20000^4$ ✗

$= 2.2 \times 10^{19}$ W – llawer gwannach

$\lambda_{mwyaf} = \dfrac{2.90 \times 10^{-3}}{20000} = 1.45 \times 10^{-7}$ – felly gwyn ✓

SYLWADAU'R MARCIWR

Y marc cyntaf mae Rhodri yn ei ennill yw'r un olaf yn y cynllun marcio: mae'n nodi lliwiau'r seren yn gywir yn y ddau gyfnod.

Mae'n ennill un marc yr un am ddefnyddio deddf Stefan-Boltzmann a deddf dadleoliad Wien. Mae'n gwneud yr un camgymeriadau wrth gyfrifo L y ddwy seren: nid yw'n trawsnewid km yn m ac mae'n defnyddio'r diamedr yn lle y radiws wrth gyfrifo'r arwynebedd arwyneb. Er hyn, mae'n cyfrifo tonfedd brig y ddwy seren yn gywir, felly mae'n ennill y pedwerydd marc. Nid yw absenoldeb yr uned ar gyfer λ_{mwyaf} yn cael ei gosbi ymhellach.

4 marc

| **Cyfanswm** | **5 marc / 8** |

Atebion Ffion

(a) Mae'n amsugno'r holl belydriad sy'n ei daro. ✓

Mae'n allyrru pob tonfedd o belydriad yn well nag unrhyw fath arall o wrthrych. ✓

SYLWADAU'R MARCIWR

Mae rhan gyntaf yr ateb yn dda. Yn ddelfrydol, byddai ail ran yr ateb wedi sôn bod y gwrthrych cymharu ar yr un tymheredd, e.e. mae pelydrydd cyflawn ar 1000 K yn allyrru mwy o belydriad ar bob tonfedd na gwrthrych nad yw'n belydrydd cyflawn ar 1000 K. Ond ni chafodd yr hepgoriad hwn ei gosbi y tro yma.

2 farc

(b) Goleuedd yw egni y pelydriad electromagnetig sy'n cael ei ryddhau bob eiliad. ✓

SYLWADAU'R MARCIWR

Ateb byr a hollol gywir. Diffiniad sydd wedi'i ddysgu yn dda.

1 marc

(c) Prif ddilyniant $\longrightarrow$ cawr coch $\longrightarrow$ corrach gwyn ✓

Goleuedd: Cyfnod cyntaf

$L = A\sigma T^4 = 4\pi(1.5 \times 10^{11})^2 \times 5.67 \times 10^{-8} \times (3000)^4$ ✓

$= 1.30 \times 10^{30}$ W $= 3400 \times L$ ar gyfer yr Haul

Goleuedd: Ail gyfnod

$L = A\sigma T^4 = \pi(1.4 \times 10^7)^2 \times 5.67 \times 10^{-8} \times (20000)^4$

$= 5.58 \times 10^{24}$ W $= 0.015 \times L$ ar gyfer yr Haul ✓

Lliw: Cawr coch

λ brig $= \dfrac{W}{T} = \dfrac{2.90 \times 10^{-3}}{3000} = 9.7 \times 10^{-7}$ m ✓

Mae hwn yn y rhanbarth isgoch felly bydd y seren yn edrych yn goch (ac yn ddisglair) yn ôl y disgwyl.

Lliw: Corrach gwyn

λ brig $= \dfrac{W}{T} = \dfrac{2.90 \times 10^{-3}}{20000} = 1.5 \times 10^{-7}$ m ✓

Mae hwn yn y rhanbarth uwchfioled felly bydd y seren yn ymddangos yn las-wyn ac yn wan yn ôl y disgwyl.

SYLWADAU'R MARCIWR

Mae Ffion hefyd yn cael y pumed marc o ran gyntaf ei hateb – atgof o waith dysgu TGAU! Mewn gwirionedd, dylai'r ateb hwn ddod o'r cyfrifiadau, ond mae'n ennill y marciau beth bynnag.

Mae Ffion yn defnyddio deddf Stefan-Boltzmann a deddf Wien. Mae'n ymddangos ei bod hi wedi gwneud camgymeriad wrth gyfrifo goleuedd y corrach gwyn: mae'n defnyddio πd^2 yn lle $4\pi r^2$. Mae'r rhain, wrth gwrs, yn rhoi'r un ateb ac mae'r arholwr yn dyfarnu'r marc drwy 'mya'.

Roedd ei chyfrifiadau Wien yn gywir. Oherwydd hyn, mae Ffion yn ennill pob un o'r 4 marc cyfrifo, a byddai ei disgrifiadau ysgrifenedig terfynol wedi ennill y pumed marc iddi pe na bai hi wedi'i ennill yn barod!

5 marc

| **Cyfanswm** | **8 marc / 8** |

Adran 7: Gronynnau ac adeiledd niwclear

Crynodeb o'r testun

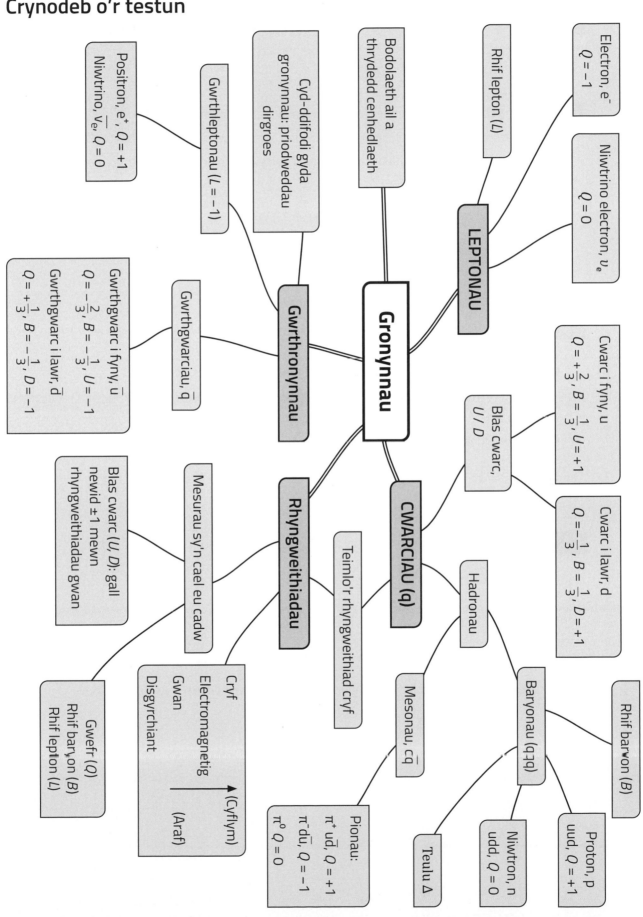

C1 Gall electronau gael eu disgrifio fel *gronynnau sylfaenol*. *Gronynnau cyfansawdd* yw protonau. Esboniwch y gwahaniaeth rhwng y gronynnau hyn. [2]

....

....

C2 Mae gronyn X yn gallu rhyngweithio drwy'r rhyngweithiad cryf. Beth yw eich casgliad chi am ronyn X? [1]

....

C3 Dyma ddetholiad o ronynnau a gwrthronynnau cenhedlaeth gyntaf:

electron (e^-)   proton (p)   gwrthniwtrino ($\overline{v_e}$)   meson pi+ (π+)   gwrthniwtron ($\overline{n}$)   positron (e^+)

Nodwch pa rai o'r gronynnau hyn sy'n gallu rhyngweithio drwy bob un o'r grymoedd cryf, electromagnetig a gwan. [2]

Cryf: ....

Electromagnetig: ....

Gwan: ....

C4 Mae pionau niwtral (π^0) yn cynnwys cymysgedd o $u\overline{u}$ a $d\overline{d}$. Maen nhw'n dadfeilio yn ddau ffoton gyda hyd oes o tua 10^{-16} s.

(a) Nodwch pa ryngweithiad sy'n gyfrifol am y dadfeiliad hwn. [1]

....

(b) Rhowch ddau reswm dros eich ateb. [2]

(i) ....

(ii) ....

C5 (a) Enwch ac ysgrifennwch y symbol ar gyfer gwrthronyn pob un o'r gronynnau hyn: [3]

(i) e^- ....

(ii) n ....

(iii) v_e ....

(b) Mae Eurig yn dweud mai π^- yw gwrthronyn π^+. Darganfyddwch a yw Eurig yn gywir. [2]

....

....

....

....

C6 Mae Δ^{++} yn ronyn cenhedlaeth gyntaf.

(a) Mae Keira yn dweud bod yn rhaid mai baryon yw Δ^{++}. Esboniwch pam ei bod hi'n gywir a rhowch ei adeiledd cwarc. [2]

....

....

....

(b) Mae gan Δ^{++} hyd oes o tua 10^{-24} s. Mae'n dadfeilio yn broton gydag allyriad gronyn cenhedlaeth gyntaf arall.

(i) Nodwch y rhyngweithiad sy'n gyfrifol am y dadfeiliad a rhowch reswm dros eich ateb. [2]

....

....

(ii) Mae momentwm ac egni yn cael eu cadw yn y dadfeiliad hwn. Nodwch y meintiau eraill sy'n cael eu cadw yn y dadfeiliad gronynnau isatomig hwn. [2]

....

....

(iii) Ysgrifennwch yr hafaliad ar gyfer y dadfeiliad hwn a dangoswch sut mae pob un o'r mesurau rydych chi wedi'u henwi yn (ii) yn cael eu cadw. [3]

....

....

....

....

....

C7 Gall gronynnau isatomig gael eu dosbarthu yn *leptonau*, *baryonau* a *mesonau*. Mae'r pion positif, π^+, yn dadfeilio yn bositron, e^+, a niwtrino, ν_e.

(a) Dosbarthwch y gronynnau, π^+, e^+ a ν_e. [2]

....

....

....

....

(b) Esboniwch pa briodweddau gronynnau sy'n cael eu cadw yn y dadfeiliad hwn, yn ogystal â momentwm ac egni. [3]

....

....

....

....

(c) Nodwch un o briodweddau gronynnau sydd ddim yn cael ei gadw yn y dadfeiliad hwn, ac esboniwch eich ateb yn gryno. [1]

....

....

C8 Mae dau broton yn gwrthdaro ar egni uchel. Nid yw'r adwaith canlynol yn gallu digwydd.

$$p + p \rightarrow \Delta^+ + e^- + \pi^+$$

lle mae Δ^+ yn faryon cenhedlaeth gyntaf.

(a) Esboniwch pa rai o'r deddfau cadwraeth y byddai'r adwaith hwn yn eu torri. [3]

....

....

....

....

....

(b) Fel arfer mae Δ^+ yn dadfeilio yn niwcleon a phion, e.e. $\Delta^+ \rightarrow p + \pi^0$, gyda hyd oes o $\sim 10^{-24}$ s. Ond weithiau, bydd y dadfeiliad canlynol yn digwydd:

$$\Delta^+ \rightarrow p + \gamma$$

Esboniwch pam mae hwn yn ddadfeiliad llawer arafach. [2]

....

....

....

C9 Mae niwtron a phion positif yn gwrthdaro ar egni uchel. Mae myfyriwr yn awgrymu y gallai'r adwaith canlynol ddigwydd:

$$n + \pi^+ \rightarrow \Delta^{++} + e^-$$

lle mae Δ^{++} yn faryon cenhedlaeth gyntaf.

Esboniwch a fyddai'r adwaith hwn yn torri deddfau cadwraeth rhif lepton, gwefr a rhif baryon. [3]

....

....

....

....

....

C10 Dywed bod gan gwarciau *rif baryon* $\frac{1}{3}$. Esboniwch, gan ddefnyddio enghreifftiau, sut mae hyn yn gyson â phob un o'r canlynol:

(a) Mae pob baryon yn cynnwys tri chwarc. [2]

....

....

....

(b) Mae gan bob meson rif baryon 0 (sero). [2]

....

....

....

C11

Mae'r Haul yn allyrru'r Gwynt Solar, sef llif o ronynnau (electronau a phrotonau yn bennaf). Mae'r adweithiau niwclear yn ei graidd hefyd yn cynhyrchu llif o niwtrinoeon. Pe bai'r gronynnau hyn yn taro darn o blwm, er y byddai gan yr electronau a'r protonau gyrhaeddiad o lai nag 1 cm, amcangyfrifwyd y byddai cyrhaeddiad y niwtrinoeon yn 1 flwyddyn golau.

Esboniwch y gwahaniaeth hwn drwy ystyried y mathau o ryngweithiadau y gall y tri gronyn gymryd rhan ynddynt. [4]

....

....

....

....

....

....

....

C12

Mae deddfau cadwraeth egni a momentwm yn berthnasol i bob gwrthdrawiad. Ysgrifennwch gyfrif cryno o'r deddfau cadwraeth **ychwanegol** sy'n berthnasol i ryngweithiadau rhwng gronynnau isatomig. [6AYE]

....

....

....

....

....

....

....

....

....

....

....

....

....

....

Cwestiynau Ymarfer Uned 1

C13 Pan fydd gronyn arunig yn dadfeilio, mae cadwraeth màs ac egni yn mynnu bod cyfanswm màs y gronynnau sy'n deillio o hynny yn is na màs y gronyn sy'n dadfeilio.

Mae'r tabl canlynol yn cynnwys masau'r **holl** ronynnau cenhedlaeth gyntaf fel lluosrifau'r màs electronig, m_e.

Gronyn	Symbol(au)	Math	Màs / m_e
niwtrino	ν	lepton	$<10^{-5}$
electron	e^-	lepton	1
pion	π^+ / π^0 / π^-	meson	207
proton	p	baryon	1836
niwtron	n	baryon	1839
delta	Δ^{++} / Δ^+ / Δ^0 / Δ^-	baryon	2411
rho	ρ^+ / ρ^0 / ρ^-	meson	1516

Mae masau mwy gan ronynnau ail a thrydedd cenhedlaeth pob math.

Defnyddiwch y wybodaeth hon i esbonio pob un o'r gosodiadau canlynol. Ar gyfer rhai o'r gosodiadau, bydd angen i chi ystyried deddfau cadwraeth eraill.

(a) Gall y gronyn Δ^+ ddadfeilio yn broton a π^0 ond nid yn broton a ρ^0. [2]

(b) Gall π^0 ddadfeilio yn electron, yn bositron ac yn ffoton. [2]

(c) Dim ond drwy'r rhyngweithiad gwan gall y niwtron ddadfeilio. [3]

(ch) Mae'r proton yn ronyn sefydlog, h.y. nid yw'n dadfeilio. [2]

Dadansoddi cwestiynau ac atebion enghreifftiol

C&A 1 Mae gronyn Y yn dadfeilio, gan gynhyrchu pion niwtral, π^0, positron, e^+, a lepton, Z, heb wefr.

(a) Mae Imran yn dweud y gallai gronyn Y fod yn faryon positif. Mae Josephine yn credu y gallai fod yn feson niwtral. Gwerthuswch pa un, os oes un, sy'n gywir. [4]

(b) Mae Jemima yn dweud bod yn rhaid mai niwtrino yw Z. Gwerthuswch y gosodiad hwn. [2]

(c) Esboniwch pa ryngweithiad, cryf, gwan neu electromagnetig, sy'n gyfrifol am ddadfeiliad gronyn Y. [2]

(ch) Esboniwch sut byddai mesuriad o hyd oes cymedrig gronynnau Y yn rhoi tystiolaeth ategol ar gyfer eich ateb i (c). [2]

Beth sy'n cael ei ofyn

Dyma gwestiwn eithaf anodd. Mae rhannau (a) a (b) yn gofyn i ymgeiswyr ddefnyddio deddfau cadwraeth ffiseg gronynnau i ddod i gasgliadau am natur gronynnau. Gan nad yw'r cwestiwn yn sôn am ddeddfau cadwraeth, mae'r ddwy ran yma o'r cwestiwn yn cael eu hystyried yn AA3. Mae rhannau (c) a (ch) yn profi gwybodaeth yr ymgeiswyr am y mathau gwahanol o ryngweithiadau y mae gronynnau isatomig yn mynd drwyddyn nhw. Mae sail y dadansoddiad yn cael ei roi yn rhan (c) ac felly cwestiwn AA2 yw hwn; yn rhan (ch) mae'r ymgeiswyr yn cael eu cyfeirio at alw i gof briodweddau'r rhyngweithiad gwan ac felly cwestiwn AA1 ydyw.

Cynllun marcio

Rhan o'r cwestiwn		Disgrifiad	AA			Cyfanswm	Sgiliau	
			1	2	3		M	Y
(a)		Gosodiad am unrhyw un o'r deddfau cadwraeth (gwefr, rhif baryon neu rif lepton) [1] e.e. 'mae gwefr yn cael ei gadw'						
		Cymhwyso'n gywir i'r dadfeiliad [1]			4	4		
		Cymhwyso ail ddeddf yn gywir [1]						
		Adnabod y gronyn, yn dilyn ymresymu cywir, a gwerthusiad [1]						
(b)		Yr unig leptonau heb wefr yw niwtrinoeon [neu wrthniwtrinoeon] [1]						
		Ni all Z fod yn wrthniwtrino oherwydd byddai cyfanswm y rhif lepton yn 2 (sef rhif na all Y ei gael) felly mae Jemima yn gywir [1]			2	2		
(c)		Mae'r adwaith yn cynnwys niwtrino [1]						
		[Dim ond drwy'r rhyngweithiad gwan y mae niwtrinoeon yn rhyngweithio] **felly** gwan [1]		2		2		
(ch)		Mae dadfeiliadau gwan yn cymryd mwy o amser na rhai cryf neu e-m [1]						
		Os yw'r amser dadfeilio'n fwy na 10^{-10} s yna gwan [1]	2			2		
Cyfanswm			2	2	6	10		

Atebion Rhodri

(a) Mae'n rhaid bod gan Y wefr bositif oherwydd mae gwefr bob amser yn cael ei gadw ✓ a $0 + 1 + 0 = 1$ yw gwefrau'r gronynnau cynnyrch. ✓ Felly ni all Josephine fod yn gywir ond gallai Imran fod yn gywir.
Mae meson ar y dde felly mae'n rhaid bod meson ar y chwith ✗ felly mae'r gronyn yn feson positif. (ddim yn glir ✗)

SYLWADAU'R MARCIWR

Mae Rhodri yn delio â deddf gadwraeth gwefr yn dda ac yn dangos yn gywir bod yn rhaid bod gan Y wefr bositif. Felly, mae'n ennill y ddau farc cyntaf. Mae'n credu'n anghywir bod mesonau'n cael eu cadw; ac felly, er bod ei gasgliad yn gywir, mae ei ymresymu'n ddiffygiol.

2 farc

(b) Mae'n rhaid i lepton niwtral fod yn niwtrino ✓ felly mae Jemima yn gywir. (dim digon ✗)

SYLWADAU'R MARCIWR

Mae'r cynllun marcio yn caniatáu marc cyntaf hygyrch y mae Rhodri'n ei ennill. Ond nid yw'n diystyru gwrthniwtrino ac felly nid yw'n ennill yr ail farc.

1 marc

(c) Mae'r adwaith yn cynnwys niwtrino ✓, felly mae'n rhaid iddo fod yn wan. ✓ (bron iawn)

SYLWADAU'R MARCIWR

Mae'r cynllun marcio yn hael yn caniatáu ateb Rhodri – nid oedd angen yr adran mewn cromfachau yn y cynllun.

2 farc

(ch) Mae rhyngweithiadau gwan yn llai tebygol o ddigwydd na rhai cryf. Mae ganddyn nhw gyrhaeddiad byrrach na rhyngweithiadau electromagnetig – felly mae'r adwaith hwn yn annhebygol o ddigwydd. ✗

SYLWADAU'R MARCIWR

Mae dadansoddiad Rhodri yn ymwneud â rhyngweithiad gwrthdaro yn lle dadfeiliad. Felly mae'n sôn am y tebygolrwydd y bydd adwaith yn digwydd. Nid yw hyn yn berthnasol i unrhyw un o bwyntiau'r cynllun marcio.

0 marc

| **Cyfanswm** | **5 marc / 10** |

Atebion Ffion

(a) Dydy hi ddim yn bosibl i Y fod yn lepton oherwydd mae dau lepton ar y dde. ✓
Dydy hi ddim yn bosibl i Y fod yn faryon oherwydd does dim baryonau ar y dde. ✓
Mae'n rhaid bod gan Y wefr bositif oherwydd cyfanswm y wefr ar y dde yw +1. ✓
Felly mae'r gronyn yn feson positif. (ddim yn glir ✗)

SYLWADAU'R MARCIWR

Nid yw Ffion wir yn nodi unrhyw ddeddf gadwraeth yn benodol, ond mae'n cymhwyso'r tair yn gywir. Felly mae'r arholwr wedi bod ychydig yn hael yn dyfarnu'r marc cyntaf drwy awgrym. Ar y llaw arall, nid yw Ffion wedi ateb y cwestiwn yn llawn. I ennill y marc olaf, roedd angen iddi ddweud i ba raddau roedd pob person yn gywir.

3 marc

(b) Rhif lepton e^+ yw −1, felly mae rhif lepton Z yn +1 felly mae'n rhaid mai naill ai electron neu niwtrino ydyw. ✓
Mae Z yn niwtral felly mae'n rhaid mai niwtrino ydyw. ✓

SYLWADAU'R MARCIWR

Mae Ffion yn gosod ei hateb allan yn wahanol i'r cynllun marcio, ond mae'n amlwg yn mynd i'r afael â'r ddau farc yn gywir.

2 farc

(c) Dydy leptonau ddim yn teimlo'r grym cryf (oherwydd does ganddyn nhw ddim cwarciau). Mae niwtrinoeon yn niwtral felly dydyn nhw ddim yn teimlo'r grym e–m felly mae'n rhaid iddo fod yn wan. ✓✓

SYLWADAU'R MARCIWR

Mae'r ateb hwn gan Ffion yn llawer gwell nag ateb Rhodri, ond nid yw'n gallu ennill mwy na 2 farc. Unwaith eto, roedd gosodiad ei hateb yn wahanol iawn i'r hyn sydd wedi'i nodi yn y cynllun marcio.

2 farc

(ch) Mae dadfeiliadau cryf yn digwydd yn gyflym iawn (tua 10^{-24}s). Mae dadfeiliadau electromagnetig yn cymryd mwy o amser (tua 10^{-16}s). Dadfeiliadau gwan sy'n cymryd y mwyaf o amser. ✓ ✗

SYLWADAU'R MARCIWR

Dechrau da iawn i'r ateb. Yn anffodus, dim ond y pwynt marcio cyntaf mae hi'n ei ennill – gyda'i gosodiad olaf. Am ryw reswm, mae hi wedi hepgor amcangyfrif o'r amser ar gyfer dadfeiliad gwan.

1 marc

| **Cyfanswm** | **8 marc / 10** |

C&A 2 Yr enw ar ronynnau sy'n cynnwys cwarciau neu wrthgwarciau yw hadronau. Is-deuluoedd yr hadronau yw *baryonau* a *mesonau*.

(a) Cymharwch faryonau a mesonau yn nhermau cyfansoddiad cwarciau a deddf gadwraeth. [3]

(b) Mae dau broton egni uchel yn gwrthdaro ac yn mynd drwy'r adwaith canlynol:

$$p + p \rightarrow p + X + \pi^+$$

lle mae X yn ronyn cenhedlaeth gyntaf.

Defnyddiwch ddeddfau cadwraeth i adnabod gronyn X. Rhowch eich ymresymu. [4]

Beth sy'n cael ei ofyn

Dyma gwestiwn syml, i fod. Mae rhan (a) yn gofyn i chi gofio manylion am natur a phriodweddau baryonau a mesonau. Gwaith llyfr yw hwn ac felly mae'n gwestiwn AA1. Mae rhan (b) yn gofyn i chi gymhwyso eich gwybodaeth i adwaith penodol. Mae'r cynllun marcio yn caniatáu i hyn gael ei wneud yn nhermau baryonau neu gwarciau. Sylwch na fydd adnabod X yn unig yn ennill marciau, hyd yn oed os yw'n gywir, oherwydd mae'r cwestiwn yn gofyn am eich ymresymu. Mae sail y dadansoddiad yn cael ei roi, ac felly cwestiwn AA2 yw hwn.

Cynllun marcio

Rhan o'r cwestiwn		Disgrifiad	AA			Cyfanswm	Sgiliau	
			1	2	3		M	Y
(a)		Mae baryonau yn cynnwys 3 chwarc [1]	3			3		
		Mae mesonau yn cynnwys cwarc a gwrthgwarc [1]						
		[Mewn unrhyw ryngweithiad] mae'r rhif baryon [neu nifer y baryonau] yn cael ei gadw, ond nid yw nifer y mesonau yn cael ei gadw [1]						
		Mae angen y ddau						
(b)		Mae protonau yn faryonau ac mae π^+ yn feson [1]		4		4		
		Rhif baryon = 2, felly mae X yn faryon [1]						
		Mae gwefr yn cael ei gadw felly mae X yn niwtral / heb wefr [1]						
		Mae baryon [cenhedlaeth gyntaf] heb wefr yn niwtron (derbyn Δ^0) [1]						
		Dewis arall (yn nhermau cwarciau)						
		cyfansoddiad proton = uud; $\pi^+ = u\bar{d}$ (✓)						
		I gadw gwefr, mae'n rhaid creu d ochr yn ochr â $\bar{d}$ (✓) (Derbyn: blas cwarc yn cael ei gadw)						
		Cwarciau ar y ddwy ochr = 4u + 2d (✓)						
		∴ Cyfansoddiad X = udd felly niwtron (✓)						
Cyfanswm			3	4		7		

Atebion Rhodri

(a) Mae baryonau yn uud neu udd (lle mae u yn gwarc i fyny a d yn gwarc i lawr). ✗

Dim ond dau gwarc sydd gan fesonau – un ohonynt yn wrthgwarc, e.e. u$\overline{d}$. ✓['mya']

Mae rhif baryon yn cael ei gadw ond does dim deddfau cadwraeth gan fesonau. ✓ ['mya']

SYLWADAU'R MARCIWR

Mae Rhodri'n ateb yn nhermau baryonau penodol heb eu henwi, yn lle rhoi ateb cyffredinol, sydd ddim yn ennill marciau. Nid yw ei ateb am feson yn ddelfrydol chwaith. Nid yw'n ei gwneud yn glir mai pâr cwarc / gwrthgwarc sydd dan sylw, ond mae'r arholwr yn rhoi mantais yr amheuaeth iddo. Mae'n mynegi'n glir bod baryonau'n cael eu cadw; mae mesonau yn ufuddhau i ddeddf cadwraeth gwefr, ond mae ei ateb yn ddigon agos i'r arholwr ddyfarnnu'r marc olaf.

2 farc

(b) Mae protonau yn gwarciau uud.

Er mwyn cadw cwarciau mae'n rhaid i X + π$^+$ fod yn uud. ✓

Mae π$^+$ yn u$\overline{d}$ ✓, felly cyfansoddiad cwarciau X yw udd, ✓ sy'n niwtral oherwydd u = +$\frac{2}{3}$ a d = −$\frac{1}{3}$. ✗ dim digon

SYLWADAU'R MARCIWR

Mae Rhodri'n dilyn y llwybr cwarciau ac yn gwneud yn dda. Y marc cyntaf mae'n ei ennill yw'r ail farc ar y cynllun marcio. Mae'n ennill y marc nesaf am sôn am adeiledd y proton a'r pion. Mae'n cymhwyso deddf cadwraeth blas cwarc, er nad yw hyn wedi'i fynegi'n glir ar gyfer y trydydd marc. Mae'n colli allan ar y marc olaf gan nad yw'n dweud bod X yn niwtron.

3 marc

Cyfanswm	5 marc / 7

Atebion Ffion

(a) Mae gan faryonau 3 chwarc, e.e. proton = uud. ✓

Mae gan fesonau gwarc a gwrthgwarc, e.e. π$^+$ = u$\overline{d}$. ✓

Mewn gwrthdrawiadau neu ddadfeiliadau, mae'r rhif baryon yn cael ei gadw. ✗ [dim digon]

SYLWADAU'R MARCIWR

Mae Ffion yn rhoi ateb cwbl gywir ar gyfer adeiledd baryonau a mesonau. Nid oes angen ei henghreifftiau, y proton a'r pion positif, i ennill y ddau farc cyntaf.

Mae'n sôn yn gywir am ddeddf cadwraeth rhif baryon. Er mwyn cael y marc terfynol roedd angen iddi ddweud nad oes deddf cadwraeth yn berthnasol i fesonau.

2 farc

(b) Yn yr adwaith hwn, mae'r protonau yn faryonau, felly mae'n rhaid i nifer y baryonau aros yn 2. Felly mae'n rhaid bod X yn faryon. ✗ [dim digon]✓

Mae'r meson wedi cymryd y wefr bositif ✓ ['mya'] felly mae'n rhaid bod X yn niwtral.

Felly mae X yn niwtron. ✓

SYLWADAU'R MARCIWR

Mae Ffion yn nodi'n glir mai baryonau yw protonau. Er mwyn cael y ddau farc cyntaf, dylai fod wedi dweud mai pion yw π$^+$, felly nid yw'n cael ei gyfrif yn y rhif baryon, sy'n golygu bod X yn faryon.

Mae hi'n cymhwyso cadwraeth gwefr; gallai hyn fod wedi cael ei wneud yn gliriach, a dyna pam mae'r sylw 'mya' wedi'i wneud. Mae'n gorffen yn gywir drwy adnabod y baryon niwtral fel niwtron.

3 marc

Cyfanswm	5 marc / 7

Uned 2: Trydan a Golau

Adran 1: Dargludiad trydan

Crynodeb o'r testun

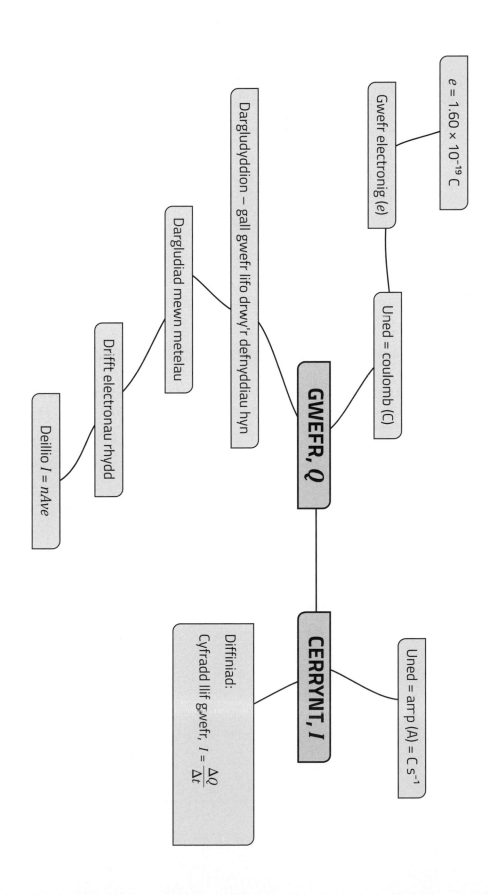

$e = 1.60 \times 10^{-19}$ C

Gwefr electronig (e)

Uned = coulomb (C)

Dargludyddion – gall gwefr lifo drwy'r defnyddiau hyn

Dargludiad mewn metelau

Drifft electronau rhydd

Deilio $I = nAve$

GWEFR, Q

CERRYNT, I

Diffiniad:
Cyfradd llif gwefr, $I = \dfrac{\Delta Q}{\Delta t}$

Uned = amp (A) = C s^{-1}

C1 Mae deuod allyrru golau (LED) yn dargludo cerrynt 15 mA. Cyfrifwch nifer yr electronau sy'n llifo i mewn i'r (neu allan o'r) LED bob munud. [$e = 1.60 \times 10^{-19}$ C] [2]

C2 Nodwch beth yw ystyr dargludydd trydanol. [1]

C3 Dyfais sy'n storio egni potensial trydanol yw cynhwysydd. Mae'n gwneud hyn drwy ddal gwefrau positif a negatif hafal, Q, ar wahân. Mae'r egni, W, sy'n cael ei storio yn perthyn i Q yn ôl yr hafaliad:

$W = \dfrac{Q^2}{2C}$ lle mae C yn gysonyn o'r enw'r cynhwysiant. Uned C yw'r ffarad (F).

Mynegwch y ffarad yn nhermau'r unedau sylfaenol SI, m, kg, s ac A. [4]

C4 Mae'r defnydd ymbelydrol Am–241 yn allyrrydd alffa (α). Mae gan sampl bach o Am–241 actifedd 37 kBq [hynny yw, mae'n allyrru 37×10^3 gronyn alffa bob eiliad]. Cyfrifwch faint y cerrynt trydanol sy'n cael ei gynrychioli gan yr actifedd hwn. [2]

C5 Mae gwifren A wedi'i gwneud o fetel gyda 3.0×10^{28} o electronau rhydd am bob m³. 0.60 mm yw ei diamedr ac mae'n cludo cerrynt trydanol 1.5 mA. Y gwerthoedd ar gyfer gwifren B yw 1.0×10^{28} m⁻³, 0.30 mm a 10 mA. Cyfrifwch y gymhareb v_A/v_B, lle v_A a v_B yw cyflymder drifft yr electronau rhydd yng ngwifren A a gwifren B, yn ôl eu trefn. [3]

C6 Dyfais electronig wedi'i gwneud o ddefnydd lle nad oes electronau rhydd yn y tywyllwch yw gwrthydd golau-ddibynnol (LDR). Ond gall ffotonau o olau fwrw electronau allan o atomau dros dro, fel eu bod nhw'n gallu symud drwy'r defnydd.

Mae Nigel a Iestyn yn penderfynu ymchwilio i'r cerrynt, I, mewn LDR pan fydd yn cael ei oleuo gan ffynhonnell olau ar bellteroedd gwahanol, d.

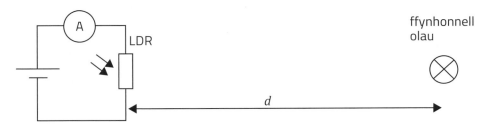

(a) Mae Nigel yn dweud ei fod yn disgwyl i'r cerrynt fod mewn cyfrannedd gwrthdro â sgwâr y pellter o'r ffynhonnell olau. Esboniwch a ydych yn cytuno â'r gosodiad hwn ai peidio. [3]

....

....

....

....

....

(b) Mae canlyniadau'r myfyrwyr wedi'u plotio isod.

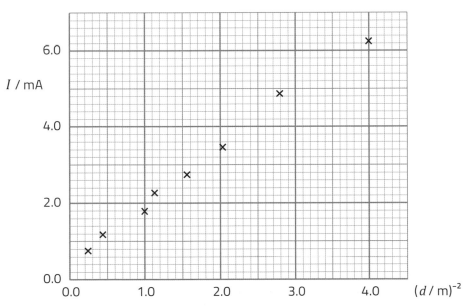

Gwerthuswch i ba raddau mae'r canlyniadau'n cytuno â rhagdybiaeth Nigel ac awgrymwch esboniad am unrhyw anghysondebau. [4]

....

....

....

....

....

....

....

Dadansoddi cwestiynau ac atebion enghreifftiol

C&A 1 Ers mis Mai 2019, mae'r wefr ar y proton wedi'i ddiffinio fel $1.602\ 176\ 634 \times 10^{-19}$ C yn union. Mae'r wefr electronig yn hafal o ran maint, ond yn negatif.

(a) Mae gwifren yn cludo cerrynt (1.000 ± 0.005) mA. Gwerthuswch beth yw ystyr hyn yn nhermau llif electronau. [4]

(b) Mae'r cerrynt, I, mewn gwifren fetel yn cael ei roi gan yr hafaliad:

$$I = nAve$$

(i) Deilliwch yr hafaliad. Efallai y byddai'n ddefnyddiol i chi gynnwys diagram yn eich ateb. [4]

(ii) Cyfrifwch gyflymder drifft yr electronau mewn gwifren alwminiwm â diamedr 0.50 mm sy'n cludo cerrynt 0.30 A, o wybod bod pob atom alwminiwm yn cyfrannu tri electron dargludo. [4]

Data: Dwysedd alwminiwm = $2\ 710$ kg m^{-3}; màs cymedrig atom alwminiwm = 4.48×10^{-26} kg.

Beth sy'n cael ei ofyn

Does dim llawer o gwestiynau y gall arholwr eu gofyn sy'n cynnwys cysyniadau o'r testun byr iawn hwn yn unig. Mae'r un hwn bron yn llwyddo, ond mae'n gofyn am wybodaeth am ddwysedd, sy'n dod o Destun 1.1, Ffiseg Sylfaenol. Cyfrifiad yw rhan (a), sy'n seiliedig ar y berthynas rhwng y cerrynt a llif gwefr, gyda'r gofyniad ychwanegol i ystyried ansicrwydd y cerrynt. Mae'r gofyniad i ddwyn ynghyd yr hafaliad cerrynt/gwefr, $Q = It$, a chyfraddau llif electronig yn gwneud hwn yn gwestiwn AA3. Mae rhan (b) yn dechrau gyda deilliad safonol $I = nAve$, y mae disgwyl i chi ei wybod. Yn dilyn hyn, mae angen cymhwyso $I = nAve$ i achos gwifren alwminiwm. Yr agweddau anodd yma yw cymhwyso lluosyddion SI yn gywir a chofio defnyddio radiws y wifren, yn lle'r diamedr, wrth gyfrifo'r arwynebedd trawstoriadol. Mae cyfuno'r dwysedd a'r màs atomig i roi crynodiad yr electronau yn eithaf heriol.

Cynllun marcio

Rhan o'r cwestiwn		Disgrifiad	AA			Cyfanswm	Sgiliau	
			1	2	3		M	Y
(a)		Cerrynt = llif gwefr bob eiliad [1] neu drwy awgrym Electronau / s = $\dfrac{(1.000 \pm 0.005) \times 10^{-3}\ \text{A}}{1.602\ldots \times 10^{-19}\ \text{C}}$ [1] $(= 6.242 \times 10^{15})$ Ansicrwydd = 0.5%, felly llif yr electronau $(6.24 \pm 0.03) \times 10^{15}$ s^{-1} [1] dgy Gyda ff.y. fel uchod [Derbyn $(6.242 \pm 0.031) \times 10^{15}$] [1]			4	4	3	
(b)	(i)	Pellter drifft mewn amser $t = vt$ [1] Cyfaint gwifren gyda'r hyd hwn = Avt [1] Nifer yr electronau sy'n drifftio heibio i unrhyw drawstoriad bob eiliad $[= nAvt/t] = nAv$ [1] $\therefore$ Cerrynt [= gwefr bob eiliad] = $nAve$ [1] Fel arall, gall ystyried cyfnod o 1 eiliad ennill marciau llawn	4			4		
	(ii)	Mewn 1 m^3 $n = 3$ [1] $\times \dfrac{2710\ \text{kg}}{4.48 \times 10^{-26}\ \text{kg}}$ [1] $(= 1.81 \times 10^{29})$ (neu drwy awgrym) $A = \pi \times (0.25 \times 10^{-3}\ \text{m})^2$ $(= 1.96 \times 10^{-7}\ \text{m}^2)$ [1] (neu drwy awgrym) $v = 5.3 \times 10^{-5}$ m s^{-1} [1] dgy ar A ac n	1	2 1		4	4	
Cyfanswm			5	3	4	12	7	

Atebion Rhodri

(a) 1 A = 1 coulomb bob eiliad

felly 1 mA = 10^{-3} C s^{-1} ✓

1 C = 1.602 176 634 × 10^{19} electron

Felly 1 mA = 1.602 176...× 10^{16} electron bob eiliad. ✗

Felly 0.005 mA ⟶ 0.008 × 10^{16} electron.

Felly mae rhwng 1.610 ac 1.594 × 10^{16} electron bob eiliad. ✓✓ dgy

(b) (i) Mewn rhan o wifren â hyd vt

nifer yr electronau yw $nAvt$ ✓

∴ Q = $nAvte$

I = $\dfrac{Q}{t} = \dfrac{nAvet}{t}$ ✓ = $nAve$

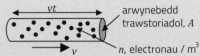
(ii) I = $nAve$ = 0.30 A

$V = \dfrac{I}{nAe}$

Mewn 1 m^3 mae'r màs = 2710 kg

∴ n = $\dfrac{2710\,kg}{4.48 \times 10^{-26}\,kg}$ = 6.05 × 10^{28} ✗ ✓

A = π × $(0.0025)^2$ = 1.96 × 10^{-5} ✗

Felly V = $\dfrac{0.30}{6.05 \times 10^{28} \times 1.96 \times 10^{-5} \times 1.60 \times 10^{-19}}$

= 1.58 × 10^{-6} m s^{-1} ✓dgy

Atebion Ffion

(a) Cerrynt = gwefr bob eiliad. ✓

Felly 1.000 mA = 1×10^{-3} C s^{-1}

$1\ C = \frac{1}{1.602\,176\,634 \times 10^{-19}}$ electron

$= 6.241\,509\,074 \times 10^{18}$ e/s ✓

$\therefore$ 1 mA = $6.241\,509\,074 \times 10^{15}$ e/s

Os 1.005 mA, yna 6.274×10^{15}

Felly Ans = $6.242 \pm 0.03 \times 10^{15}$ e / s ✓ X

SYLWADAU'R MARCIWR

Mae ateb Ffion yn ennill y tri marc cyntaf. Mae'r ddau gyntaf fel sydd yn y cynllun marcio. Ei dull o bennu'r ansicrwydd yn nifer yr electronau bob eiliad yw dod o hyd i'r gyfradd llif uchaf, h.y. gyda cherrynt o 1.005 mA. Yr ansicrwydd wedyn yw'r uchafswm hwn tynnu'r gwerth gyda I = 1.000 mA. Er mwyn ennill y marc olaf, dylai hi fod wedi mynegi'r gyfradd llif i'r un lle degol â'r ansicrwydd, fel yn y cynllun marcio.

3 marc

(b) (i) n = nifer yr electronau bob m^3

Os yw'r cyflymder drifft yn v bydd yr holl electronau mewn hyd vt yn mynd heibio mewn amser t. ✓

Cyfaint yr hyd hwn = Avt ✓

felly nifer yr electronau = $nAvt$

Felly nifer yr electronau bob eiliad yw nAv. ✓

Felly y wefr bob eiliad, sef y cerrynt, yw $nAve$. ✓

SYLWADAU'R MARCIWR

Mae Ffion yn gallu cyfleu rhesymeg y deilliant heb ddefnyddio diagram. Mae'n nodi'n glir ystyron n a v yn yr hafaliad, ac yn datblygu'r dilyniant o syniadau yn rhesymegol:

- cyfaint yr hyd arwyddocaol o wifren, vt
- nifer yr electronau sy'n pasio trawstoriad mewn amser, t
- y wefr ar yr electronau hyn
- ac felly y mynegiad ar gyfer y cerrynt.

4 marc

(ii) Atomau/m^3 = $\frac{2710\ kg/m^3}{4.48 \times 10^{-26}\ kg/atom}$

$= 6.049 \times 10^{28}$ ✓

3 electron am bob atom,

felly $n = 1.815 \times 10^{29}$ am bob m^3 ✓

$A = \pi \times \left(\frac{5 \times 10^{-4}}{2}\right)^2 = 1.96 \times 10^{-7}\ m^2$ ✓

$\therefore\ v = \frac{I}{nAe} = 1.76 \times 10^{-5}\ m\ s^{-1}$ X

SYLWADAU'R MARCIWR

Ateb perffaith bron gan Ffion, ond gyda chamgymeriad anffodus ar y diwedd. Mae'n gosod ei gwaith cyfrifo allan yn glir, gan gyfrifo dwysedd nifer yr atomau alwminiwm (marc cyntaf) yn gyntaf ac yna ei luosi â 3 (ail farc) i roi n. Mae hi'n cymhwyso $A = \pi r^2$ yn gywir i ennill y trydydd marc.

Ar y diwedd mae'n defnyddio'r gwerth anghywir n, camgymeriad yn ôl pob tebyg ond un sydd wedi colli marc iddi.

3 marc

Cyfanswm **10 marc / 12**

Adran 2: Gwrthiant

Crynodeb o'r testun

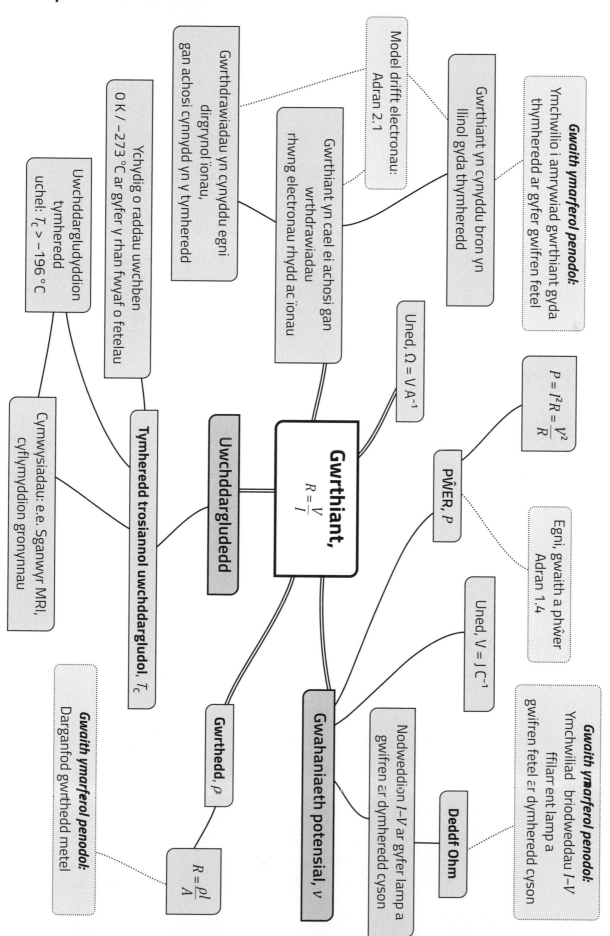

Gwrthiant,
$$R = \frac{V}{I}$$

Uwchddargludedd

Uned, $\Omega = V\,A^{-1}$

PŴER, P

$$P = I^2R = \frac{V^2}{R}$$

Egni, gwaith a phŵer
Adran 1.4

Uned, $V = J\,C^{-1}$

Gwrthedd, ρ

$$R = \frac{\rho l}{A}$$

Gwahaniaeth potensial, V

Deddf Ohm

Nodweddion I–V ar gyfer lampa a gwifren ar dymheredd cyson

Tymheredd trosiannol uwchddargludol, T_c

Cymwysiadau: e.e. Sganwyr MRI, cyflymyddion gronynnau

Uwchddargludyddion tymheredd uchel: $T_c > -196\,°C$

0 K / −273 °C ar gyfer y rhan fwyaf o fetelau

Ychydig o raddau uwchben dirgrynol ïonau, gan achosi cynnydd yn y tymheredd

Gwrthdrawiadau yn cynyddu egni dirgrynol ïonau, gan achosi cynnydd yn y tymheredd

Model drifft electronau: Adran 2.1

Gwrthiant yn cael ei achosi gan wrthdrawiadau rhwng electronau rhydd ac ïonau

Gwrthiant yn cynyddu bron yn llinol gyda thymheredd

Gwaith ymarferol penodol: Ymchwilio i amrywiad gwrthiant gyda thymheredd ar gyfer gwifren fetel

Gwaith ymarferol penodol: Ymchwiliad briodweddau I–V ffilament lamp a gwifren fetel ar dymheredd cyson

Gwaith ymarferol penodol: Darganfod gwrthedd metel

C1 Mae gwahaniaeth potensial (gp) yn cael ei roi ar draws cydran, X. O ganlyniad, mae cerrynt 1.5 A yn X a 300 J o egni yn cael ei drosglwyddo mewn amser 20 s.

Gan ddechrau gyda diffiniadau gwahaniaeth potensial a cherrynt, cyfrifwch y gp ar draws X gydag ymresymu clir. [3]

C2 Gallwn ni fynegi'r joule (J), sef uned SI egni, fel kg m^{2}s^{-2}. Gan ddechrau gyda diffiniadau gp a cherrynt, mynegwch y folt (V) yn nhermau unedau sylfaenol SI. [3]

C3 (a) Nodwch ddeddf Ohm. [1]

(b) Mae Liam a Paul yn anghytuno ynghylch a yw'r hafaliad $V = IR$ yn fynegiad o ddeddf Ohm. Esboniwch i ba raddau mae'r hafaliad yn fynegiad o ddeddf Ohm. [2]

C4 Mae'n bosibl i'r cerrynt, I, mewn gwifren berthyn i ddrifft electronau rhydd yn ôl yr hafaliad $I = nAve$.

(a) Nodwch y symbolau n, A, e a v yn yr hafaliad. [2]

(b) Mae gp yn cael ei roi ar draws gwifren ac mae cerrynt yn cael ei gynhyrchu. Os bydd tymheredd y wifren yn cynyddu, bydd gwrthiant y wifren yn cynyddu. Rhowch gyfrif am hyn yn nhermau'r model drifft electronau. [4]

C5 Mae llawer o fetelau'n dangos uwchddargludedd.

(a) Nodwch yn gryno beth yw ystyr uwchddargludedd. Dylech chi gynnwys graff a labelu'r echelinau a'r nodweddion arwyddocaol. [3]

(b) Nodwch beth yw ystyr uwchddargludyddion tymheredd uchel ac esboniwch eu mantais mewn cymhwysiad wedi'i enwi. [3]

C6 Mae lamp ffilament car wedi'i gynllunio i weithredu ar 12 V. Pan fydd y gp ar ei draws yn 2.4 V, 1.5 A yw'r cerrynt yn y lamp. Pan fydd yn gweithio ar y gp cywir, 3.0 A yw'r cerrynt.

(a) Cyfrifwch y cymarebau canlynol:

(i) $\dfrac{\text{Gwrthiant y ffilament ar 12 V}}{\text{Gwrthiant y ffilament ar 2.4 V}}$ [2]

(ii) $\dfrac{\text{Pŵer y lamp ar 12 V}}{\text{Pŵer y lamp ar 2.4 V}}$ [2]

(b) Esboniwch yn gryno, yn nhermau model dargludiad, pam mae tymheredd y ffilament yn cynyddu gyda gp. [2]

Cwestiynau Ymarfer Uned 2

C7 Mae gan rîl o wifren gopr denau enamlog label gyda'r data canlynol:

0.1 mm 50 g 2.18 Ω/m 14 306 m/kg

(a) Dewiswch ddata o'r uchod a'u defnyddio i amcangyfrif gwrthedd copr. [0.1 mm yw'r diamedr.] [3]

(b) Mae gwefan yn dweud mai 8.89 g cm^{-3} yw dwysedd copr. Gwerthuswch a yw hyn yn cytuno â'r data uchod. [3]

C8 Mae Peter a Sion yn defnyddio micromedr digidol, mesurydd gwrthiant a phren mesur metr i ddarganfod gwrthedd constantan ar ffurf gwifren. Maen nhw'n cael y gwerthoedd canlynol:

diamedr 0.32 ± 0.01 mm hyd 2.000 ± 0.002 m gwrthiant 13.9 ± 0.1 Ω

(a) Defnyddiwch y data i ddarganfod gwerth ar gyfer y gwrthedd, a hefyd ei ansicrwydd absoliwt. Rhowch eich ateb i nifer priodol o ffigurau ystyrlon. [4]

(b) Mae ganddyn nhw rîl arall o wifren constantan gyda diamedr o tua dwywaith y wifren wreiddiol. Mae Peter yn dweud y byddan nhw'n cael gwerth gwrthedd gydag ansicrwydd is pe baen nhw'n defnyddio'r ail rîl hon, oherwydd byddai'r ansicrwydd canrannol yn y diamedr yn llai. Mae Sion yn dweud y byddai'n well iddyn nhw ddefnyddio darn hirach o wifren.

Gwerthuswch eu hawgrymiadau. [4]

C9 Mae myfyriwr yn dod o hyd i hen lamp ffilament wedi'i labelu 240 V, 60 W. Mae'n defnyddio mesurydd gwrthiant i ddarganfod ei wrthiant ar dymheredd ystafell. 80 Ω yw'r canlyniad. Amcangyfrifwch dymheredd ffilament y lamp pan mae'n gweithredu'n normal, gan dybio bod gwrthiant y ffilament mewn cyfrannedd bras â'i dymheredd absoliwt. [3]

C10 Mae perchennog tanc pysgod trofannol am wneud gwresogydd trydanol 10 W, 30 V i gynnal tymheredd y dŵr. Mae'n penderfynu defnyddio gwifren gwresogydd constantan, sef aloi gyda gwrthedd sydd bron yn gyson dros amrediad eang o dymereddau.

(a) Esboniwch un o fanteision defnyddio defnydd sydd â gwrthedd cyson wrth wneud ffilament gwresogydd. [2]

(b) 0.12 mm yw diamedr y wifren constantan. Cyfrifwch hyd y wifren y dylai'r perchennog ei ddefnyddio ar gyfer y gwresogydd.
Gwrthedd constantan = 4.9×10^{-7} Ωm. [4]

C11 Mae gan wifren **A** ddiamedr D, hyd l ac mae wedi'i wneud o ddefnydd â gwrthedd ρ.

Mae gan wifren **B** ddiamedr $2D$, hyd $3l$ ac mae wedi'i wneud o ddefnydd â gwrthedd 2.5ρ.

Mae'r ddwy wifren yn cael eu cysylltu ar wahân â chyflenwadau pŵer gyda'r un gp, V.

Gan roi eich ymresymu, darganfyddwch y gymhareb

$$\frac{\text{pŵer sy'n cael ei afradloni yng ngwifren } \mathbf{A}}{\text{pŵer sy'n cael ei afradloni yng ngwifren } \mathbf{B}}$$ [3]

C12 (a) Mae tiwb profi llawn olew yn cynnwys coil o wifren haearn gyda'i ddau ben yn estyn allan. Disgrifiwch yn gryno ddull o ymchwilio i amrywiad gwrthiant y wifren hon dros amrediad o dymereddau rhwng 0 °C a 100 °C. Brasluniwch graff o'r canlyniadau y byddech chi'n eu disgwyl. [4]

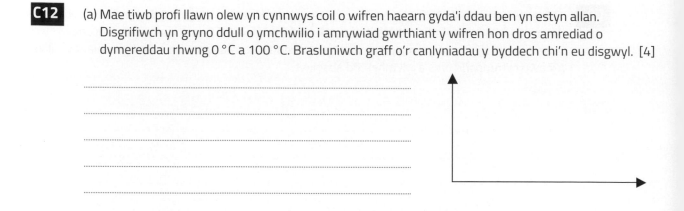

(b) 12.0Ω yw gwrthiant coil o wifren haearn ar 20 °C. 16.3Ω yw'r gwrthiant ar 75 °C. Pan fydd y wifren yn cael ei gosod mewn baddon o olew injan poeth, 18.7 Ω yw ei gwrthiant. Amcangyfrifwch dymheredd yr olew, gan nodi unrhyw dybiaeth rydych chi'n ei gwneud. [3]

C13 Datblygwyd *deuodau cyswllt pwynt* yn yr 1940au i'w defnyddio mewn derbynyddion microdon ar gyfer radar. Mae gwefan yn rhoi'r graff canlynol sydd wedi'i fraslunio, sy'n dangos amrywiad gwrthiant gyda gp sy'n cael ei roi ar gyfer deuod cyswllt pwynt.

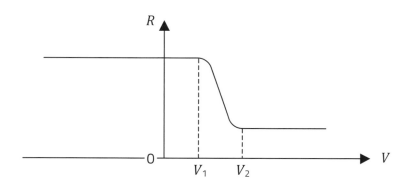

Brasluniwch nodwedd cerrynt–foltedd ar gyfer deuod cyswllt pwynt, sy'n dangos y nodweddion sy'n perthyn i V_1 a V_2. [3]

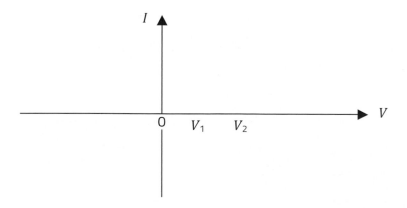

Dadansoddi cwestiynau ac atebion enghreifftiol

C&A 1 Mae grŵp o fyfyrwyr yn ymchwilio i graff cerrynt–gp (*I–V*) hen lamp ffilament car 12 V. Dyma eu canlyniadau nhw.

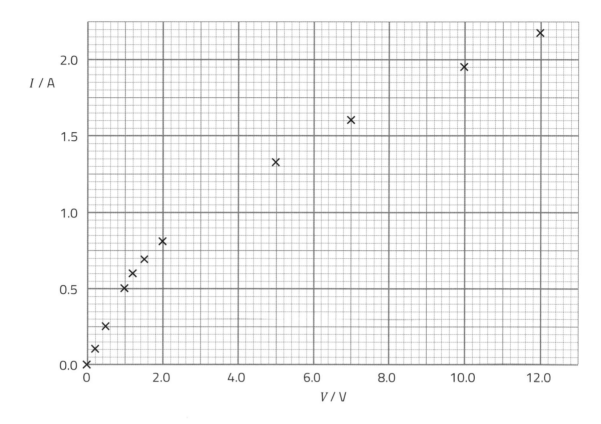

(a) Gyda chymorth diagram cylched, disgrifiwch sut gallan nhw fod wedi cael y canlyniadau hyn. [3]

(b) O'u canlyniadau, disgrifiwch sut mae **gwrthiant** y ffilament yn newid gyda gp. Dylech chi gynnwys cyfrifiadau yn eich ateb. [4]

(c) Esboniwch yn ansoddol, yn nhermau electronau, amrywiad y gwrthiant gyda gp rhwng 2 V a 12 V. [4]

(ch) Defnyddiwch y graff i ddarganfod y gp pan fyddai ffilament y bwlb golau hwn yn afradloni'r un pŵer â gwrthydd 4.0 Ω a nodwch werth y pŵer hwn. [3]

Beth sy'n cael ei ofyn

Er bod y cwestiwn yn seiliedig ar waith ymarferol penodol, dim ond rhan (a) sy'n arholi hyn yn uniongyrchol, gyda disgrifiad galw i gof AA1 safonol. Mae rhan (b) yn ymddangos yn ddarn safonol o waith disgrifio graff. Er hyn, mae dau bwynt i'w nodi, sy'n gwneud hwn yn gwestiwn AA3: yn gyntaf, mae gofyn i chi nodi amrywiad y gwrthiant, nid y cerrynt (h.y. y newidyn ar yr echelin *y*); yn ail, mae gan y graff ran llinell syth a chromlin. Mae rhan (c) yn ddarn safonol o waith llyfr, er nad yw'n hawdd. Felly cwestiwn AA1 ydyw. Mae cymharu'r lamp â gwrthydd ohmig, (ch), yn ddarn eithaf syml o waith gwerthuso (AA3).

Cynllun marcio

Rhan o'r cwestiwn	Disgrifiad	AA 1	AA 2	AA 3	Cyfanswm	Sgiliau M	Sgiliau Y
(a)	Cylched wedi'i lluniadu gyda lamp wedi'i chysylltu ar draws cyflenwad pŵer [1] Dull o gymhwyso gp / cerrynt, e.e. rheostat neu gyflenwad foltedd newidiol [1] Amedr mewn cyfres a foltmedr mewn paralel â'r lamp [1]	3			3		3
(b)	Rhwng 0 ac 1.2 V (neu 0 a 0.6 A) mae'r gwrthiant yn gyson [1] ar 2.0 Ω [1] Ar folteddau (neu geryntau) uwch mae'r gwrthiant yn cynyddu [yn raddol] [1] gyda gwerth wedi'i nodi ar foltedd (neu gerrynt) penodol, e.e. 5.5 Ω ar 12 V [1] D.S. 3 ar y mwyaf os nad oes cyfrifiad eglur, e.e. $\frac{12\,V}{2.17\,A} = 5.5\,\Omega$		4		4	2	
(c)	Mae gwrthiant yn cael ei achosi gan wrthdrawiadau rhwng electronau rhydd (neu electronau dargludo) ac atomau / ïonau / dellten metel [1] Ar geryntau uwch, mae mwy o egni'n cael ei drosglwyddo yn y gwrthdrawiadau, gan godi'r tymheredd [1] Ar dymheredd uwch, mae'r amser rhwng gwrthdrawiadau yn llai [1] felly mae'r cyflymder drifft yn is ac felly mae'r cerrynt yn is [na phe bai'r tymheredd yn gyson] [1]	4			4		
(ch)	Llinell graff wedi'i thynnu ar gyfer (adran briodol o'r) canlyniadau a'r graff I–V ar gyfer gwrthydd 4 Ω wedi'i luniadu (yn pasio drwy 4.0, 1.0) [1] neu ateb cyfatebol Croestoriad graffiau wedi'i nodi – 5.8 V [1] Pŵer = 8.4 W dgy [1]			3	3	1	
Cyfanswm		7	0	7	14	3	3

Atebion Rhodri

(a)

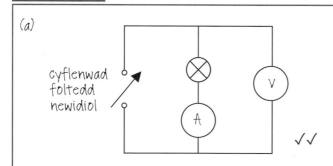

cyflenwad foltedd newidiol

✓✓

- Cydosod cylched.
- Cymhwyso'r foltedd i sero – mesur y cerrynt.
- Cynyddu'r foltedd mewn camau a darllen y cerrynt bob tro. ✓

SYLWADAU'R MARCIWR

Ateb da sy'n ennill pob un o'r marciau.

3 marc

(b) Mae'r gwrthiant yn cynyddu wrth i'r foltedd gynyddu ✓
e.e. ar 2 V,
$R = \frac{2}{0.8} = 2.5\ \Omega$
Ar 12 V, $R = \frac{12}{2.15} = 5.6\ \Omega$ ✓

SYLWADAU'R MARCIWR

Mae Rhodri wedi methu'r ffaith bod y pwyntiau foltedd isel yn gorwedd ar linell syth, gan roi gwrthiant cyson. Felly nid yw'n gallu ennill y ddau farc cyntaf. Mae'n ennill y marciau eraill gan ei fod yn nodi'n gywir amrywiad y gwrthiant ac yn cyfrifo'r gwerth ar 12 V.

2 farc

(c) Ar folteddau a cheryntau uwch, mae'r electronau'n symud yn gyflymach felly mae'r wifren ar dymheredd uwch. ✓ Mae gwrthiant gwifren fetel yn cynyddu gyda thymheredd, felly yr uchaf yw'r foltedd, y mwyaf yw'r gwrthiant.

SYLWADAU'R MARCIWR

Nid yw Rhodri wir wedi mynd i'r afael â gofynion y cwestiwn hwn. Mae'n sôn am electronau, ond dylai fod wedi esbonio sut mae symudiad electronau yn arwain at wrthiant uwch – gwrthdrawiadau gyda'r ddellten; trosglwyddo egni ac ati. Nid yw ysgrifennu bod y tymheredd yn cynyddu yn ddigon. Rhoddwyd un marc iddo, ac roedd hynny'n bod ychydig yn hael.

1 marc

(ch)

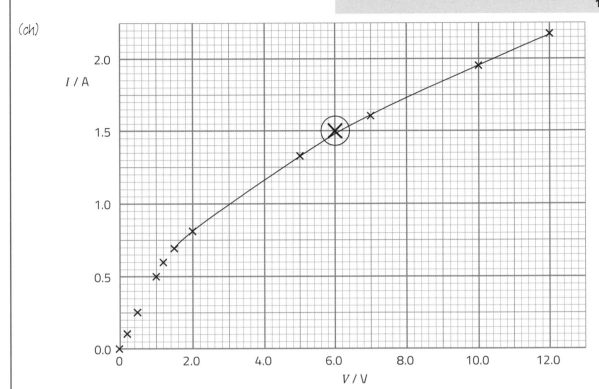

I / A

V / V

Trowch at y graff ar gyfer y lamp.

Mae angen i'r bwlb gael gwrthiant 4 Ω – felly mae 6 V, 1.5 A yn gwneud hyn. ✗ [dim digon]

$$Pŵer = \frac{V^2}{R} = \frac{6^2}{4} = 9 \text{ W} \checkmark \text{ dgy}$$

SYLWADAU'R MARCIWR

Nid yw'n glir sut mae Rhodri wedi nodi pwynt nodwedd y lamp lle mae'r gwrthiant yn 4 Ω. Mae'n methu'r marc ar gyfer graff y gwrthydd ac nid yw ei werthoedd ar gyfer y foltedd a'r cerrynt yn gywir. Mae'n ennill y marc olaf am ddefnyddio dull cywir i gyfrifo'r pŵer.

1 marc

Cyfanswm **7 marc / 14**

Cwestiynau Ymarfer Uned 2

Atebion Ffion

(a)

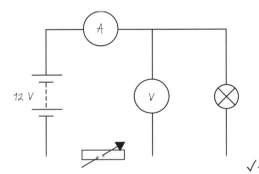

Yn y gylched hon, gosod y gwrthydd newidiol ar ei wrthiant mwyaf a nodi darlleniadau'r cerrynt a'r foltedd.

Cymhwyso'r gwrthydd newidiol i gyfres o werthoedd is a nodi darlleniadau'r foltedd a'r cerrynt. ✓

SYLWADAU'R MARCIWR

Mae'r gylched sylfaenol yn gywir, gyda'r foltmedr a'r amedr wedi'u cysylltu'n gywir. Yr un broblem gyda'r gylched yw na fydd y dull o newid y gp a'r cerrynt yn caniatáu i'r cerrynt ostwng i sero, felly nid yw'r ateb yn ennill y marc olaf. Byddai angen naill ai cylched potensiomedr neu gyflenwad foltedd newidiol. Ond nid yw'r cynllun marcio yn gofyn am hyn.

3 marc

(b) Hyd at tua 1.0 V, mae'r graff yn llinell syth felly mae'r gwrthiant yn gyson. ✓ Uwchben 1.0 V, mae'r graff yn troi'n gromlin ac yn mynd bron yn llorweddol felly mae'r gwrthiant yn cynyddu gyda foltedd. ✓

5.5Ω yw'r gwrthiant ar 12 V. ✓ ✗

(c) Ar folteddau uwch, mae'r electronau'n ennill mwy o egni cinetig rhwng gwrthdrawiadau gydag ïonau metel, felly maen nhw'n trosglwyddo mwy o egni, gan gynyddu'r tymheredd. ✓ Ar dymereddau uwch, oherwydd bod buanedd ar hap yr electronau yn fwy, mae'r amser rhwng gwrthdrawiadau yn llai. ✓ Oherwydd hyn, mae'r buanedd drifft cymedrig yn llai ac mae'r cerrynt yn llai (na phe bai'r tymheredd yn is) ✓ felly mae'r gwrthiant yn uwch. ✓

(ch)

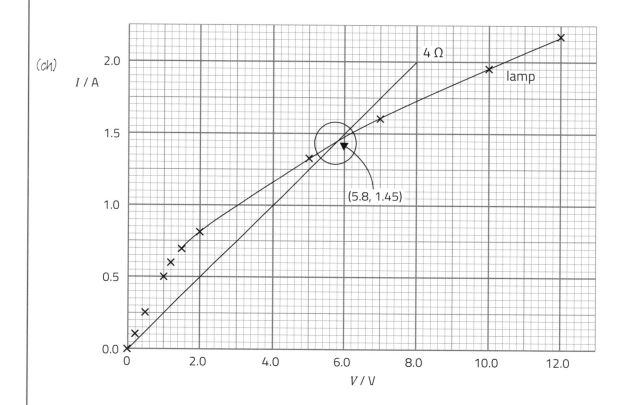

Dyma'r graffiau I–V ar gyfer y lamp a gwrthydd 4 Ω. ✓
Mae'r ddau yn afradloni'r un pŵer lle mae V ac I yr un peth, h.y. pan fyddan nhw'n croesi (oherwydd P = VI). Felly 5.8 V yw'r foltedd. ✓
Felly pŵer = VI = 5.8 V × 1.45 A = 8.4 W ✓

Adran 3: Cylchedau C.U.

Crynodeb o'r testun

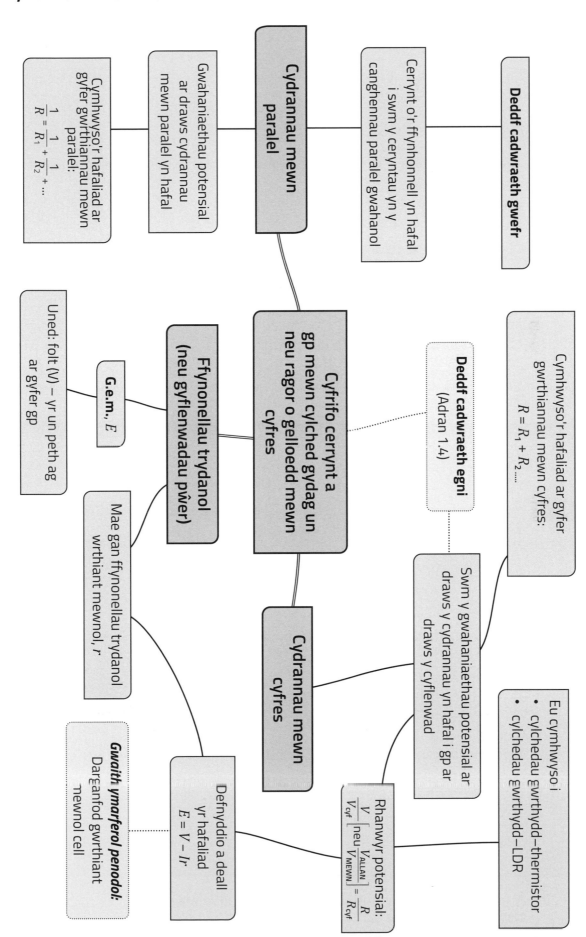

Deddf cadwraeth gwefr

Cerrynt o'r ffynhonnell yn hafal i swm y ceryntau yn y canghennau paralel gwahanol

Cydrannau mewn paralel

Gwahaniaethau potensial ar draws cydrannau mewn paralel yn hafal

Cymhwyso'r hafaliad ar gyfer gwrthiannau mewn paralel:

$$\frac{1}{R} = \frac{1}{R_1} + \frac{1}{R_2} + ...$$

Uned: folt (V) – yr un peth ag ar gyfer gp

G.e.m., E

Ffynonellau trydanol (neu gyflenwadau pŵer)

Cyfrifo cerrynt a gp mewn cylched gydag un neu ragor o gelloedd mewn cyfres

Deddf cadwraeth egni (Adran 1.4)

Cymhwyso'r hafaliad ar gyfer gwrthiannau mewn cyfres:

$$R = R_1 + R_2 + ...$$

Swm y gwahaniaethau potensial ar draws y cydrannau yn hafal i gp ar draws y cyflenwad

Mae gan ffynonellau trydanol wrthiant mewnol, r

Cydrannau mewn cyfres

Eu cymhwyso i
- cylchedau gwrthydd–thermistor
- cylchedau gwrthydd–LDR

Defnyddio a deall yr hafaliad
$E = V - Ir$

Rhanwyr potensial:

$$\frac{V}{V_{cyf}} \left[\text{neu } \frac{V_{ALLAN}}{V_{MEWN}} \right] = \frac{R}{R_{cyf}}$$

Gwaith ymarferol penodol: Darganfod gwrthiant mewnol cell

C1 Yn y gylched, mae'r lampau $L_1 - L_3$ yn unfath. Y mwyaf yw'r cerrynt, y mwyaf disglair yw'r lamp.

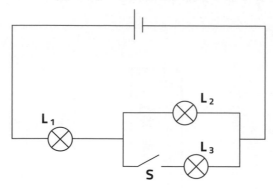

(a) Gyda'r switsh, **S**, ar agor fel sydd i'w weld, esboniwch pam mae lampau L_1 ac L_2 yr un mor ddisglair. [2]

....

....

....

(b) Esboniwch y newidiadau yn nisgleirdeb y tair lamp pan fydd **S** ar gau. [4]

....

....

....

....

....

....

....

C2 Yn y gylched, mae gwerthoedd y gp sydd i'w gweld wedi'u cael drwy gysylltu foltmedr ar draws pob gwrthydd. Mae gwrthiant mewnol y batri'n ddibwys.

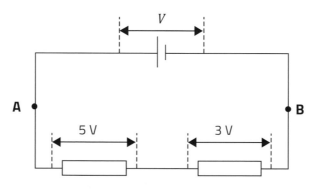

(a) Defnyddiwch egwyddor cadwraeth egni i esbonio pam mae'r gp ar draws y batri yn 8 V. [2]

....

....

....

(b) Mae trydydd gwrthydd yn cael ei gysylltu'n uniongyrchol rhwng **A** a **B**.
Nodwch y gp ar ei draws. .... [1]

C3 Rydych chi'n cael tri gwrthydd 12 Ω. Pa werthoedd gwahanol o gerrynt gallwch chi eu cymryd o gyflenwad pŵer 6.0 V drwy ddefnyddio cyfuniadau gwahanol o rai neu bob un o'r gwrthyddion hyn? Dylech chi fraslunio'r cyfuniadau yn y lle gwag isod. [4]

C4 Mae cylched wedi'i chysylltu fel sydd i'w weld. Mae gwrthiant mewnol y cyflenwad pŵer yn ddibwys.

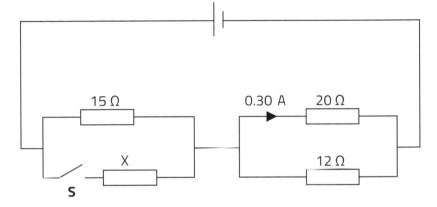

(a) Cyfrifwch y pŵer sy'n cael ei afradloni yn y gylched pan fydd y switsh, **S**, ar agor fel sydd i'w weld. [4]

(b) Heb waith cyfrifo, esboniwch sut mae'r gp ar draws y gwrthydd 15 Ω yn newid pan fydd switsh **S** ar gau. [3]

C5 Mae'r gylched yn dangos cylched synhwyro larwm golau. Mae'r terfynellau sydd wedi'u labelu V_{ALLAN} wedi'u cysylltu â mewnbwn y larwm, sydd â gwrthiant uchel iawn.

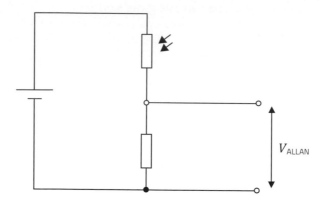

(a) Esboniwch sut mae'r foltedd allbwn, V_{ALLAN}, yn amrywio gyda lefel y golau sy'n taro'r LDR. [4]

....

....

....

....

....

....

(b) Dyma'r graff gwrthiant–tymheredd ar gyfer thermistor.

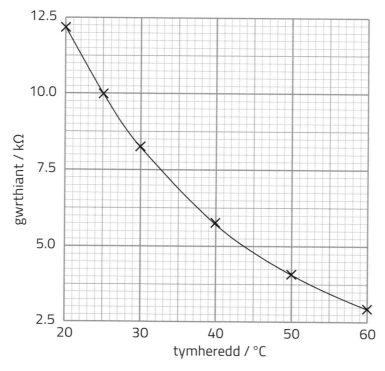

Yn y lle gwag i'r dde o'r graff, **lluniadwch gylched synhwyro** ar gyfer larwm tymheredd isel a ddylai weithredu pan fydd y tymheredd yn gostwng o dan 37 °C. 12.0 V yw gp terfynell y cyflenwad pŵer ac mae'r larwm yn cael ei sbarduno pan fydd V_{ALLAN} o'r synhwyrydd yn codi'n uwch na 5.0 V. [4]

C6   9.0 V yw g.e.m. batri trydan.

(a)   Esboniwch beth yw ystyr g.e.m. 9.0 V.   [2]

....

....

....

(b)   Mae'r batri'n cynhyrchu cerrynt 1.5 A pan fydd wedi'i gysylltu â chylched. Yna, 7.8 V yw'r gp ar draws terfynellau'r batri.

(i)   Rhowch gyfrif am y trosglwyddiadau egni yn y batri a'r gylched allanol.   [3]

....

....

....

....

....

(ii)   Darganfyddwch wrthiant mewnol y batri.   [1]

....

....

C7   Mae gan gyflenwad pŵer gp 6.5 V ar draws ei derfynellau pan fydd gwrthydd 10 Ω yn cael ei gysylltu ar ei draws. Pan fydd ail wrthydd 10 Ω yn cael ei gysylltu mewn paralel â'r cyntaf, mae'r gp yn gostwng i 6.0 V. Darganfyddwch y g.e.m. a gwrthiant mewnol y cyflenwad pŵer.   [4]

....

....

....

....

....

C8   Mae'n bosibl dangos bod cyflenwad pŵer trydanol yn trosglwyddo'r pŵer mwyaf i gylched pan fydd y gwrthiant allanol, R, yn hafal i'r gwrthiant mewnol.

Mae gan gell gonfensiynol (anailwefradwy) g.e.m. 1.5 V a gwrthiant mewnol 0.3 Ω. Mae gan gell Ni-Cd ailwefradwy g.e.m. 1.2 V a gwrthiant mewnol 35 Ω. Cymharwch y pŵer mwyaf sydd ar gael o'r celloedd hyn.   [4]

....

....

....

....

C9 Mewn gwers ymarferol, mae cyflenwad pŵer wedi'i selio yn cael ei roi i fyfyriwr. Mae'n cynnwys batri â g.e.m. anhysbys a gwrthydd â gwerth anhysbys, *r*, mewn cyfres. Mae'r myfyriwr yn ymchwilio i'r cyflenwad pŵer gan ddefnyddio'r gylched hon.

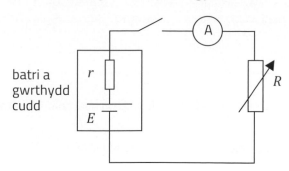

Mae'r gwrthiant newidiol, *R*, yn cael ei wneud drwy ddefnyddio rhai, neu bob un, o'r gwrthyddion canlynol:

3.3 Ω, 10 Ω, 18 Ω

Mae'r myfyriwr yn cael y canlyniadau hyn:

R / Ω	3.3	6.4	7.6	10.0	13.3	18.0
I / A	0.43	0.34	0.31	0.27	0.23	0.19
$(I / A)^{-1}$						

(a) Dangoswch sut gwnaeth y myfyriwr ddefnyddio'r gwrthyddion sydd ar gael i gael y gwrthiant 7.6 Ω. [2]

....

....

....

(b) Gan ddechrau gyda'r hafaliadau:

$$V = E - Ir \qquad a \qquad V = IR,$$

lle *V* yw'r gp ar draws terfynellau'r cyflenwad pŵer, dangoswch y dylai graff $1/I$ yn erbyn *R* fod yn llinell syth â graddiant $1 / E$. [3]

....

....

....

....

(c) Cwblhewch y tabl drwy ychwanegu rhes o werthoedd I^{-1}, i nifer priodol o ffigurau ystyrlon. [2]

(ch) Defnyddiwch y grid ar y dudalen nesaf i blotio graff I^{-1} (ar yr echelin *y*) yn erbyn *R*. [4]

(d) Mae'r athro yn dweud wrth y myfyriwr mai 4.8 V yw g.e.m. y batri ac 8.2Ω yw gwerth y gwrthydd mewnol. Gwerthuswch a yw hyn yn gyson â chanlyniadau'r myfyriwr. [4]

....

....

....

....

....

....

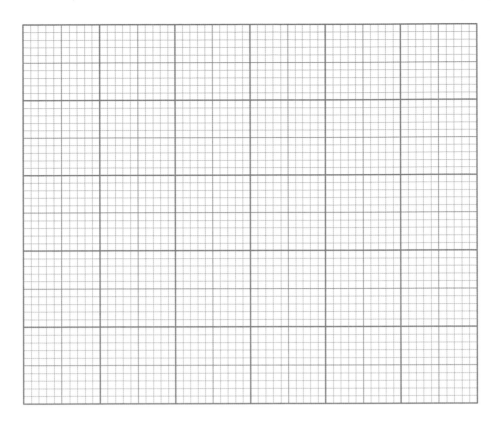

C10 Mae lamp ffilament 2.5 V, 1.5 W yn cael ei phweru drwy ddefnyddio 3 cell Ni-Cd, pob un â g.e.m. 1.2 V a gwrthiant mewnol dibwys, wedi'u cysylltu mewn cyfres gyda gwrthydd fel sydd i'w weld yn y gylched.

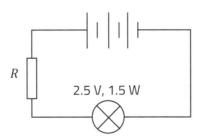

(a) Cyfrifwch y gwrthiant, R, sydd ei angen er mwyn i'r lamp gael ei phweru ar ei gwerth cywir. [3]

(b) Dargantyddwch ffracsiwn pŵer allbwn y batri sy'n cael ei drosglwyddo yn y gwrthydd. [2]

C11 Mae'r deuod silicon yn ddyfais lled-ddargludydd sydd yn dargludo i un cyfeiriad yn unig pan fydd yn gweithredu'n normal – mae hyn i'w weld yn y diagram canlynol o symbol y deuod silicon.

Mae nodwedd *I–V* bras ar gyfer deuod i'w weld. Sylwch bod unrhyw werth o gerrynt yn bosibl, ar 'foltedd troi ymlaen' 0.7 V.

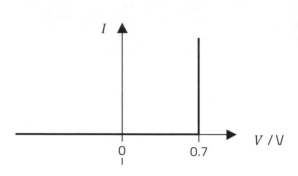

(a) Mae deuod silicon yn cael ei gysylltu mewn cyfres â gwrthydd â gwerth 820 Ω. Mae'r ddau yn cludo cerrynt 30 mA. Cyfrifwch y gp ar draws pennau'r ddau. Gallai diagram eich helpu chi i ateb. [2]

....

....

....

(b) Mae gan ddeuod allyrru golau (LED) coch nodwedd debyg i'r deuod silicon. 1.9 V yw ei foltedd troi ymlaen. Y bwriad yw defnyddio'r LED fel dangosydd 'ymlaen' ar gyfer peiriant trydanol. 9.0 V yw cyflenwad foltedd cylched y dangosydd. Mae'n rhaid i'r cerrynt yn yr LED fod rhwng 10 mA a 25 mA pan fydd yn gweithredu. Darganfyddwch pa rai o'r gwrthyddion canlynol sy'n addas i'w defnyddio fel y gwrthydd mewn cyfres. Rhowch eich ymresymu.

68 Ω   100 Ω   220 Ω   470 Ω   680 Ω   1.0 kΩ   1.5 kΩ   [3]

....

....

....

....

....

Dadansoddi cwestiynau ac atebion enghreifftiol

C&A 1   Mae gan fatri g.e.m. 9.0 V a gwrthiant mewnol 1.8 Ω.

(a)   Esboniwch beth yw ystyr 'g.e.m. 9.0 V'.   [2]

(b)   Mae'r batri wedi'i gysylltu â gwifren â gwrthiant 5.4Ω. Darganfyddwch:

   (i)   Y gyfradd mae egni cemegol yn cael ei drosglwyddo yn y gell.   [2]

   (ii)   Y ffracsiwn o'r egni hwn sy'n cael ei drosglwyddo i'r wifren.   [2]

(c)   Brasluniwch graff o'r gp ar draws terfynellau'r batri hwn yn erbyn y cerrynt sy'n cael ei gyflenwi. Labelwch y graff i ddangos sut mae nodweddion penodol yn perthyn i 'r gwerthoedd g.e.m. a gwrthiant mewnol.   [4]

Beth sy'n cael ei ofyn

Dyma gwestiwn eithaf byr, ac mae'n ceisio darganfod a ydych chi'n deall cysyniadau g.e.m. a gwrthiant mewnol. Yn rhan (a), gallai'r arholwr fod wedi gofyn, 'Esboniwch beth yw ystyr g.e.m.' Byddai hwn wedi bod yn gwestiwn AA1 ac yn gofyn i chi ysgrifennu'r diffiniad o'r gwerslyfr. Mae gofyn y cwestiwn fel hyn yn gofyn i chi ddefnyddio'r data mewn ffordd briodol, ac felly mae'n gwestiwn AA2. Mae gan ran (b) ddau gyfrifiad sy'n datblygu ar yr ateb i ran (a). Unwaith eto, mae'n gwestiwn AA2 oherwydd mae angen i chi gymhwyso eich gwybodaeth i sefyllfa benodol. Mae rhan (c) yn ddarn syml o waith llyfr, unwaith eto wedi'i gymhwyso i'r batri hwn. Mae cryn dipyn o farciau ar gael, felly mae'n amlwg bod yr arholwr yn disgwyl llawer o fanylion.

Cynllun marcio

Rhan o'r cwestiwn		Disgrifiad	AA			Cyfanswm	Sgiliau	
			1	2	3		M	Y
(a)		Mae 9.0 J o egni yn cael ei drosglwyddo o egni cemegol i egni trydanol [1] ... am bob coulomb [o wefr] sy'n {mynd i mewn i'r / pasio drwy'r / gadael y} batri [1]		2		2		
(b)	(i)	Cerrynt $\left[= \dfrac{9.0\,V}{5.4\,\Omega + 1.8\,\Omega}\right] = 1.25\,A$ [1] Cyfradd trosglwyddo [= 9.0 V × 1.25 A] = 11.25 W [1]		2		2	2	
	(ii)	Pŵer wedi'i afradloni yn y wifren = I^2R = 8.43 W [1] dgy Ffracsiwn $\left[= \dfrac{8.43\,W}{11.25\,W}\right] = 0.75$ [1] **Ateb arall** [Defnyddio rhannwr potensial] Ffracsiwn o gyfanswm $V = \left[= \dfrac{5.4\,\Omega}{5.4\,\Omega + 1.8\,\Omega}\right] = 0.75$ (✓) Mae I yr un peth yn R ac r felly ffracsiwn y pŵer = 0.75 (✓)		2		2	2	
(c)		Echelinau wedi'u lluniadu a'u labelu, (V/V ac I/A), graff llinell syth sy'n goleddu i lawr o ryngdoriad $+V$ [1] Rhyngdoriad V wedi'i labelu 9[.0] (derbyn E) [1] Rhyngdoriad I wedi'i labelu 5[.0] (derbyn E / r) [1] [Derbyn gosodiad mai 5 neu E / r yw'r cerrynt mwyaf] Graddiant wedi'i labelu −1.8 (derbyn −r) [1] Y marc uchaf heb unrhyw rif cywir = 2 Y marc uchaf gyda dim ond 1 rhif cywir = 3	2	2		4	2	
Cyfanswm			**2**	**8**	**0**	**10**	**6**	

Atebion Rhodri

(a) Y g.e.m. yw'r egni cemegol sy'n cael ei golli am bob coulomb sy'n cael ei gyflenwi gan y batri.

X ✓

SYLWADAU'R MARCIWR

Mae ateb Rhodri yn ymgais rhesymol i ysgrifennu diffiniad g.e.m o'r gwerslyfr, ac mae'n ennill y marc ansoddol. Mae'n methu'r marc am gysylltu'r diffiniad â'r ffigur egni sy'n cael ei roi.

1 marc

(b)(i) Y cerrynt = g.e.m./cyfanswm y gwrthiant

$$= 9.0 / 7.2$$

$$= 1.25 \text{ A} ✓$$

Pŵer yn y gwrthydd = I^2R = $1.25^2 × 5.4$

$$= 8.4 \text{ W}$$

Pŵer yn y gell = I^2r = $1.25^2 × 1.8$

$$= 2.8 \text{ W}$$

Felly cyfanswm y pŵer = 11.2 W ✓

SYLWADAU'R MARCIWR

Nid yw Rhodri wedi dod o hyd i'r ffordd hawsaf o ateb y cwestiwn hwn, ond mae'n dal i ennill y ddau farc. Mae'n ymddangos ei fod yn sylweddoli mai pŵer yw'r cyfradd trosglwyddo egni. Ar ôl cyfrifo'r cerrynt, byddai'n llawer haws defnyddio EI.

2 farc

(ii) Pŵer yn y wifren = $\dfrac{V^2}{R}$ = $\dfrac{9.0^2}{5.4}$ X

$$= 15 \text{ W}$$

Felly % = $\dfrac{15}{11.2} \dfrac{11.2}{15}$ × 100 = 74.6% X

SYLWADAU'R MARCIWR

Mae Rhodri wedi gwerthfawrogi bod y wifren mewn cyfres â'r gwrthiant mewnol. Er hyn, mae'n credu mai'r g.e.m yw'r gp ar draws y wifren, felly mae'n colli'r marc cyntaf. Mae ei bŵer yn y wifren yn fwy na chyfanswm y trosglwyddiad pŵer, felly ni all achub y cyfrifiad.

0 marc

(c)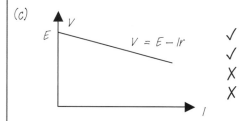

V = E – Ir ✓
✓
X
X

SYLWADAU'R MARCIWR

Unwaith eto, nid yw Rhodri wedi sylweddoli bod angen defnyddio'r data sydd wedi'i roi, a rhoi'r graff ar gyfer y batri *hwn*, felly dim ond y ddau farc cyntaf mae'n eu hennill.

2 farc

Cyfanswm	**5 marc / 10**

Atebion Ffion

(a) Mae hyn yn golygu bod 9.0 J o egni cemegol yn cael ei ddefnyddio i wthio'r wefr o amgylch y gylched ✓ ar gyfer pob coulomb o wefr sy'n pasio drwy'r batri. ✓ ['mya']

SYLWADAU'R MARCIWR

Mae'r ymgeisydd yn ennill y ddau farc. Nid yw 'egni cemegol yn cael ei ddefnyddio' wedi creu argraff ar yr arholwr, ond mae wedi rhoi mantais yr amheuaeth i Ffion.

2 farc

(b)(i) $I = \dfrac{E}{R + r} = \dfrac{9.0}{5.4 + 1.8} = 1.25$ A ✓

Cyfradd = egni bob eiliad = EI

$$= 9×1.25 = 11.25 \text{ W} ✓$$

SYLWADAU'R MARCIWR

Ateb teilwng gan Ffion, sy'n sylweddoli mai EI yw'r gyfradd trosglwyddo egni yn y batri.

2 farc

(ii) gp ar draws y wifren = IR = 1.25 × 5.4

$$= 6.75 \text{ V}$$

Felly pŵer yn y wifren = IV = 1.25 × 6.75

$$= 8.4375 \text{ W} ✓$$

$\dfrac{8.4375}{11.25}$ × 100% = 75% ✓

SYLWADAU'R MARCIWR

Mae Ffion, yn ddiangen, wedi cyfrifo'r gp ar draws y wifren. Gallai fod wedi defnyddio hyn yn uniongyrchol fel a ganlyn:

$$\dfrac{\text{pŵer yn y wifren}}{\text{cyfanswm y pŵer}} = \dfrac{V_{\text{gwifren}}}{E} = \dfrac{6.75}{9.0} = 0.75$$

Ond mae hi'n dal i ennill y ddau farc.

2 farc

(c)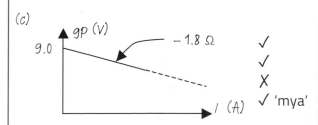

– 1.8 Ω ✓
✓
X
✓ 'mya'

SYLWADAU'R MARCIWR

Yr unig farc nad yw Ffion wedi'i ennill yw'r un anoddaf – y rhyngdoriad ar echelin y cerrynt. Mae 'mya' ar y marc olaf oherwydd nad yw'r label ar y graff yn sôn yn glir am y graddiant.

3 marc

Cyfanswm	**9 marc / 10**

C&A 2 Mae Ianto a Sue yn cysylltu gwifren wrthiant, **AB**, â hyd 75 cm a diamedr 0.50 mm, i mewn i gylched gyda chell â g.e.m. 6.0 V a gwrthiant mewnol dibwys, fel sydd i'w weld. Maen nhw'n cysylltu foltmedr rhwng **A** a phwynt symudol **P**.

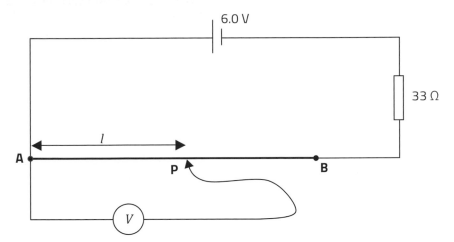

(a) Mae Sue yn dweud y dylai darlleniad y foltmedr, *V*, fod mewn cyfrannedd â'r hyd, *l*, rhwng **A** a **P**. Esboniwch pam mae Sue yn gywir. [Tybiwch fod gan y foltmedr wrthiant anfeidraidd.]   [3]

(b) Mae Ianto yn cael set o ganlyniadau *V* ac *l* ac yn plotio graff, sydd â graddiant 0.020 V cm^{-1}. Defnyddiwch y gwerth hwn i ddarganfod gwrthedd metel y wifren.   [5]

Beth sy'n cael ei ofyn

Mae rhan (a) o'r cwestiwn ychydig yn anarferol ond mae'n ymddangos yn eithaf syml. Mae angen i chi gysylltu'r amrywiad AP â syniadau am rannwyr potensial. Dydy hyn ddim yn esboniad safonol, felly mae'n gwestiwn AA3. Yn rhan (b) gallwch chi ddefnyddio canlyniad rhan (a), a dyna pam mae'r arholwr yn gofyn i chi ddangos bod Sue yn gywir, a ddim a oedd hi'n gywir. Yna mae'n troi yn gyfrifiad AA2 safonol, ond yn un eithaf cymhleth.

Cynllun marcio

Rhan o'r cwestiwn		Disgrifiad	AA 1	AA 2	AA 3	Cyfanswm	Sgiliau M	Sgiliau Y
(a)		Nid oes cerrynt drwy'r foltmedr felly mae'r cerrynt yr un peth drwy AB [1] Mae gwrthiant AP mewn cyfrannedd â'r hyd [1] Defnyddio $V = IR$ neu ddadl rhannwr potensial i ddangos bod $V \propto l$ [1]			3	3		
(b)		V_{AB} = 1.50 V [1] gp ar draws y gwrthydd 33 Ω = 4.5 V [1] Gwrthiant AB = 11.0 Ω [1] dim dgy Ad-drefnu $R = \dfrac{\rho l}{A}$ gydag *r* yn destun ar unrhyw gam [1] $\rho = 2.9 \times 10^{-6}$ Ω m ((**uned**)) [1] dgy ar R_{AB}		5		5	4	
Cyfanswm			0	5	3	8	4	

Atebion Rhodri

(a) $R = \frac{\rho l}{A}$, felly mae gwrthiant gwifren AP mewn cyfrannedd â'r hyd. ✓

Felly mae'r foltedd hefyd mewn cyfrannedd â'r hyd. ✗ dim digon

SYLWADAU'R MARCIWR

Mae Rhodri wedi deall pwysigrwydd y ffaith bod y cerrynt yr un faint ar bob pwynt yn y wifren, felly mae'n ennill y marc cyntaf. Er mwyn ennill y marc olaf, mae angen iddo gysylltu'r foltedd a'r gwrthiant yn glir.

1 marc

(b) Cerrynt $= \frac{6.0}{33} = 0.182$ A ✗

$V_{AB} = 75 \times 0.020 = 1.5$ V ✓

Gwrthiant gwifren AB $= \frac{1.5}{0.182}$

$= 8.25\ \Omega$ ✗

$\rho = \frac{RA}{l}$ ✓ dgy $= \frac{8.25 \times \pi\,(0.25 \times 10^{-3})^2}{0.75}$

Felly $\rho = 2.2 \times 10^{-6}\ \Omega\ m^{-1}$ ✗ uned

SYLWADAU'R MARCIWR

Mae gosodiad cyntaf Rhodri yn anghywir. Mae'r gp 6 V ar draws cyfuniad cyfres y wifren a'r gwrthydd. 6.0 – 1.5 = 4.5 V yw'r gp ar draws y gwrthydd 33 Ω. Nid oes dgy ar gael ar gyfer cyfrifiad y gwrthiant. Mae'n ad-drefnu'r hafaliad gwrthedd ac yn ennill y marc, ond yn colli'r marc olaf oherwydd yr uned anghywir.

2 farc

Cyfanswm   **3 marc / 8**

Atebion Ffion

(a) Mae'r cerrynt yn gyson felly mae'r gp ar draws y wifren yn gyson ✗ [ddim yn glir]. Os yw AP yn hanner AB yna mae gwrthiant AP yn hanner gwrthiant AB ✓. Mae'r wifren yn gweithredu fel rhannwr potensial, felly byddai'r gp ar draws AP yn hanner y gp ar draws AB. ✓

Yn yr un modd, os yw AP yn $\frac{1}{4}$ AB, bydd y gp yn $\frac{1}{4}$ y gp ar draws AB, felly mae'r gp mewn cyfrannedd â hyd AB.

SYLWADAU'R MARCIWR

Mae hwn bron yn ateb perffaith ond nid yw'r arholwr yn teimlo y gall ddyfarnu'r marc cyntaf. Beth yw ystyr 'cyson' yn yr ateb hwn? A yw'n golygu cyson o ran amser neu cyson o ran safle? Cafodd y ddau farc olaf eu dyfarnu.

2 farc

(b) gp ar draws gwifren 1 cm = 0.02 V

∴ gp ar draws AB $= 75 \times 0.020 = 1.50$ V ✓

∴ gp ar draws 33 W $= 6.0 - 1.5 = 4.5$ V ✓

∴ Cerrynt $= \frac{4.5}{33} = 0.136$ A

∴ $R_{AB} = \frac{1.5\ V}{0.136\ A} = 11\ \Omega$ ✓

$R = \frac{\rho l}{A}$, $\rho = \frac{11 \times \pi\,(0.0005)^2}{0.75}$ ✓ [ad-drefnu]

∴ $\rho = 1.2 \times 10^{-5}\ \Omega\ m$ ✗

SYLWADAU'R MARCIWR

Dyma ateb sydd wedi'i gynllunio'n dda. Mae Ffion yn cyfrifo gwrthiant AB gan ddefnyddio'r cerrynt sydd wedi'i gyfrifo. Gallai hi hefyd fod wedi defnyddio dadl rhannwr potensial. Mae un mor ddilys â'r llall.

Ei hunig gamgymeriad yw defnyddio diamedr y wifren yn lle y radiws, felly mae'n ennill y marc am ad-drefnu ond nid y marc ar gyfer yr ateb terfynol.

4 marc

Cyfanswm   **6 marc / 8**

Adran 4: Natur tonnau

Crynodeb o'r testun

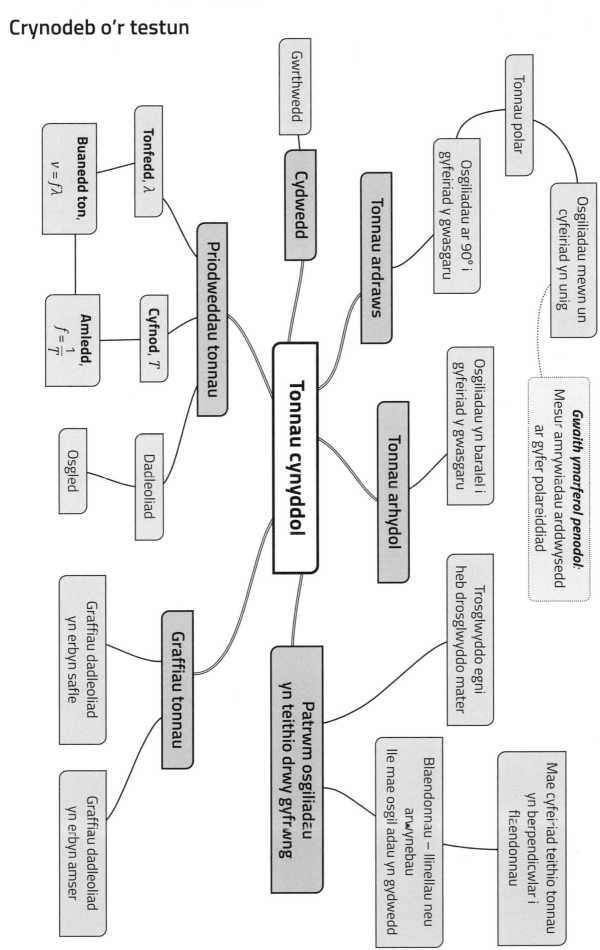

C1 Mae'n bosibl trosglwyddo egni drwy symud tanwydd o un lle i'r llall. Esboniwch yn gryno sut mae trosglwyddiad egni drwy ddefnyddio tonnau cynyddol yn wahanol. [2]

....

....

....

C2 Esboniwch y gwahaniaeth rhwng tonnau ardraws a thonnau arhydol a rhowch enghraifft o bob un. [4]

....

....

....

....

....

....

C3 (a) Esboniwch beth yw ystyr y disgrifiad bod golau yn cael ei *bolareiddio i un cyfeiriad*. [1]

....

....

(b) Esboniwch beth yw ystyr y disgrifiad bod golau yn cael ei *bolareiddio'n rhannol*. [2]

....

....

....

C4 Mae golau amholar ag arddwysedd 1.00 W m^{-2} yn drawol yn normal ar bolaroid sy'n cylchdroi'n araf ac yna ar ganfodydd.

Canfodydd

Golau amholar ag arddwysedd 1.00 W m^{-2}

Polaroid sy'n cylchdroi

(a) Mae'r graff sydd i'w weld yn dangos arddwysedd yn erbyn ongl polaroid. Esboniwch pam mae'r graff hwn i'w ddisgwyl. [2]

arddwysedd / W m^{-2}

1.0

0.5

ongl polaroid / °

....

....

....

(b)   Mae Cheryl yn cylchdroi polaroid mewn paladr golau ac yn cael y graff arddwysedd yn erbyn ongl polaroid canlynol.

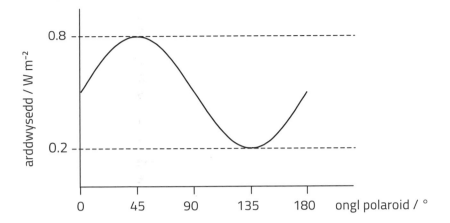

Mae'n awgrymu bod gan y paladr golau trawol gyfanswm arddwysedd 1.0 W m^{-2}, gyda 60% wedi'i bolareiddio i un cyfeiriad a'r gweddill yn amholar. Gwerthuswch ei hawgrym.   [4]

....

....

....

....

....

....

....

C5   Esboniwch sut mae'n bosibl defnyddio ffynhonnell olau amholar a dau bolaroid i ymchwilio i bolareiddiad golau, a disgrifiwch yr arsylwadau disgwyliedig.   [6 AYE]

....

....

....

....

....

....

....

....

....

....

....

....

C6 Mae ton sinwsoidaidd yn teithio i un cyfeiriad ar linyn hir.

3.04 m

Mae dadleoliad mwyaf pwynt A ar amser $t = 0$.

(a) Nodwch bwynt ar y llinyn sy'n osgiliadu:
   (i) yn gydwedd ag A (labelwch hwn yn B);
   (ii) yn wrthwedd ag A (labelwch hwn yn C). [2]

(b) Mae graff o ddadleoliad pwynt A mewn perthynas ag amser i'w weld.

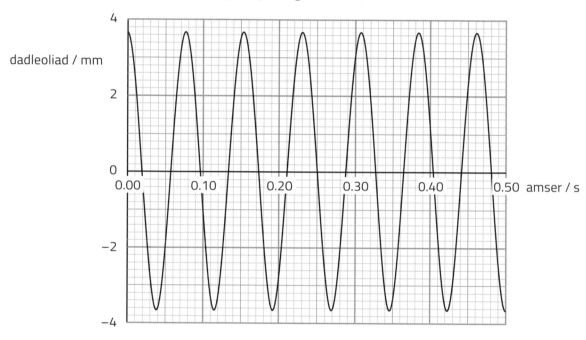

Cyfrifwch

(i) donfedd y don; [1]

....

....

(ii) osgled y don; [1]

....

....

(iii) buanedd y don. [3]

....

....

....

....

....

....

C7 Mae'r diagram yn dangos blaendonnau crwn sy'n frigau (*peaks*) ar arwyneb dŵr.

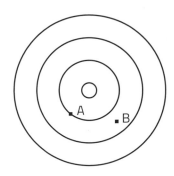

(a) Dangoswch y canlynol ar y diagram:

   (i) cyfeiriad y gwasgariad ar gyfer pwynt A; [1]

   (ii) y pellter sy'n cyfateb i donfedd (labelwch hwn yn λ); [1]

   (iii) pwynt sy'n osgiliadu'n gydwedd â phwynt B (labelwch hwn yn C); [1]

   (iv) pwynt sy'n osgiliadu'n wrthwedd â phwynt B (labelwch hwn yn CH). [1]

(b) Mae Joanna yn sylwi bod 25 o flaendonnau yn pasio pwynt B mewn 8.0 s ac mai 18.0 cm yw'r pellter rhwng y flaendon gyntaf a'r bedwaredd blaendon. Cyfrifwch fuanedd y don. [3]

....

....

....

....

....

C8 Mae daeargryn yn taro Cymru, ac mae ei uwchganolbwynt yn Stadiwm Liberty yn Abertawe. Mae'r daeargryn yn cynhyrchu tonnau arhydol (P) a thonnau ardraws (S). Mae tonnau P y daeargryn yn teithio ar fuanedd 6.2 km s^{-1} ac mae'r tonnau S yn teithio ar fuanedd 3.7 km s^{-1}. 8.9 Hz yw amledd y tonnau P ac S.

(a) Cyfrifwch donfeddi'r tonnau P ac S. [3]

....

....

....

....

....

(b) Yn y Bala, sef tref yng Ngogledd Cymru, mae seismogram yn dangos bod oediad 16.3 s rhwng cyrhaeddiad y tonnau arhydol a'r tonnau ardraws. Cyfrifwch y pellter rhwng Abertawe a'r Bala. [3]

....

....

....

....

....

Cwestiynau Ymarfer Uned 2

C9 Mae tonnau'n teithio ar hyd arwyneb y dŵr mewn tanc crychdonni (*ripple tank*). Gallwn ni weld y blaendonnau a chyfeiriad gwasgariad y tonnau yn y diagram.

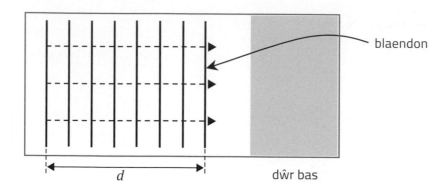

blaendon

d

dŵr bas

(a) Nodwch y berthynas rhwng cyfeiriad y gwasgariad, llinell y blaendonnau a chyfeiriad osgiliad arwyneb y dŵr. [2]

....

....

....

(b) Mae Gerallt yn mesur y pellter, *d*, sydd i'w weld yn y diagram fel 14.6 cm ac mae hefyd yn cyfrif 20 o donnau yn pasio pwynt penodol mewn 4.7 s. Cyfrifwch fuanedd y tonnau. [4]

....

....

....

....

....

....

....

(c) Mae'r tonnau'n pasio i'r dŵr bas erbyn hyn, lle mae buanedd y gwasgariad yn llai. Mae Gerallt yn dweud bod amledd y tonnau'n aros yr un peth a bod eu tonfeddi'n byrhau. Gwerthuswch gasgliadau Gerallt. [3]

....

....

....

....

....

Dadansoddi cwestiynau ac atebion enghreifftiol

C&A 1

(a) Esboniwch y gwahaniaeth rhwng y termau *dadleoliad* ac *amledd* yng nghyd-destun ton. [2]

(b) Nodwch ddiffiniad o'r term *tonfedd* sy'n berthnasol i donnau ardraws a thonnau arhydol. [2]

(c) Gallwn ni ddarganfod dadleoliad tonnau ar amrywiol bellteroedd o'r ffynhonnell ar amser $t = 0$ drwy ddefnyddio ffotograff. Yna mae graff dadleoliad yn erbyn pellter yn cael ei gynhyrchu.

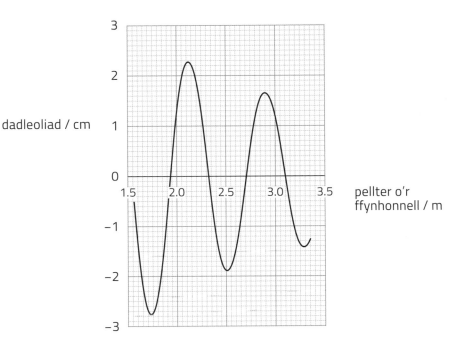

(i) Disgrifiwch yn gryno yr amrywiad yn yr osgled ac esboniwch pam mae hyn yn digwydd. [2]

(ii) 44 Hz yw amledd osgiliad y don. Brasluniwch graff o amrywiad dadleoliad y don gydag amser 2.9 m o'r ffynhonnell ar y grid isod.

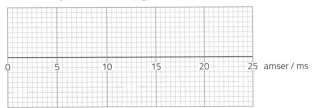

[4]

(iii) Cyfrifwch fuanedd y tonnau. [3]

(iv) Mae arddwysedd y don mewn cyfrannedd â'r osgled wedi'i sgwario. Gwerthuswch a yw'r amrywiad mewn arddwysedd yn dilyn y ddeddf sgwâr gwrthdro $\left(\text{arddwysedd} \propto \dfrac{1}{\text{pellter}^2}\right)$ ai peidio. [4]

Beth sy'n cael ei ofyn

Mae rhannau (a) a (b) bron yn ddiffiniadau safonol, gyda thro annisgwyl. Er hynny, marciau AA1 sydd ar gael o hyd. Mae rhan (c)(i) yn gofyn am ddisgrifiad syml o'r canlyniadau ac esboniad ar gyfer y disgrifiad hwn. Er mai marciau AA3 sydd ar gael am werthuso canlyniadau fel arfer, mae'r cwestiwn hwn yn gofyn am fwy o ddadansoddiad cyflym ac esboniad safonol ar gyfer y gostyngiad mewn amledd. Mae rhannau c(ii) a (iii) hefyd yn seiliedig ar ddadansoddi a chyfrifo, felly marciau AA2 sydd ar gael. Mae rhan c(iv), ar y llaw arall, yn cynnwys marciau AA3 eithaf anodd gan fod gwirio am y ddeddf sgwâr gwrthdro yn gofyn am ddealltwriaeth a strategaeth dda.

Cynllun marcio

Rhan o'r cwestiwn		Disgrifiad	AA 1	AA 2	AA 3	Cyfanswm	Sgiliau M	Sgiliau Y
(a)		Dadleoliad yw'r pellter o'r safle ecwilibriwm [1] Osgled yw'r dadleoliad mwyaf [1]	2			2		
(b)		Y pellter (lleiaf) rhwng dau bwynt cyfagos [1] sy'n osgiliadu yn gydwedd (ond nid ar yr un flaendon) [1]	2			2		
(c)	(i)	Mae'r osgled yn lleihau gyda phellter [1] Oherwydd bod y don yn gwasgaru mewn 2D/3D NEU derbyn oherwydd grymoedd gwrtheddol/gwanychiad [1]		2		2		
	(ii)	Cyfnod wedi'i gyfrifo neu drwy awgrym (22.7 ms) [1] 1.65 cm yw'r osgled. Derbyn 1.6–1.7 (cm) [1] Echelin y wedi'i labelu (rhifau, teitl, uned) [1] Sinwsoid llawrydd rhesymol; gwedd (ton cos), cyfnod ac osgled cywir wedi'u plotio [1]		4		4	3	
	(iii)	Cael tonfedd = 0.75 ± 0.05 (m) [1] Defnyddio'r hafaliad $v = f\lambda$ [1] Ateb = 33 (m s^{-1}) [1]	1	1 1		3	2	
	(iv)	Dewis 1 set o ddata priodol, e.e. pellter = 1.75, A = 2.75, pellter = 3.25, A = 1.45 ac ati [1] Sylweddoli bod osgled$^2 \propto \dfrac{1}{\text{pellter}^2}$ [1] Dewis dull priodol e.e. gwirio Ad = cysonyn NEU A^2d^2 = cysonyn NEU cyfrifo ail osgled/pellter drwy ddefnyddio A = cysonyn/d [1] Canlyniad a chasgliad dilys e.e. 4.76, 4.71 yn eithaf agos (caniatáu dgy) [1]			4	4	4	
Cyfanswm			5	8	4	17	9	

Atebion Rhodri

(a) Dadleoliad yw uchder enydaidd y don (angen mwy, dim 'mya') ac osgled yw'r gwerth mwyaf y gall hyn fod. ✓

SYLWADAU'R MARCIWR

Nid yw uchder y don yn ddigon da ar gyfer dadleoliad, yn enwedig os yw'r don yn arhydol. Ond mae'r 'gwerth mwyaf y gall hyn fod' yn gywerth â 'dadleoliad mwyaf' yn y cynllun marcio.

1 marc

(b) Y donfedd yw'r pellter rhwng brigau neu gywasgiadau dilynol. ✓ 'mya'

SYLWADAU'R MARCIWR

Mae Rhodri wedi bod yn gyfrwys ac wedi cynnig ateb sydd bron yn bodloni gofynion y cwestiwn. Nid yw'n gwybod y diffiniad safonol hwn ond mae ei ateb yn bodloni'r amod ar gyfer y marc cyntaf, h.y. 'pellter rhwng brigau neu gywasgiadau dilynol' sy'n gywerth â 'y pellter rhwng dau bwynt cyfagos'.

1 marc

(c) (i) Mae'r osgled yn amlwg yn gostwng dros amser ac felly osgiliadau gwanychol yw hyn. ✓ 'mya'

SYLWADAU'R MARCIWR

Mae Rhodri wedi camddeall beth sy'n digwydd yn llwyr. Mae'n credu bod yr osgled yn lleihau dros amser, ond mae'n lleihau gyda phellter o'r ffynhonnell. Er hynny, mae ei bwynt am wanychu yn ennill yr ail bwynt marcio ac mae'n cael yr ail farc gyda 'mya'.

1 marc

(ii) $T = \dfrac{1}{f} = \dfrac{1}{44}$ ✓

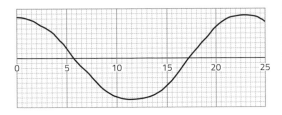

✓ 'mya' am osgled (dim graddfa)

✓

Cwestiynau Ymarfer Uned 2

SYLWADAU'R MARCIWR

Mae graff terfynol Rhodri yn well nag un Ffion, ond mae'n ennill llai o farciau am nad yw'n esbonio'n glir beth mae'n ei wneud. Mae'n haeddu'r marc cyntaf am y cyfnod, yn enwedig o edrych ar y graff (nid yw gadael yr ateb fel ffracsiwn yn syniad da). Mae'n ennill yr ail farc gyda 'mya' hael iawn oherwydd bod yr osgled wedi'i awgrymu yn y graff (er nad oes graddfeydd echelin y i'w gweld). Nid yw'n ennill y trydydd marc oherwydd nid yw'r echelin y wedi'i labelu. Mae'n haeddu'r pedwerydd marc am blotio da, ond mae dal angen 'mya' arno oherwydd bod yr osgled wedi'i awgrymu yn lle gallu gweld yn glir ei fod yn gywir.

3 marc

SYLWADAU'R MARCIWR

Mae tacteg beryglus Rhodri o beidio â dangos ei waith cyfrifo wedi methu yma. Nid yw wedi ennill unrhyw farciau er bod ei ateb, o bosibl, yn gywir (edrychwch ar ateb Ffion). Mae ei fuanedd 36 m s^{-1} yn awgrymu tonfedd 0.82 m sydd y tu allan i'r goddefiant ac nid oes gan yr arholwr ddewis ond peidio â dyfarnu unrhyw farciau. Pe bai Rhodri wedi ysgrifennu 35 m s^{-1} mae'n ddigon posibl y byddai wedi ennill marciau llawn, ond fel y mae'n ymddangos, nid oes tystiolaeth o unrhyw waith cyfrifo cywir.

0 marc

(iii) 36 m s^{-1} Dim 'mya'

(iv) Ydych chi'n ceisio bod yn ddoniol?! Beth yw ystyr deddf sgwâr gwrthdro? Dydy fy athro ddim wedi addysgu hyn i mi! Rwy'n credu bod y gosodiad yn gywir, oherwydd dyna yw'r achos fel arfer. Os edrychwch ar y rhifau, pan fydd yr osgled yn gostwng i 74% (2.3 i 1.7) mae'r pellter yn cynyddu ✓ o 2.1 i 2.9 (dim 'mya') sef tua'r un gymhareb (2.1 yw 72% o 2.9). ✓ ('mya')

SYLWADAU'R MARCIWR

Yn gyntaf, mae'n rhaid i'r arholwr wenu ar sylwadau gwirion Rhodri ac yna eu hanwybyddu (ar yr amod nad ydynt yn ddigon difrifol i'w riportio). Yna, mae'r arholwr yn sylweddoli bod Rhodri yn agos iawn at ennill marciau llawn er ei fod yn bosibl nad yw'n gwybod beth mae'n ei wneud. Mae'n amlwg ei fod yn haeddu'r marc cyntaf ond, yn bendant, nid yw'n bosibl dyfarnu'r ail farc. Mae'n anodd barnu'r trydydd marc oherwydd mae Rhodri, yn ei hanfod, yn gwirio bod yr osgled a'r pellter mewn cyfranedd gwrthdro, ond mae'r arholwr wedi penderfynu yn erbyn rhoi 'mya'. Mae Rhodri yn ennill y pedwerydd marc oherwydd mae wedi dod i'r casgliad cywir (o drwch blewyn) ac mae'r dull hwn yn ddilys er nad yw Rhodri wedi esbonio (na deall) y dull hwn. Sylwch bod hon yn enghraifft wych o ddyfalbarhad sy'n arwain at farciau – byddai llawer o ymgeiswyr wedi gadael y rhan hon yn wag ac felly wedi ennill dim marciau.

2 farc

Cyfanswm   **8 marc /17**

Atebion Ffion

(a) Mae dadleoliad yn fector ac mae'n cael ei ddiffinio fel y pellter o'r safle ecwilibriwm ✓ a'r osgled yw'r dadleoliad mwyaf. ✓

SYLWADAU'R MARCIWR

Mae ateb Ffion hyd yn oed yn well na'r ateb sydd yn y cynllun marcio oherwydd mae hi wedi ychwanegu'r ffaith bod y dadleoliad yn fector.

2 farc

(b) Y donfedd yw'r pellter rhwng y ddau bwynt agosaf ✓ 'mya' sy'n osgiliadu'n gydwedd. ✓

SYLWADAU'R MARCIWR

Mae ateb Ffion wedi cael mantais yr amheuaeth am y marc cyntaf, ond byddai unrhyw arholwr sy'n deall Cymraeg wedi dyfarnu'r marc. Mae Ffion wedi rhoi'r gair 'agosaf' yn lle 'cyfagos' a dylai hyn fod yn dderbyniol i unrhyw arholwr. Sylwch bod y gair 'lleiaf' mewn cromfachau yn y cynllun marcio. Mae hyn yn golygu bod y gair 'lleiaf' yn ddewis ychwanegol ac nad yw'n orfodol.

2 farc

(c) (i) Mae'r osgled yn lleihau wrth i chi fynd ymhellach ac ymhellach i ffwrdd o'r ffynhonnell ✓ – dyma'r ddeddf sgwâr gwrthdro. Dim 'mya'

SYLWADAU'R MARCIWR

Gellid dadlau bod ateb Ffion yn well, ond mae'n ennill yr un marc ag ateb Rhodri. Mae Ffion wedi rhoi disgrifiad syml o amrywiad yr osgled i ennill y marc cyntaf, ond mae ail ran ei hateb wedi'i gynnwys yng nghwestiwn c(iv). Oherwydd hyn, mae'n rhaid i'r arholwr benderfynu a yw hi'n gwybod am beth mae'n sôn amdano, neu a yw hi wedi copïo'r manylion o ran c(iv). Fel rheol gyffredinol, ni all arholwyr ddyfarnu marciau am fanylion sy'n ymddangos yn y cwestiynau, ac felly dim ond 1 marc mae Ffion yn ei ennill.

1 marc

(ii) I gyfrifo'r cyfnod $T = \frac{1}{f} = 0.023$ s ✓

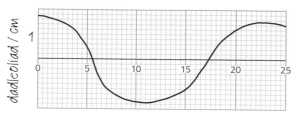

1.65 cm yw'r osgled ✓

✓ 'mya' mae'r osgled yn edrych ychydig allan ohoni ar y brig

✓ 'mya' dim ond un rhif sydd ar yr echelin

SYLWADAU'R MARCIWR

Mae ateb Ffion yn ardderchog ac mae'n cynnwys gwell esboniadau na Rhodri, ond mae'n dal angen 'mya' arni i gael marciau llawn. Mae teitl ac uned gywir gan ei echelin y, ond dim ond un rhif sydd wedi'i gynnwys. Mae'n wir bod un rhif yn ddigon i ddiffinio'r holl rifau eraill ar yr echelin, ond roedd yn beth peryglus i'w wneud – efallai y byddai arholwr mwy llym wedi atal y marc. Er bod gwerth lleiaf y dadleoliad yn eithaf manwl gywir gan Ffion (tua –1.7 cm), mae'r gwerth uchaf allan ohoni rhyw ychydig (tua 1.55 cm), felly dyma gamgymeriad bach arall Ffion. Ond nid yw hwn yn graff hawdd i'w fraslunio ac mae'r arholwr, a hynny'n briodol, wedi caniatáu 'mya' ar gyfer y marc hwn.

4 marc

(iii) Tonfedd = 0.8 m ✓
Buanedd = 44 × 0.8 = 35.2 m/s ✓✓

SYLWADAU'R MARCIWR

Mae tonfedd Ffion ychydig yn fawr ond o fewn y goddefiant. Mae hyn yn arwain yn gywir at fuanedd 35.2 m s⁻¹ ac mae'n haeddu ennill y marciau llawn.

3 marc

(iv) 2.85 cm yw'r osgled ar bellter 1.75, ond 1.45 cm yw'r osgled ar 3.275. ✓
Os yw I ∝ 1/d² yna I = k / d²
Gan ddefnyddio'r data cyntaf
k = I d² = 1.75 × 2.85² = 14.2
Gan ddefnyddio'r 2il ddata
k = I d² = 3.275 × 1.45² = 6.9
Felly, rwy'n dod i'r casgliad nad yw'r arddwysedd yn dilyn y ddeddf sgwâr gwrthdro. ✓ dgy

SYLWADAU'R MARCIWR

Mae Ffion wedi dewis gwell data na Rhodri (wedi eu gwahanu gan fwy o bellter) ac wedi darllen o'r graff yn fwy trachywir. Yn anffodus, dim ond 1 marc sydd ar gael am hyn ac nid yw'n cael ei gwobrwyo am ei gwaith ychwanegol yn yr achos hwn. Yna, mae Ffion yn anghofio manylyn pwysig yn y cwestiwn – bod yr arddwysedd mewn cyfrannedd â'r osgled wedi'i sgwario. Oherwydd hyn, nid yw'n bosibl dyfarnu'r ail a'r trydydd marc iddi. Er hyn, mae'n bosibl iddi ennill y marc olaf drwy dgy, fel sy'n cael ei nodi yn y cynllun marcio.

2 farc

| Cyfanswm | 14 marc /17 |

Adran 5: Priodweddau tonnau

Crynodeb o'r testun

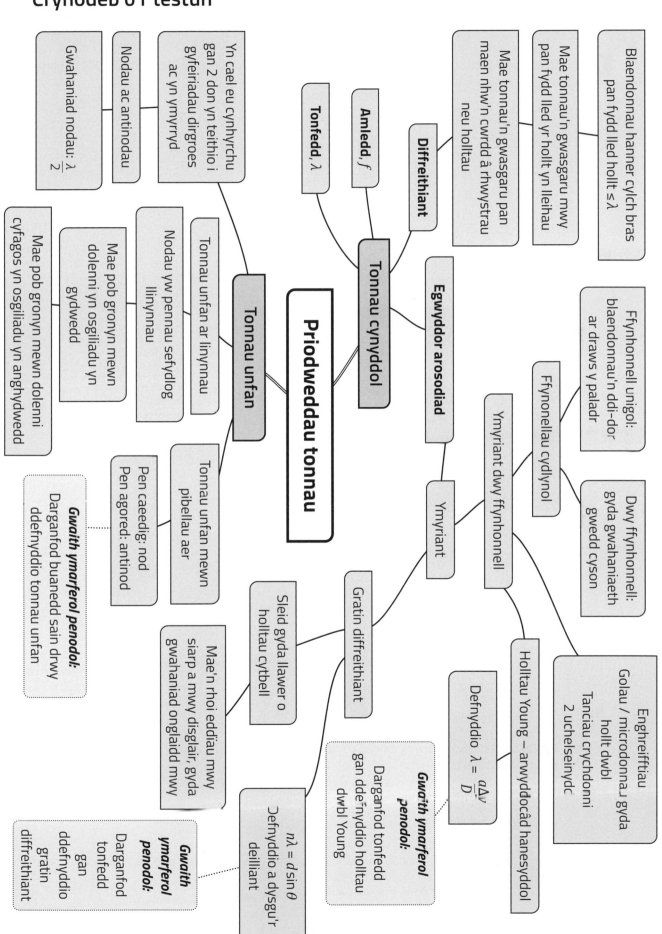

Priodweddau tonnau

Tonnau cynyddol

Tonfedd, λ

Amledd, *f*

Diffreithiant

Blaendonnau hanner cylch bras pan fydd lled hollt ≤ λ

Mae tonnau'n gwasgaru mwy pan fydd lled yr hollt yn lleihau

Mae tonnau'n gwasgaru pan maen nhw'n cwrdd â rhwystrau neu holltau

Egwyddor arosodiad

Ffynhonnell unigol: blaendonnau'n ddi-dor ar draws y paladr

Ffynonellau cydlynol

Dwy ffynhonnell: gyda gwahaniaeth gwedd cyson

Ymyriant dwy ffynhonnell

Ymyriant

Enghreifftiau
Golau / microdonnau gyda Tanciau crychdonni 2 uchelseinydd

Holltau Young – arwyddocâd hanesyddol

Defnyddio $\lambda = \dfrac{a\Delta y}{D}$

Gratin diffreithiant

Sleid gyda llawer o holltau cytbell

Mae'n rhoi eddïau mwy siarp a mwy disglair, gyda gwahaniad onglaidd mwy

$n\lambda = d\sin\theta$
Defnyddio a dysgu'r deilliant

Tonnau unfan

Yn cael eu cynhyrchu gan 2 don yn teithio i gyfeiriadau dirgroes ac yn ymyrryd

Nodau ac antinodau

Gwahaniad nodau: $\dfrac{\lambda}{2}$

Tonnau unfan ar linynnau

Nodau yw pennau sefydlog llinynnau

Mae pob gronyn mewn dolenni yn osgiliadu yn gydwedd

Mae pob gronyn mewn dolenni cyfagos yn osgiliadu yn anghydwedd

Tonnau unfan mewn pibellau aer

Pen caeedig: nod
Pen agored: antinod

C1 Ffenomen sy'n digwydd mewn tonnau yw *diffreithiant.* Esboniwch yn gryno beth yw ystyr *diffreithiant.* [2]

....

....

C2 Disgrifiwch beth sy'n digwydd i'r patrwm diffreithiant pan fydd golau â thonfedd 600 nm yn taro hollt unigol y mae ei led yn cael ei gynyddu'n raddol o 300 nm i 6 μm. [3]

....

....

....

....

C3 (a) Mae'r llun yn dangos patrwm ymyriant dwy ffynhonnell ar gyfer tonnau dŵr mewn tanc crychdonni. Esboniwch sut mae'r patrwm hwn yn digwydd. [3]

....

....

....

....

....

....

(b) Y gwahaniaeth llwybr rhwng tonnau o'r ddwy ffynhonnell yw $\frac{1}{2}\lambda$ ar bwynt A. Nodwch beth yw'r gwahaniaeth llwybr:

(i) ar gyfer pwynt B .... [1]

(ii) ar gyfer pwynt C .... [1]

(c) Mae'r ddwy ffynhonnell tonnau yn y tanc crychdonni yn *gydlynol.* Nodwch beth yw ystyr y term *cydlynol.* [1]

....

....

C4   (a)   Nodwch beth yw'r *egwyddor arosodiad*.   [2]

....

....

....

(b)   (i) Esboniwch beth yw ystyr y termau *ymyriant adeiladol* ac *ymyriant dinistriol*.   [3]

....

....

....

....

....

(ii)   Mae dwy don ag osgled hafal ond amleddau gwahanol yn cwrdd. Mae amrywiad eu dadleoliadau gydag amser i'w weld yn y graff. Defnyddiwch yr egwyddor arosodiad i gael y dadleoliad net ar amserau 0 s, 0.35 s, 0.5 s, 0.65 s ac 1.0 s. Brasluniwch y donffurf sy'n deillio o hynny ar y graff. [4]

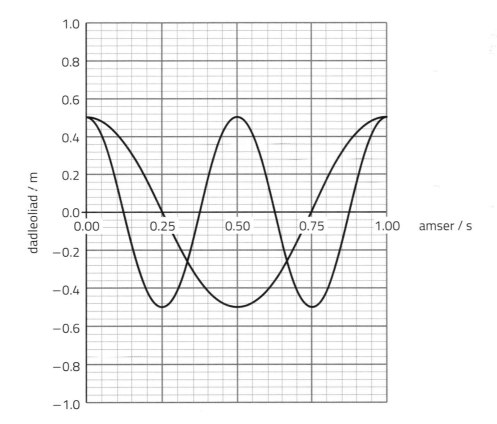

C5 (a) Nodwch arwyddocâd hanesyddol arbrawf holltau dwbl Young. [1]

....

....

(b) Mae arbrawf holltau dwbl Young yn arbrawf y mae'n bosibl ei wneud mewn labordy ysgol gan ddefnyddio laser a hollt dwbl. Esboniwch sut dylai'r arbrawf gael ei gynnal a sut bydd graff addas yn arwain at werth ar gyfer tonfedd y golau laser. [6 AYE]

....

....

....

....

....

....

....

....

....

....

....

....

....

....

....

....

....

....

C6 Mae'n bosibl arsylwi ymyriant dwy ffynhonnell drwy ddefnyddio microdonnau. Mae'r ffynhonnell microdonnau yr un pellter o'r holltau S_1 ac S_2. Felly hefyd y pwynt P.

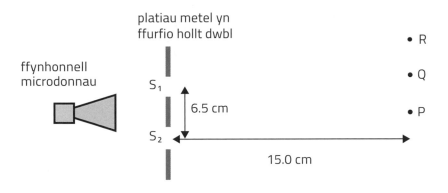

(a) Esboniwch pam mae'r signal mwyaf i'w weld pan fydd synhwyrydd microdon yn cael ei osod ar bwynt P.

[3]

....

....

....

....

....

(b) Q yw'r pwynt cyntaf uwchben P lle mae'r signal lleiaf i'w weld, ac R yw'r pwynt cyntaf uwchben P lle mae'r signal mwyaf i'w weld.

Nodwch ac esboniwch werthoedd $S_2Q - S_1Q$ ac $S_2R - S_1R$ yn nhermau tonfedd, λ, y microdonnau. [2]

....

....

....

(c) (i) 2.8 cm yw tonfedd y microdonnau.

Defnyddiwch yr hafaliad: $\lambda = \dfrac{a\Delta y}{D}$

i gyfrifo'r pellter rhwng pwynt P a phwynt Q. [2]

....

....

....

(ii) Gwerthuswch a yw'r hafaliad $\lambda = \dfrac{a\Delta y}{D}$ yn frasamcan da ar gyfer y cyfrifiad yn rhan (i). [2]

....

....

....

....

C7 (a) Deilliwch yr hafaliad ar gyfer gratin diffreithiant. Gallwch chi ychwanegu at y diagram. [3]

gratin diffreithiant

θ

golau monocromatig

(b) Mewn arbrawf i fesur tonfedd golau laser drwy ddefnyddio gratin diffreithiant, mae Meinir yn cael y canlyniadau canlynol (mae'r dotiau $n = -1, 0, +1$ i'w gweld):

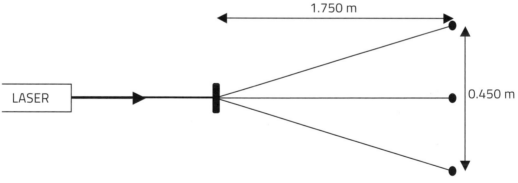

1.750 m

LASER

0.450 m

(i) Mae'r gratin diffreithiant yn nodi bod ganddo 250 llinell/mm. Cyfrifwch werth ar gyfer tonfedd golau'r laser. [3]

(ii) Cyfrifwch gyfanswm nifer y dotiau llachar sy'n cael eu cynhyrchu gan y gratin diffreithiant hwn pan fydd yn cael ei ddefnyddio gyda'r laser. [3]

C8   Mae Meurig yn cynnal arbrawf i fesur buanedd sain mewn aer gan ddefnyddio'r cyfarpar canlynol.

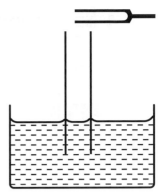

(a)   Dangoswch siâp yr harmonig cyntaf yn y diagram.   [1]

(b)   Dangoswch bod buanedd sain, c, yn perthyn i hyd, l, yr harmonig cyntaf drwy'r berthynas:

$$c = 4lf$$

lle f yw amledd y drawfforch.   [2]

....

....

....

(c)   Cwblhewch dabl canlyniadau Meurig a thrafodwch manwl gywirdeb ei ganlyniadau o wybod mai gwir werth buanedd sain yw 342 ms^{-1} ar dymheredd y labordy.   [4]

amledd / Hz	hyd / cm	buanedd / m s^{-1}
256	31.2	319
288	27.5	
320	24.6	315
384	20.1	
427	17.9	306
480	15.7	301

....

....

....

....

(ch) Mae Rachel yn awgrymu y dylai Meurig fod wedi lluniadu graff llinell syth a defnyddio'r graddiant i ddarganfod buanedd sain. Gwerthuswch i ba raddau mae Rachel yn gywir.   [4]

....

....

....

....

....

....

Dadansoddi cwestiynau ac atebion enghreifftiol

C&A 1

(a) Esboniwch y gwahaniaeth rhwng tonnau cynyddol a thonnau unfan yn nhermau egni, osgled a gwedd. [4]

(b) (i) Mae'r waliau metel y tu mewn i ffwrn ficrodonnau yn adlewyrchu microdonnau. Awgrymwch pam mae tonnau unfan yn cael eu cynhyrchu y tu mewn i ffwrn ficrodonnau. [2]

(ii) Mae Brynley yn toddi bar o siocled mewn ffwrn ficrodonnau heb fwrdd sy'n cylchdroi, ac mae'n sylwi bod y bar siocled yn ymdoddi mewn safleoedd sydd 6.1 cm ar wahân. Cyfrifwch amledd y microdonnau. [3]

(c) Mae Blodeuwedd yn cynnal arbrawf i ymchwilio i bolareiddiad ffynhonnell microdonnau ac yn defnyddio'r trefniant canlynol.

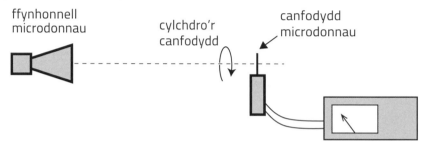

Wrth i'r canfodydd gael ei gylchdroi, mae'r signal yn dechrau o fwyafswm ac yn gostwng i sero pan fydd y canfodydd wedi'i gylchdroi 90°.

Esboniwch yr arsylwadau hyn. [4]

Beth sy'n cael ei ofyn

Mae llawer iawn o gwestiynau y gall arholwyr eu gofyn o fewn y testun eithaf mawr a phoblogaidd hwn (i arholwyr!). Mae'r cwestiwn hwn yn ymwneud â thonnau unfan, tonnau cynyddol a microdonnau. Mae rhan olaf y cwestiwn ychydig yn synoptig oherwydd mae'n gysylltiedig ag Adran 2.4 – natur tonnau, a pholareiddiad yn benodol. Mae rhan (a) yn gwestiwn safonol sy'n gofyn am y gwahaniaethau rhwng tonnau cynyddol a thonnau unfan. Er ei fod ychydig yn anodd, mae hwn yn dod yn syth oddi ar y fanyleb ac felly bydd y marciau'n cael eu dosbarthu yn rhai AA1. Mae rhan (b)(i) yn gofyn sut mae tonnau unfan yn cael eu ffurfio mewn cyd-destun ychydig yn anarferol, ac felly mae angen dadansoddi'r hyn sy'n digwydd – mae'r rhain wedyn yn farciau AA2. Mae rhan (b)(ii) yn gyfrifiad dwy ran yn seiliedig ar donnau unfan. Marciau AA2 yw'r rhain yn bennaf ond mae'r defnydd syml o fformiwla tonnau yn cael ei ystyried yn AA1. Mae'r rhan olaf (c) yn gofyn am esboniad ychydig yn anodd, ac mae'n seiliedig ar bolareiddiad microdonnau. Yma, mae'n ofynnol i ymgeiswyr lunio barn a dod i gasgliadau mewn sefyllfa newydd, sy'n codi'r marciau hyn i rai sgiliau AA3.

Cynllun marcio

Rhan o'r cwestiwn			Disgrifiad	AA			Cyfanswm	Sgiliau	
				1	2	3		M	Y
(a)			Mae tonnau cynyddol yn trosglwyddo egni, nid yw tonnau unfan yn gwneud hynny [1] Mae'r osgled yn gyson (neu'n lleihau o'r ffynhonnell) ar gyfer tonnau cynyddol ond mae'n amrywio o fwyafswm (antinod) i sero/lleiafswm (nod) mewn tonnau unfan [1] Mae'r wedd yn gyson o fewn dolen ond yn wrthwedd ar gyfer dolenni cyfagos yn achos tonnau unfan [1] Mae'r wedd yn cynyddu yn raddol/newid gyda phellter yn achos tonnau cynyddol [1]	4			4		

(b)	(i)	Mae tonnau sy'n cael eu hadlewyrchu yn ymyrryd [1] Antinodau – adeiladol NEU nodau – dinistriol [1]		2		2		
	(ii)	Pellter rhwng nodau/antinodau = $\lambda/2$ neu drwy awgrym [1]		1				
		Defnyddio $c = f\lambda$ e.e. $f = \dfrac{3 \times 10^8}{0.122}$ [1]	1			3	2	
		Ateb terfynol = 2.46 GHz [1]		1				
(c)		Mae'r ffynhonnell microdonnau wedi'i pholareiddio [1] Mae'r ffynhonnell a'r canfodydd wedi'i halinio i ddechrau gan roi'r mwyafswm [1] Ar 90° nid yw'n bosibl canfod tonnau o'r ffynhonnell [1] Esboniad o naill ai: • pam mae'r ffynhonnell microdonnau wedi'i pholareiddio NEU • pam mai dim ond un cyfeiriad o bolareiddio mae'r canfodydd yn ei ganfod [1] e.e. cerrynt/maes trydanol yn mynd yn ôl ac ymlaen i un cyfeiriad yn unig (yn y ffynhonnell ac yn y canfodydd)			4	4		
Cyfanswm			5	4	4	13	2	

Atebion Rhodri

(a) Mae tonnau cynyddol yn trosglwyddo egni ✓ ['mya'], mae ganddynt osgled cyson (ond mae tonnau unfan yn amrywio) ac mae'r wedd yn newid yn barhaus.

SYLWADAU'R MARCIWR

Nid yw ymateb Rhodri i'r agwedd ar egni yn sôn am y ffaith nad yw tonnau unfan yn trosglwyddo egni – mae hyn yn hepgoriad peryglus iawn. Er hyn, mae'r arholwr wedi dyfarnu'r marc y tro hwn gan fod ail ran yr esboniad yn cael ei roi drwy awgrym. Ni all Rhodri ennill y marc am osgled, oherwydd nid yw'n sôn am nodau ac antinodau. Nid yw'n ennill y trydydd na'r pedwerydd marc chwaith gan nad yw 'mae'r wedd yn newid yn barhaus' yn sôn yn glir am y tonnau y mae'n cyfeirio atynt. Ni fyddai'n ddigon hyd yn oed pe bai'n sôn am donnau cynyddol, gan nad oes sôn am bellter o'r ffynhonnell.

1 marc

(b) (i) Wrth i'r microdonnau adlamu yn ôl ac ymlaen yn y 'popty ping' maen nhw'n ymyrryd ✓ â'i gilydd ac yn achosi nodau ac antinodau.

SYLWADAU'R MARCIWR

Mae ateb Rhodri yn eithaf da ac mae wedi rhoi ychydig o adloniant i'r arholwr drwy ddefnyddio'r slang Cymraeg ar gyfer ffwrn ficrodonnau (popty ping). Mae'n ennill y marc cyntaf ond ni all ennill yr ail farc am nad yw wedi sôn am ymyriant adeiladol/dinistriol.

1 marc

(ii) Gan ddefnyddio $c = f\lambda$,

$$f = \frac{c}{\lambda} = \frac{3.0 \times 10^8}{6.1} \checkmark$$
$$= 49.2 \text{ MHz} \ ✗$$

SYLWADAU'R MARCIWR

Ni all Rhodri ennill y marc cyntaf oherwydd mae'n credu bod gwahaniad y nodau/antinodau yn donfedd gyfan. Ond gall ennill yr ail farc am ddefnyddio'r hafaliad. Nid yw dgy yn berthnasol i ennill y marc olaf yma. Sylwch ei fod wedi cadw'r pellter mewn cm, ond byddai hyn wedi cael ei gosbi yn y marc olaf (sef marc mae wedi'i golli yn barod!).

1 marc

(c) Ar y dechrau, mae'r polaroidau ✗ wedi'u halinio ac rydych chi'n cael y signal mwyaf. Wrth i chi gylchdroi'r ail bolaroid ✗, mae'r signal yn gostwng yn raddol i sero ar 90° pan fydd gennych chi bolaroidau croes. ✓[dgy]

SYLWADAU'R MARCIWR

Mae ateb Rhodri yn ymgais resymol, ond mae'n sôn am ddau bolaroid pan nad oes dim polaroidau yn y cwestiwn hwn. Mae'n colli'r marc cyntaf am nad yw'n sôn am y ffynhonnell. Mae hefyd yn colli'r ail farc am nad yw'n sôn am y canfodydd na'r ffynhonnell. Mae'r trydydd marc yn cael ei ddyfarnu drwy dgy (fel y cytunwyd yng nghynhadledd y marcwyr) ond mae'r marc olaf yn anodd iawn, ac nid yw'n bosibl ei ddyfarnu.

1 marc

Cyfanswm   **4 marc /13**

Atebion Ffion

(a) Dydy tonnau unfan ddim yn trosglwyddo egni, ond mae tonnau cynyddol yn gwneud hynny ✓ (heb drosglwyddo mater). Mae osgled y tonnau'n lleihau fel sgwâr gwrthdro ar gyfer tonnau cynyddol, ond mae'n amrywio o fwyafswm i sero rhwng antinodau a nodau ✓. Ar gyfer ton gynyddol, mae pwyntiau'n oedi mwy a mwy y pellaf maen nhw o'r ffynhonnell ✓ ond mae'r wedd bob amser yn gyson y tu mewn i ddolen ar gyfer ton unfan.

SYLWADAU'R MARCIWR

Mae esboniad egni Ffion yn iawn ac yn ennill y marc. Mae ei gosodiad am osgled y ddau fath o don hefyd yn ennill y marc. Ond sylwch nad yw osgled tonnau'n lleihau fel sgwâr gwrthdro — yr arddwysedd sy'n tueddu i leihau fel sgwâr gwrthdro (nid yw hyn yn cael ei gosbi yma am ei fod yn fanylyn ychwanegol nad oes ei angen). Mae esboniad Ffion o wedd ton gynyddol yn enghraifft brin o ateb cywir, ond nid yw hi'n rhoi digon o wybodaeth am wedd ton unfan — nid yw hi'n sôn bod dolenni cyfagos yn wrthwedd.

3 marc

(b) (i) Bydd tonnau sy'n cael eu hadlewyrchu yn ymyrryd ✓ â thonnau sy'n teithio i'r cyfeiriad dirgroes gan arwain at ardaloedd o ymyriant adeiladol (nodau) ac ymyriant dinistriol (antinodau). Yng ngheudod y ffwrn, gallai fod grid 3D o nodau ac antinodau oherwydd yr adlewyrchiadau oddi ar bob un o'r 6 wal.

SYLWADAU'R MARCIWR

Mae ateb Ffion yn deilwng ond mae hi wedi cymysgu'r nodau a'r antinodau ac felly nid yw hi'n ennill yr ail farc. Nid yw'n bosibl dyfarnu marciau am ei gosodiad ynglŷn â'r patrwm 3D, er ei fod yn wych, am nad yw ar y cynllun marcio.

1 marc

(ii) Tonfedd = 6.1 × 2 = 12.2 cm ✓

$$f = \frac{c}{\lambda} = \frac{3.0 \times 10^8}{12.2} \checkmark$$
$$= 2.46 \times 10^7 \text{ Hz}$$

SYLWADAU'R MARCIWR

Mae'n amlwg bod Ffion yn ennill y ddau farc cyntaf, ond nid yw hi'n ennill y marc terfynol am ei bod hi wedi anghofio trawsnewid y donfedd o cm i m. Dyma gamgymeriad cyffredin, ond un sy'n anarferol i ymgeisydd da iawn fel Ffion.

2 farc

(c) Yn gyntaf, mae'n rhaid i'r ffynhonnell fod yn allyrru tonnau polar er mwyn i'r effaith hon gael ei gweld ✓. Mae'n debyg mai dim ond un cyfeiriad o bolareiddio mae'r canfodydd yn ei ganfod, a does dim angen polaroid. Ar y dechrau, mae'r ffynhonnell a'r canfodydd wedi'u halinio ac mae'r signal mwyaf yn cael ei weld ✓. Mae hwn yn gostwng yn raddol i sero pan fydd y canfodydd yn cael ei gylchdroi 90° oherwydd bod y canfodydd wedyn ar 90° i bolareiddiad y ffynhonnell ✓, felly does gan y ffynhonnell ddim cydran i'r cyfeiriad y gall y canfodydd ei ganfod.

SYLWADAU'R MARCIWR

Mae Ffion wedi gwneud ymdrech wych i ateb y cwestiwn anodd hwn, ac mae'n amlwg yn haeddu'r tri marc cyntaf. Mae ei sylw *'Mae'n debyg mai dim ond un cyfeiriad o bolareiddio mae'r canfodydd yn ei ganfod, a does dim angen polaroid'* yn sylw craff, ond nid yw wir yn esbonio'r hyn sy'n ofynnol yn ôl y cynllun marcio caled hwn. Mae ei hesboniad nad oes gan un polareiddiad unrhyw gydran i'r cyfeiriad arall ar 90° hefyd yn wych, ond nid yw'n bosibl dyfarnu marciau ar ei gyfer.

3 marc

Cyfanswm **9 marc /13**

Adran 6: Plygiant golau

Crynodeb o'r testun

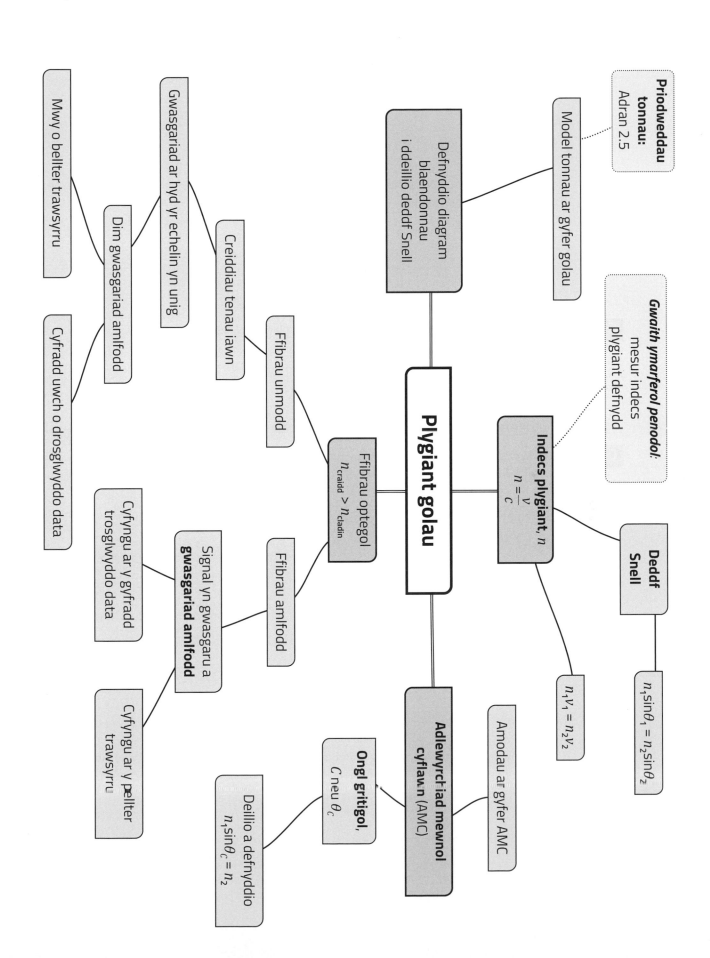

Cwestiynau Ymarfer Uned 2

Priodweddau tonnau:
Adran 2.5

Model tonnau ar gyfer golau

Defnyddio diagram blaendonnau i ddeillio deddf Snell

Gwaith ymarferol penodol: mesur indecs plygiant defnydd

Plygiant golau

Indecs plygiant, n
$$n = \frac{v}{c}$$

Deddf Snell

$n_1 \sin\theta_1 = n_2 \sin\theta_2$

$n_1 v_1 = n_2 v_2$

Adlewyrchiad mewnol cyflawn (AMC)

Amodau ar gyfer AMC

Ongl gritigol, C neu θ_C

Deillio a defnyddio $n_1 \sin\theta_C = n_2$

Ffibrau optegol
$n_{craidd} > n_{cladin}$

Ffibrau unmodd

Ffibrau amlfodd

Creiddiau tenau iawn

Gwasgariad ar hyd yr echelin yn unig

Dim gwasgariad amlfodd

Mwy o bellter trawsyrru

Cyfradd uwch o drosglwyddo data

Signal yn gwasgaru a **gwasgariad amlfodd**

Cyfyngu ar y gyfradd trosglwyddo data

Cyfyngu ar y pellter trawsyrru

C1 (a) Nodwch ddeddf Snell. [2]

(b) Defnyddiwch ddeddf Snell i ddiffinio'r term *indecs plygiant* defnydd yn nhermau onglau. [2]

(c) Mae Jennifer yn dweud bod diffiniad yr un mor dda ar gael o *indecs plygiant* yn nhermau buanedd golau. Rhowch y diffiniad hwn. [2]

C2 Cyfrifwch fuanedd golau mewn cyfrwng ag indecs plygiant 1.49. [2]

C3 Mae *pelydriad Cherenkov* yn ffurf ar belydriad sy'n gallu digwydd pan fydd electronau'n teithio'n gyflymach na buanedd golau o fewn cyfrwng penodol – mae'n bosibl ei weld yn glir yn y dŵr oeri sydd o amgylch adweithyddion niwclear.

(a) Nodwch pam mae pelydriad Cherenkov yn amhosibl os gwactod yw'r 'cyfrwng'. [1]

(b) (i) Cyfrifwch fuanedd lleiaf electronau mewn dŵr a fydd yn cynhyrchu pelydriad Cherenkov (*n* = 1.33 ar gyfer dŵr). [2]

(ii) Cyfrifwch y gp sydd ei angen i gyflymu electron i'r buanedd hwn. Tybiwch nad yw'r cyflymder uchel yn gofyn am Theori Perthnasedd Einstein. [2]

C4 Mae paladr o olau yn pasio o aer drwy llen wydr ag ochrau paralel (n = 1.52) ac i mewn i ddŵr (n = 1.33) tanc pysgod, fel sydd i'w weld. 45.0° yw'r ongl drawiad gychwynnol. Nid yw'r onglau wedi'u lluniadu'n fanwl gywir.

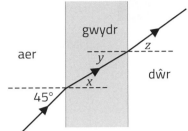

(a) Heb waith cyfrifo, esboniwch pam mae'r golau'n newid cyfeiriad fel sydd i'w weld ar y ddau arwyneb. [2]

....

....

....

(b) Cyfrifwch onglau x, y a z. [3]

....

....

....

....

....

....

(c) Mae Jordan yn dweud ei bod yn bosibl cyfrifo ongl z heb gyfrifo y yn gyntaf. Gwerthuswch y gosodiad hwn heb wneud gwaith cyfrifo. [2]

....

....

....

C5 Mae golau'n taro sffêr ag indecs plygiant 1.42 fel sydd i'w weld (mae'r normal ar y pwynt trawiad wedi'i ychwanegu at y diagram).

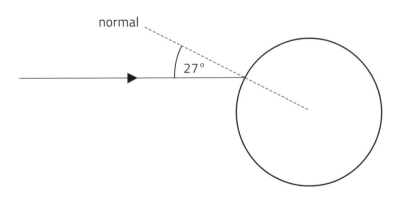

(a) Cyfrifwch yr ongl blyg wrth i olau fynd i mewn i'r sffêr **a lluniadwch yr ongl ar y diagram**. [3]

....

....

....

(b) Lluniadwch ddau belydryn arall i ddangos y golau'n cael ei **adlewyrchu a'i blygu** ar y pwynt lle mae'r pelydryn golau rydych chi wedi'i luniadu'n rhan (a) yn taro ochr gyferbyn y sffêr. [2]

C6 Mae golau mewn aer yn taro prism gwydr ag indecs plygiant 1.55 ar ongl, *i*, i normal yr arwyneb blaen. Mae trawstoriad y prism yn driongl hafalochrog (edrychwch ar yr isod). Nid yw'r onglau *i* ac *c* wedi cael eu lluniadu gyda'u gwerthoedd cywir.

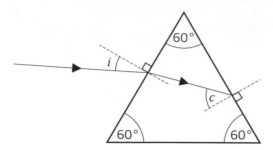

Mae'r golau'n plygu ar arwyneb blaen y prism ond pan fydd yn taro yr ail arwyneb, mae'n taro ar ongl gritigol, *c*, y gwydr.

(a) Nodwch yr amodau sydd eu hangen ar gyfer adlewyrchiad mewnol cyflawn. [2]

....

....

....

(b) Cyfrifwch ongl gritigol y gwydr. [2]

....

....

....

(c) Cyfrifwch yr ongl drawiad, *i*. [3]

....

....

....

....

(ch) Oherwydd bod y golau'n taro'r ail arwyneb ar yr ongl gritigol, mae Briony yn credu na fydd y golau byth yn gadael y prism ac y bydd yn cael ei adlewyrchu'n fewnol yn gyflawn bob tro y bydd y pelydryn yn taro un o arwynebau'r prism. Darganfyddwch a yw Briony yn gywir ai peidio. [3]

....

....

....

....

....

C7 Esboniwch sut byddech chi'n cynnal arbrawf i fesur indecs plygiant bloc gwydr. Dylech chi hefyd gyfeirio at eich dull graffigol o ddadansoddi eich canlyniadau. [6 AYE]

C8 Mae myfyriwr yn dylunio system larwm i ganfod pryd mae lefel bensen (n = 1.51) mewn tanc yn gostwng o dan yr uchder lleiaf. Mae'r trefniant i'w weld yn y diagram. Mae'r prism yn sefydlog yn ei le ac mae wedi'i wneud o wydr gydag indecs plygiant 1.50.

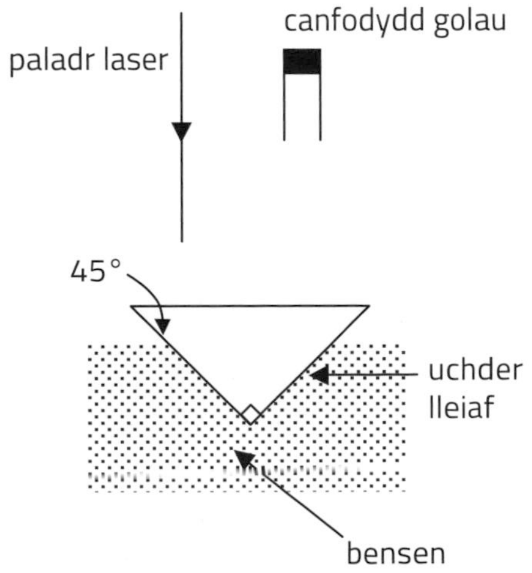

Esboniwch sut mae'r system i fod i weithio. [4]

paladr laser

canfodydd golau

45°

uchder lleiaf

bensen

C9 Mae golau'n taro ffibr optegol fel sydd i'w weld yn y diagram.

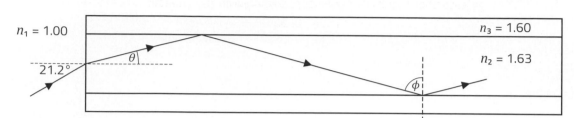

(a) Cyfrifwch yr onglau θ a ϕ. [3]

(b) Esboniwch pam na fydd golau sy'n cael ei drawsyrru ar yr ongl hon yn cael ei adlewyrchu'n fewnol yn gyflawn. [3]

(c) Mae'r pelydryn sydd i'w weld yn y diagram isod <u>yn</u> cael ei adlewyrchu'n fewnol yn gyflawn.

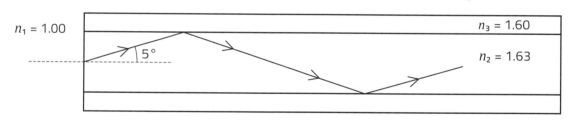

(i) Cyfrifwch y pellter ychwanegol mae'r pelydryn golau hwn yn ei deithio ar hyd ffibr optegol 14.0 km o'i gymharu â phelydryn golau sy'n teithio'n syth ar hyd echelin y ffibr. [2]

(ii) Felly, esboniwch y term *gwasgariad amlfodd*. [3]

C10 Mae prism ongl sgwâr isosgeles, **ABC**, wedi'i wneud o wydr ag indecs plygiant 1.60. Mae wyneb, **AC**, y prism yn llorweddol. Mae paladr golau llorweddol cul yn taro o'r aer ar wyneb **AB** y prism, fel sydd i'w weld yn y diagram. Mae'r paladr plyg yn taro wyneb **AC** wedyn.

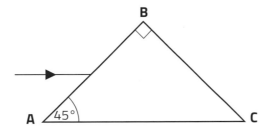

(a) Dangoswch bod y golau'n cael ei adlewyrchu'n gyflawn ar wyneb **AC** ac yn dod allan wedyn o wyneb **BC** yn baralel â'i gyfeiriad gwreiddiol. Ychwanegwch at y diagram i egluro hyn.   [5]

....

....

....

....

....

....

....

(b) Mae ail baladr golau, sy'n baralel â'r cyntaf, yn taro wyneb **AB** yn nes at **A** na'r paladr cyntaf. Ychwanegwch lwybr y pelydryn golau hwn at y diagram, ac awgrymwch pam gallwn ni ddefnyddio prism o'r fath fel prism gwrthdroi (h.y. mae gwrthrychau sy'n cael eu gweld drwyddo yn ymddangos wyneb i waered).   [3]

....

....

....

(c) Mae James yn dweud y bydd yr ongl drawiad ar wyneb **AC** bob amser yn fwy na'r ongl gritigol, beth bynnag fydd indecs plygiant y gwydr. Felly nid oes ots beth yw indecs plygiant y gwydr, yn y trefniant prism gwrthdroi hwn. Trafodwch i ba raddau mae James yn gywir.   [4]

....

....

....

....

....

....

....

Dadansoddi cwestiynau ac atebion enghreifftiol

C&A 1 Mae Geraint yn cynnal arbrawf i fesur indecs plygiant bloc gwydr.
Mae'n defnyddio'r cyfarpar canlynol ac yn cofnodi ei ganlyniadau yn y tabl canlynol.

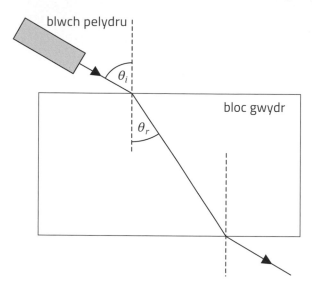

$\theta_i/°$	$\theta_r/°$	$\sin \theta_i$	$\sin \theta_r$
0	0	0	0
10	7	0.17	0.12
20	13	0.34	0.22
30	20	0.50	0.34
40	26	0.64	
50	31		0.52
60	36	0.87	0.59
70	39	0.94	0.63
80		0.98	0.66

(a) Cwblhewch y tabl. [3]

(b) Plotiwch graff o $\sin \theta_r$ (ar yr echelin y) yn erbyn $\sin \theta_i$ (ar yr echelin x), gan wneud y defnydd gorau o'r grid, a thynnwch linell ffit orau. [Sylwch: Mae tudalen o grid graff, 12 × 9 sgwâr, yn cael ei ddarparu.] [5]

(c) Trafodwch i ba raddau mae'r graff yn cadarnhau deddf Snell (hynny yw, $\sin \theta_i \propto \sin \theta_r$). [3]

(ch) Darganfyddwch werth ar gyfer indecs plygiant y bloc gwydr. [3]

Beth sy'n cael ei ofyn

Dyma gwestiwn dadansoddi arbrofol sydd wedi'i osod yng nghyd-destun gwaith ymarferol penodol. Y dybiaeth yw y bydd gan yr ymgeiswyr brofiad ohono. Mae rhan (a) wedi ei gosod i ysgogi'r ymgeiswyr i ddechrau rhyngweithio â'r data. Mae rhan (b) yn gwestiwn graff safonol gyda thro annisgwyl, sef bod gofyn i'r ymgeiswyr wneud y defnydd gorau o'r grid, sydd ychydig yn fwy na'r galw safonol bod y pwyntiau'n llenwi mwy na hanner pob graddfa. Mae rhan (c) yn werthusiad sy'n ymddangos yn aml ar bapurau CBAC ac mae rhan (ch) yn gofyn i ymgeiswyr ddarganfod y berthynas rhwng graddiant y graff a'r indecs plygiant.

Cynllun marcio

Rhan o'r cwestiwn		Disgrifiad	AA 1	AA 2	AA 3	Cyfanswm	Sgiliau M	Sgiliau Y
(a)		40° : $\sin\theta_r = 0.44$ **a** 50°: $\sin\theta_i = 0.77$ [1] 80°: $\theta_r = 41°$ [1] Pob un i 2 ff.y. [1]		3		3	3	3
(b)		Echelinau wedi'u cyfeiriadu'n gywir a'r ddwy wedi'u labelu [1] Grid ar draws yn cael ei ddefnyddio gyda'r raddfa fwyaf [1] Pob pwynt wedi'i blotio o fewn hanner sgwâr (anwybyddu 0) [2] (6 phwynt wedi'u plotio o fewn hanner sgwâr [1]) Llinell ffit orau yn fanwl gywir – mae'n rhaid iddi fod yn syth ac, yn ddelfrydol, o'r tarddbwynt i ychydig uwchben y pwynt olaf o fewn hanner sgwâr [1]	1	4		5		5
(c)		Llinell syth [1] Drwy'r tarddbwynt [1] Pwyntiau'n agos at y llinell ffit orau NEU gwasgariad bach [1] $\therefore$ Cytuno'n dda [yn angenrheidiol am 3 marc]			3	3		3

(ch)			Sylweddoli mai 1/graddiant yw'r indecs plygiant [1]					3		3		3	3
			Dull cywir o gyfrifo'r graddiant [1]										
			Ateb terfynol cywir (1.49 ± 0.02) [1]										
			Dewis arall										
			Dewis gwerthoedd ar y llinell ffit orau	(✓)									
			Sylweddoli bod $n = \dfrac{\sin\theta_i}{\sin\theta_r}$	(✓)									
			Ateb terfynol cywir (1.49 ± 0.02)	(✓)									
			Marc mwyaf am ddewis pwynt data sydd ddim ar y lein = 2/3 marc										
Cyfanswm					1	7	6		14		6	14

Atebion Rhodri

(a) 0.44, 0.76 X
      41.3 ✓ X

SYLWADAU'R MARCIWR

Nid yw Rhodri wedi talgrynnu'r ail rif yn gywir, felly mae'n colli'r marc cyntaf. Mae'n ennill yr ail farc am y gwerth, ond nid y trydydd am nad yw'n ei fynegi i 2 ff.y.

1 marc

(b)

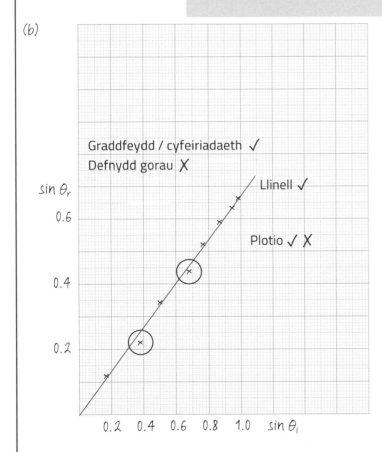

SYLWADAU'R MARCIWR

Mae Rhodri wedi labelu'r echelinau'n gywir ac mae ganddyn nhw y gyfeiriadaeth gywir, felly mae'n ennill y marc cyntaf.

Er mwyn ennill yr ail farc dylai fod wedi defnyddio grid ar draws (fel Ffion) gan fod hyn yn gwneud defnydd fwy llawn o'r grid.

Mae wedi plotio mwyafrif y pwyntiau'n gywir, ond mae wedi plotio 0.38 yn lle 0.34 a 0.68 yn lle 0.64 (pwyntiau mewn cylch) ar yr echelin $\sin\theta_i$ ac felly dim ond un marc plotio mae'n ei ennill.

Mae Rhodri yn ennill y marc ar gyfer y llinell oherwydd ei bod yn llinell dderbyniol ar gyfer y pwyntiau sydd wedi'u plotio.

3 marc

(c) Cytuno'n eithaf da oherwydd ei fod yn llinol ✓
     ond gallai'r data fod yn well oherwydd mae'r 2il a'r
     4ydd pwynt ychydig i ffwrdd o'r llinell. ✓(dgy)

SYLWADAU'R MARCIWR

Mae iaith Rhodri ychydig yn wael yma, ond mae 'llinol' yn gywerth â llinell syth ac mae'n ennill y marc cyntaf. Nid yw'n ennill yr ail farc oherwydd nid yw wedi sôn am y tarddbwynt. Mae'n cael y 3ydd marc oherwydd, gyda dgy, mae ei sylwadau am yr 2il a'r 4ydd pwynt data yn gywir.

2 farc

(ch) Gan ddefnyddio $n = \dfrac{\sin i}{\sin r}$ ✓ $= \dfrac{0.34}{0.22}$ ✗

felly $n = 1.55$ ✗

SYLWADAU'R MARCIWR

Mae Rhodri wedi cael gwerth drwy ddefnyddio data o'r tabl. Yn anffodus, mae wedi dewis y pwynt sydd bellaf o'r llinell ffit orau. Mae hyn wedi arwain at werth n y tu allan i'r terfynau sy'n cael eu derbyn, a'r unig farc mae'n gallu ei ennill yw'r ail farc.

1 marc

Cyfanswm	7 marc /14

Atebion Ffion

(a) 0.44, 0.77 ✓
     41 ✓✓

SYLWADAU'R MARCIWR

Mae rhifau Ffion yn union yr un peth â'r rhai yn y cynllun marcio, felly marciau llawn. Sylwch: mae'r rhain yn farciau eithaf hawdd a byddai disgwyl i'r rhan fwyaf o fyfyrwyr ennill marciau llawn yma.

3 marc

(b)

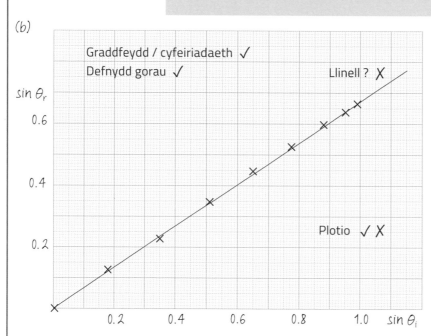

SYLWADAU'R MARCIWR

Mae echelinau Ffion wedi'u labelu ac mae ganddynt y gyfeiriadaeth gywir (marc cyntaf). Mae'r graff hefyd o'r maint mwyaf, heb ddewis graddfeydd anodd (ail farc). Mae pwyntiau data Ffion i gyd wedi'u plotio'n gywir. Felly, mae'n ennill y pedwar marc cyntaf. Mae'n anodd barnu'r marc olaf. Er bod llinell Ffion o fewn hanner sgwâr o fod yn gywir, mae ganddi 6 phwynt uwchben y llinell a dim ond 1 pwynt islaw iddi. Mae'r arholwr wedi penderfynu ar ✗ ond bydd yn ei drafod gyda'r uwch arholwr.

4 neu 5 marc

(c) Mae'n llinell syth gyda graddiant positif. ✓
     Mae'r gwasgariad o amgylch y llinell ffit orau yn eithaf bach ac mae i'w ddisgwyl o ystyried mai dim ond i'r radd agosaf mae'r onglau'n cael eu mesur. ∴ Cytuno'n dda. ✓

SYLWADAU'R MARCIWR

Y marc mae Ffion yn ei fethu yw'r ail un – roedd angen iddi sôn bod y llinell ffit orau yn pasio drwy'r tarddbwynt. Mae hi wedi mynd ymhellach ac wedi esbonio bodolaeth gwasgariad, ond yn anffodus nid oes marciau am hyn ar y cynllun marcio.

2 farc

(ch) Yr indecs plygiant yw'r graddiant. ?

      Graddiant $= \dfrac{0.7}{1.045} = 0.766$ ✓

      Felly, $n = \dfrac{1}{0.766} = 1.49$ ✓✓ ('mya')

SYLWADAU'R MARCIWR

Mae ateb Ffion yn gwrthddweud ei hun. Mae'n dechrau drwy nodi bod n = graddiant sy'n anghywir. Pe bai wedi glynu wrth hyn, dim ond un marc y byddai wedi'i ennill, a hynny am gyfrifo'r graddiant. Ond, mae'n gwneud 1/graddiant yn ddiweddarach i gael ateb terfynol sy'n gywir. Er bod camgymeriad yn y llinell gyntaf sydd heb ei groesi allan, mae'n amlwg ei bod wedi cywiro hyn drwy gael y gwerth cywir terfynol. Mae Ffion yn cael mantais yr amheuaeth yma gan fod ei hateb terfynol yn gywir.

3 marc

Cyfanswm	12 neu 13 marc / 14

Adran 7: Ffotonau

Crynodeb o'r testun

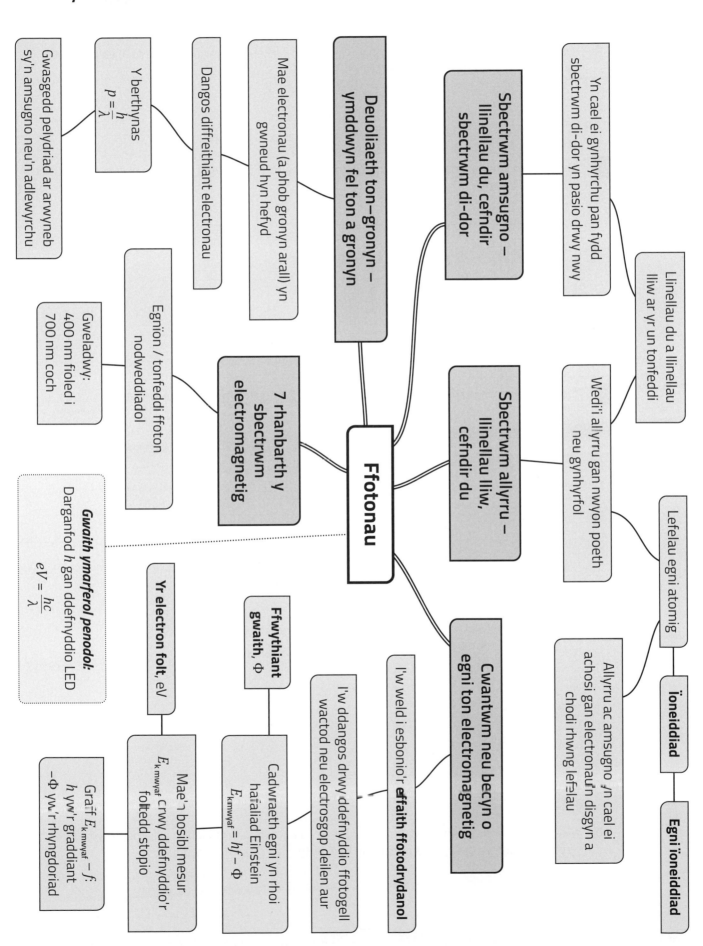

Gwasgedd pelydriad ar arwyneb sy'n amsugno neu'n adlewyrchu

Y berthynas $p = \dfrac{h}{\lambda}$

Dangos diffreithiant electronau

Mae electronau (a phob gronyn arall) yn gwneud hyn hefyd

Deuoliaeth ton-gronyn – ymddwyn fel ton a gronyn

Sbectrwm amsugno – llinellau du, cefndir sbectrwm di-dor

Yn cael ei gynhyrchu pan fydd sbectrwm di-dor yn pasio drwy nwy

Llinellau du a llinellau lliw ar yr un tonfeddi

Wedi'i allyrru gan nwyon poeth neu gynhyrfol

Lefelau egni atomig

Egnïon / tonfeddi ffoton nodweddiadol

Gweladwy: 400 nm fioled i 700 nm coch

7 rhanbarth y sbectrwm electromagnetig

Ffotonau

Sbectrwm allyrru – llinellau lliw, cefndir du

Allyrru ac amsugno *yn* cael ei achosi gan electronau'n disgyn a chodi rhwng lefelau

Ïoneiddiad

Egni ïoneiddiad

Gwaith ymarferol penodol:
Darganfod h gan ddefnyddio LED
$$eV = \dfrac{hc}{\lambda}$$

Yr electron folt, eV

Ffwythiant gwaith, Φ

Cadwraeth egni yn rhoi hafaliad Einstein
$$E_{k\,mwyaf} = hf - \Phi$$

I'w ddangos drwy ddefnyddio ffotogell wactod neu electrosgop deilen aur

I'w weld i esbonio'r **effaith ffotodrydanol**

Cwantwm neu becyn o egni ton electromagnetig

Mae'n bosibl mesur $E_{k\,mwyaf}$ crwy ddefnyddio'r foltedd stopio

Graff $E_{k\,mwyaf}$
h yw'r graddiant
$-\Phi$ yw'r rhyngdoriad

C1 Mae amledd, f, a phŵer, P gan baladr golau monocromatig. Mae'n bosibl ei ddisgrifio hefyd yn nhermau *ffotonau*.

(a) Nodwch yn gryno beth yw ystyr ffoton. [1]

....

(b) Dangoswch sut mae pŵer y paladr (h.y. yr egni sy'n cael ei drosglwyddo bob eiliad) yn perthyn i'r amledd a nifer y ffotonau bob eiliad. [2]

....

....

C2 Disgrifiwch ymddangosiad sbectrwm allyrru llinell, y sefyllfa ffisegol sy'n gallu ei achosi a sut mae'n bosibl ei ddangos. [4]

....

....

....

....

....

....

C3 Esboniwch sut mae sbectrwm amsugno yn cael ei gynhyrchu yn atmosffer yr Haul. [4]

....

....

....

....

....

....

....

C4 (a) Cyfrifwch donfedd de Broglie electron sy'n cael ei gyflymu gan gp 2400 V. [4]

....

....

....

....

....

(b) Mae arbrawf diffreithiant electronau yn cynhyrchu patrwm diffreithiant o gylchoedd cydganol. Esboniwch beth sy'n digwydd i'r patrwm hwn wrth i'r gp cyflymu gynyddu. [2]

....

....

....

C5 Mae'r diagram canlynol yn dangos rhai o lefelau egni hydrogen atomig.

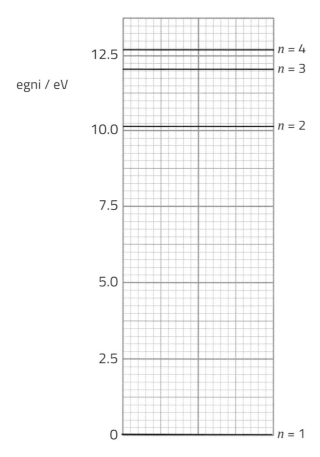

(a) (i) Cyfrifwch egni ffoton, mewn eV, sy'n cael ei allyrru pan fydd electron yn disgyn o lefel egni $n = 3$ i lefel egni $n = 2$. Rhowch reswm dros eich ateb. [2]

....

....

....

(ii) Cyfrifwch donfedd y ffoton hwn a nodwch i ba ranbarth o'r sbectrwm electromagnetig y mae'n perthyn. [2]

....

....

....

(b) (i) Cyfrifwch egni mwyaf ffoton, mewn J, y mae'n bosibl ei amsugno o drosiad rhwng y lefelau egni sydd i'w gweld yn y diagram. [2]

....

....

....

(ii) Nodwch ym mha ranbarth o'r sbectrwm electromagnetig mae'r ffoton hwn yn bodoli. [1]

....

C6 (a) Esboniwch hafaliad ffotodrydanol Einstein, ei bwysigrwydd yn hanesyddol a sut gallwn ni ddefnyddio'r cyfarpar isod i gael y graff canlyniadau (sydd hefyd i'w weld). [6AYE]

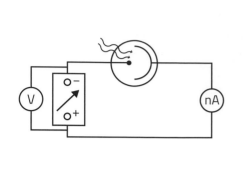

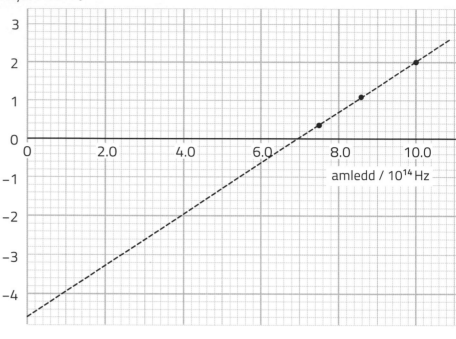

....

....

....

....

....

....

....

....

....

....

....

(b) Esboniwch pam mae'r cerrynt sy'n cael ei gynhyrchu gan yr effaith ffotodrydanol yn y cyfarpar yn rhan (a) mewn cyfrannedd â'r arddwysedd golau. [Gallwch dybio bod gp y cyflenwad wedi'i osod i sero.] [3]

....

....

....

....

C7 Mae'r defnydd o laserau i yrru llongau gofod heb bŵer wedi bod yn destun ymchwil gan wyddonwyr ac yn destun dyfalu gan awduron ffuglen wyddonol. Mae'r cwestiwn hwn yn edrych ar yr egwyddorion dan sylw. Gallwch chi anwybyddu grymoedd disgyrchiant yn eich atebion.

Mae chwiliedydd gofod (*space probe*) heb injan roced yn cael ei anfon i'r blaned Mawrth. Mae'n cael ei lansio o'r Orsaf Ofod Rhyngwladol a'i gyflymu gan ddefnyddio laser 15 kW sydd ar y Ddaear. Mae'r gwthiad (*thrust*) ar y chwiliedydd yn cael ei gynhyrchu gan ddrych sy'n adlewyrchu golau'r laser sy'n taro'r chwiliedydd.

(a) Esboniwch yn gryno pam gall adlewyrchu golau'r laser gynhyrchu grym ar y chwiliedydd. [2]

....

....

....

(b) (i) Dangoswch bod momentwm, p, ffoton yn perthyn i'w egni, E, drwy'r berthynas:

$$E = pc$$

lle c yw buanedd golau. [2]

....

....

....

(ii) 2.3 kg yw màs y chwiliedydd, ac mae holl olau'r laser yn cael ei adlewyrchu yn uniongyrchol yn ôl yn ddi-dor gan y chwiliedydd. Cyfrifwch gyflymiad y chwiliedydd (efallai y byddai'n ddefnyddiol defnyddio'r berthynas yn (b)(i)). [3]

....

....

....

....

....

(iii) Ar ôl blwyddyn, cyfrifwch y canlynol:

(I) Buanedd y chwiliedydd. [2]

....

....

....

(II) Y pellter a deithiwyd gan y chwiliedydd. [2]

....

....

....

(iv) Cafodd drych ei adael ar y blaned Mawrth yn dilyn taith flaenorol. Esboniwch sut gallai'r drych hwn gael ei ddefnyddio i arafu'r chwiliedydd. [2]

(c) Un broblem sy'n deillio o ddefnyddio laser fel hyn yw'r ffaith bod gan olau briodweddau tonnau a phriodweddau gronynnau. Mae'r paladr laser yn dod allan o ffenestr gron, felly mae diffreithiant yn digwydd ac mae'r paladr yn dargyfeirio fel sydd i'w weld yn y diagram.

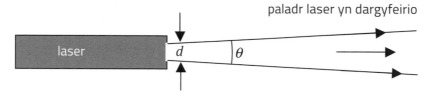

Ar gyfer agorfa gron, mae'r ongl dargyfeirio, θ, yn cael ei rhoi mewn radianau, gan:

$$\theta = \frac{2\lambda}{d}$$

lle d yw diamedr y ffenestr.

(i) Mae darlithydd yn defnyddio pwyntydd laser gwyrdd gyda thonfedd 500 nm mewn neuadd ddarlithio 10 m o hyd. Gan ddefnyddio amcangyfrif synhwyrol o d dangoswch bod diffreithiant y paladr laser yn annhebygol o fod yn broblem. [4]

(ii) Mewn ymgais i wneud y laser gofod gwyrdd mor effeithiol â phosibl, mae ganddo ffenestr â diamedr 1 m. 100 m yw diamedr arwyneb derbyn y llong ofod. Amcangyfrifwch pa mor bell mae'r llong ofod yn ei deithio cyn i'r grym gyrru fod yn 10% o'r mwyafswm. Rhowch sylwadau ar eich ateb. [4]

Dadansoddi cwestiynau ac atebion enghreifftiol

C&A 1 Mae'r gylched ganlynol yn cael ei defnyddio i ddod o hyd i'r gp ar draws LED pan fydd yn cael ei switsio ymlaen:

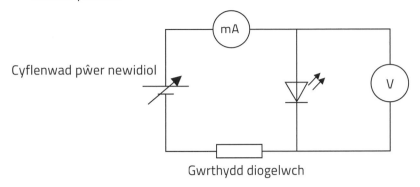

Cyflenwad pŵer newidiol

Gwrthydd diogelwch

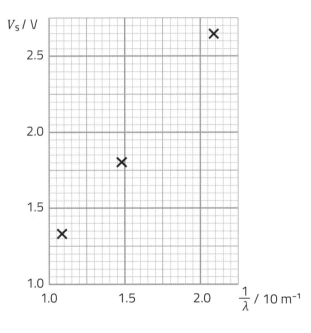

Y dybiaeth yw bod yr LED wedi'i switsio ymlaen pan fydd cerrynt 10.0 mA yn pasio drwyddo. Mae'r cyflenwad pŵer newidiol yn cael ei gymhwyso ac mae'r 'gp switsio ymlaen', V_S, yn cael ei gofnodi pan fydd y cerrynt yn cyrraedd 10.0 mA. Mae'r dull gweithredu yn cael ei ailadrodd ar gyfer amrywiaeth o LEDau gwahanol sy'n allyrru golau â gwahanol donfeddi, λ. Mae'r canlyniadau anghyflawn, a graff o'r canlyniadau hyn, i'w gweld isod:

λ / nm	$\frac{1}{\lambda}$ / 10^6 m^{-1}	V_S / V
480	2.08	2.65
590		2.14
680	1.47	1.85
895		1.40
930	1.08	1.34

(a) Cwblhewch y tabl. [2]

(b) Cwblhewch y graff drwy blotio'r ddau bwynt coll rydych chi newydd gyfrifo eu gwerthoedd, a thynnwch linell briodol. [3]

(c) Mae cymhwyso'r egwyddor cadwraeth egni i electron a ffoton sy'n rhan o broses allyrru golau'r LED yn rhoi:

$$eV = \frac{hc}{\lambda}$$

(i) Defnyddiwch y graff i ddarganfod gwerth ar gyfer y cysonyn Planck i nifer priodol o ffigurau ystyrlon. [4]

(ii) Esboniwch i ba raddau mae'r data yn cadarnhau'r berthynas, $eV = \frac{hc}{\lambda}$. [5]

Beth sy'n cael ei ofyn?

Gwaith ymarferol penodol yw hwn, a dylech chi fod yn gyfarwydd ag ef. Ond does dim angen galw i gof unrhyw agwedd ar y gwaith ymarferol gan fod yr holl gwestiynau'n ymwneud â rhyngweithio â'r data a dod i gasgliadau, h.y. mae'r cwestiwn cyfan yn un AA2 ac AA3. Mae arddull y cwestiwn yn un eithaf cyfarwydd ar gyfer yr arholiad UG. Mae hefyd yn ailymddangos yn y papur Dadansoddi Ymarferol yn Uned 5 yr arholiad U2, pan fydd gofyn i fyfyrwyr wneud cyfrifiadau ar ddata arbrofol, mesur graddiannau a rhyngdoriadau a dod i gasgliadau ynghylch a yw'r data'n cytuno â syniadau damcaniaethol.

Cynllun marcio

Rhan o'r cwestiwn		Disgrifiad	AA			Cyfanswm	Sgiliau	
			1	2	3		M	Y
(a)		1.69 [1] 1.12 [1]		2		2	2	2
(b)		(1.69, 2.14) wedi'i blotio o fewn ½ sgwâr i bob cyfeiriad – dgy [1] (1.12, 2.40) wedi'i blotio o fewn ½ sgwâr i bob cyfeiriad – dgy [1] Llinell syth ffit dda wedi'i thynnu (â'r llygad) i bwyntiau wedi'u plotio [1]		3		3		3
(c)	(i)	Ymgais ar y dull cywir o gyfrifo graddiant, h.y. $\Delta y / \Delta x$ [1] Graddiant cywir (dgy ar y llinell) – disgwyl 1.3 [$\therefore$ 10^6] – anwybyddu pwerau o 10 [1] Gosodiad bod y graddiant = $\frac{hc}{e}$ [neu drwy awgrym] [1] Ateb cywir gyda 2 neu 3 ff.y. yn unig (disgwyl 6.9[0] $\times 10^{-34}$) [1] [Os yw pwynt data o'r llinell neu'r tabl yn cael ei ddefnyddio, mae uchafswm o 2 farc yn cael ei ganiatáu os yw 2 neu 3 ff.y. yn cael eu rhoi]			4	4	4	4
	(ii)	[Mae'r llinell ffit orau] yn llinell syth [1] Rhyngdoriad ar V_s wedi'i gyfrifo [1] Sylw bod y rhyngdoriad yn agos iawn at y tarddbwynt [1] Ychydig iawn o wasgariad yn y pwyntiau data **neu** pwyntiau yn agos at y llinell ffit orau [1] Mae gwerth y cysonyn Planck yn agos at y gwerth sy'n cael ei dderbyn [derbyn: gwirioneddol] [1]			5	5	1	5
Cyfanswm			0	5	9	14	7	14

Atebion Rhodri

(a) 1.69 ✓

1.1173 ✗ [talgrynnu]

(b)

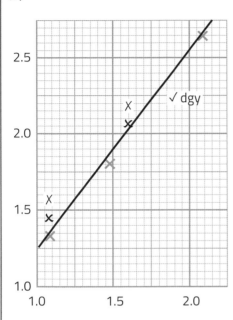

(c) (i) Gan ddefnyddio'r pwynt canol: λ = 680 nm
a V_s = 1.85 ✗
Ad-drefnu'r hafaliad: $h = \dfrac{eV\lambda}{c}$ ✓

$h = \dfrac{1.6 \times 10^{-19} \times 1.85 \times 10^{-9}}{3 \times 10^8}$ ✗

$h = 6.709 \times 10^{-34}$ ✗

(ii) Mae'r graff yn llinell syth ✓
gyda graddiant positif ond sydd ddim yn pasio drwy'r tarddbwynt. ✗ Mae fy ngwerth ar gyfer cysonyn Planck yn dda. ✓

Atebion Ffion

(a) 1.70 X [talgrynnu]

1.12 ✓

(b)

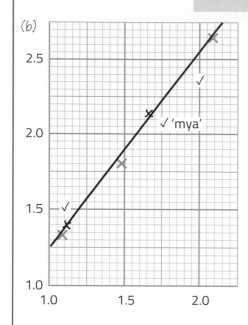

(c) (i) Graddiant = $\dfrac{2.75 - 1.23}{(2.17 - 1.00) \times 10^6}$

= 1.299×10^{-6} ✓

Ond graddiant = $\dfrac{hc}{e}$ ✓

Felly $h = \dfrac{e}{c} \times$ graddiant = 6.93×10^{-34} J s ✓

(ii) Mae'r llinell ffit orau yn llinell syth ✓ sy'n pasio drwy'r holl bwyntiau data. ✓

Pan fydd gwerth x yn 0, gwerth y yw:
$1.23 - (1.0 \times 10^6) \times 1.30 \times 10^{-6} = -0.07$. ✓

Mae damcaniaeth yn rhagfynegi y dylai'r graff fynd drwy sero, felly dydy hyn ddim yn hollol gywir ond mae'n eithaf agos. ✓
Mae'r gwerth a gafwyd ar gyfer y cysonyn Planck yn agos at y gwerth sy'n cael ei dderbyn, sef 6.63×10^{-34} Js (dim ond 4% allan). ✓

Adran 8: Laserau

Crynodeb o'r testun

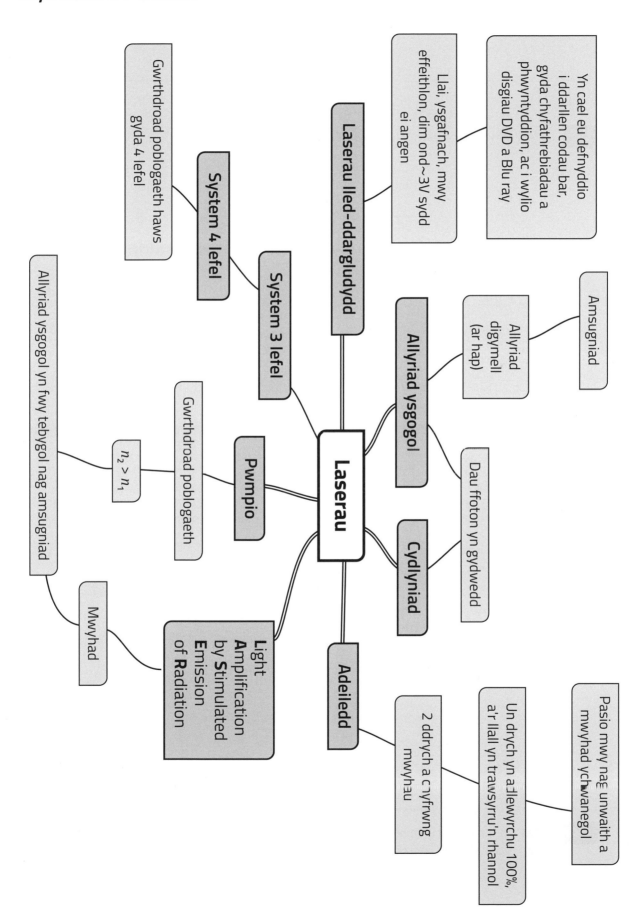

Laserau

- **Laserau lled-ddargludydd**
  - Llai, ysgafnach, mwy effeithlon, dim ond ~3V sydd ei angen
  - Yn cael eu defnyddio i ddarllen codau bar, gyda chyfathrebiadau a phwyntyddion, ac i wylio disgiau DVD a Blu ray

- **System 4 lefel**
  - Gwrthdroad poblogaeth haws gyda 4 lefel

- **System 3 lefel**

- **Allyriad ysgogol**
  - Allyriad digymell (ar hap)
  - Amsugniad
  - Dau ffoton yn gydwedd

- **Cydlyniad**

- **Pwmpio**
  - Gwrthdroad poblogaeth
  - $n_2 > n_1$
  - Allyriad ysgogol yn fwy tebygol nag amsugniad

- **Light Amplification by Stimulated Emission of Radiation**
  - Mwyhad

- **Adeiledd**
  - 2 ddrych a chyfrwng mwyhau
  - Un drych yn adlewyrchu 100%, a'r llall yn trawsyrru'n rhannol
  - Pasio mwy nag unwaith a mwyhad ychwanegol

C1 Mae 'laser' yn acronym ar gyfer *Light Amplification by Stimulated Emission of Radiation* (neu Chwyddhad Golau drwy Allyriad Ysgogol Pelydriad). Esboniwch beth yw ystyr y term *allyriad ysgogol*. [3]

....

....

....

....

C2 (a) Nodwch beth yw ystyr y term *gwrthdroad poblogaeth*. [1]

....

....

(b) Esboniwch pam nad yw'n bosibl cael *gwrthdroad poblogaeth* mewn system 2 lefel wrth ddefnyddio pwmpio optegol. [4]

....

....

....

....

....

....

C3 Esboniwch pam mae gwrthdroad poblogaeth yn anoddach ei gyflawni mewn system laser 3 lefel na system laser 4 lefel. Dylech chi ychwanegu at y diagramau fel rhan o'ch ateb. [4]

3 lefel   4 lefel

....

....

....

....

C4 Mae'n rhaid i'r lefel pwmpio (lefel uchaf) mewn systemau laser gael hyd oes fer. Nodwch ddau reswm pam mae'n rhaid i'r lefel pwmpio gael hyd oes fer. [2]

....

....

....

C5 Nodwch ddwy ffordd o ddefnyddio laserau lled-ddargludydd, a dwy fantais ohonynt. [2]

....

....

....

C6 Mae lefelau egni system laser 4 lefel i'w gweld:

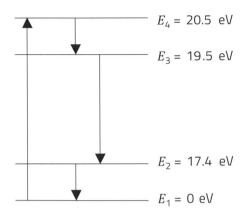

$E_4 = 20.5$ eV

$E_3 = 19.5$ eV

$E_2 = 17.4$ eV

$E_1 = 0$ eV

(a) Cyfrifwch amledd yr allyriad laser. [3]

....

....

....

....

....

(b) Mae allyriad laser yn digwydd pan fydd electron yn cael ei ysgogi i ddisgyn o'r trydydd lefel egni. Nodwch beth sy'n gyfrifol am ysgogi'r allyriad hwn ac esboniwch pam mae allyriad ysgogol yn llawer mwy tebygol nag allyriad digymell ar gyfer laser. [3]

....

....

....

....

(c) Mae Joel yn credu na allai'r system laser benodol hon byth fod yn fwy na 10% yn effeithlon. Gwerthuswch i ba raddau mae Joel yn gywir. [2]

....

....

....

(ch) Mae Nigella yn nodi, 'Mae'n rhaid i'r ail lefel egni (E_2) mewn system laser 4 lefel gael hyd oes hir.' Gwerthuswch i ba raddau mae gosodiad Nigella yn gywir. [2]

....

....

....

C7 Mae lefelau egni system laser 3 lefel i'w gweld.

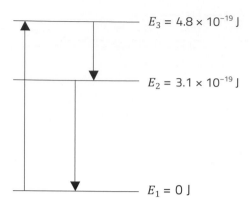

$E_3 = 4.8 \times 10^{-19}$ J

$E_2 = 3.1 \times 10^{-19}$ J

$E_1 = 0$ J

(a) Cyfrifwch egni'r ffotonau sy'n cael eu defnyddio i bwmpio'r laser yn eV a nodwch pa liw ydyn nhw. [2]

(b) Cymharwch hyd oes y ddau gyflwr cynhyrfol yn y system hon, a rhowch reswm dros eich ateb. [2]

(c) Cyfrifwch donfedd yr allyriad laser. [2]

(ch) Mae dau ffoton yn teithio gyda'i gilydd ar ôl i allyriad ysgogol ddigwydd. Nodwch dair priodwedd amlwg sy'n gyffredin i'r ddau ffoton hyn. [3]

(d) Yn ôl Paula, 'Mae'n rhaid pwmpio mwy na hanner electronau'r cyflwr isaf er mwyn sicrhau gwrthdroad poblogaeth mewn system laser 3 lefel.' Gwerthuswch i ba raddau mae gosodiad Paula yn gywir. [3]

C8 Mae diagram o geudod laser i'w weld isod:

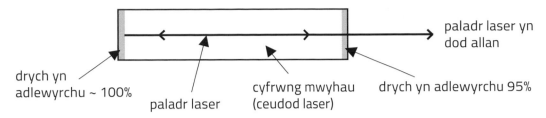

drych yn
adlewyrchu ~ 100%

paladr laser

cyfrwng mwyhau
(ceudod laser)

drych yn adlewyrchu 95%

paladr laser yn
dod allan

(a) Mewn laser, nid yw'n bosibl gwneud i'r drych chwith adlewyrchu yn union 100%. Esboniwch pam y
dylai'r drych chwith, yn ddelfrydol, adlewyrchu 100%. [2]

(b) Esboniwch pam na ddylai'r drych dde adlewyrchu 100%. [1]

(c) (i) Esboniwch yn gryno pam mae'r grym mae'r golau laser yn ei roi ar y drych chwith yn fwy na'r
grym sy'n cael ei roi ar y drych dde. [2]

(ii) 5 mW yw pŵer allbwn y laser, a 0.94 mm² yw arwynebedd trawstoriadol y paladr laser. Cyfrifwch
y gwasgedd sy'n cael ei roi ar y drych dde (gallwch chi dybio mai 500 nm yw tonfedd y golau laser,
er ein bod ni'n gallu datrys y broblem heb y wybodaeth hon). [3]

(ch) Mae Helena yn credu bod yn rhaid i arddwysedd y laser gynyddu tua 3% bob tro mae'n croesi hyd
y ceudod laser (pan fydd y laser mewn ecwilibriwm). Gwerthuswch a yw honiad Helena yn gywir ai
peidio. [3]

Dadansoddi cwestiynau ac atebion enghreifftiol

C&A 1

(a) Esboniwch sut mae system laser 3 lefel yn gweithio **a** sut mae adeiladwaith y ceudod laser a'r drychau yn helpu i gynhyrchu paladr laser (gallwch chi gyfeirio at y diagramau yn eich ateb).   [6 AYE]

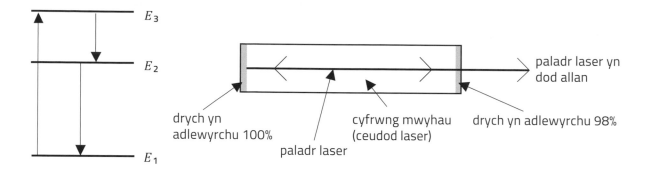

(b) Mae golau â thonfedd 950 nm o laser 50 W pwerus yn cael ei ffocysu o baladr â diamedr 1.2 mm i baladr â diamedr sy'n hafal i un donfedd (950 nm). Cyfrifwch arddwysedd terfynol y paladr laser.   [3]

Beth sy'n cael ei ofyn

(a) Mae gan y fanyleb gyfres o osodiadau am swyddogaeth laser, ac mae pob un ohonyn nhw'n cael sylw yn y cwestiwn hwn. Dyma'r gosodiadau:

- proses allyriad ysgogol...
- y syniad bod angen gwrthdroad poblogaeth ($N_2 > N_1$) er mwyn i laser weithio
- sut mae cyflawni gwrthdroad poblogaeth mewn systemau egni 3 lefel
- proses pwmpio a'i bwrpas
- adeiledd laser nodweddiadol, h.y. cyfrwng mwyhau rhwng dau ddrych, y mae un ohonynt yn trawsyrru golau yn rhannol.

Mae'r cwestiwn hwn yn gofyn i chi ddod â'r gosodiadau hyn ynghyd er mwyn ysgrifennu disgrifiad o weithrediad laser. Mae hwn yn destun mawr iawn, ond mae'r arholwr wedi defnyddio'r diagramau i roi fframwaith ar gyfer y darn hwn o waith llyfr AA1. Sylwch fod dwy ran eang i'r cwestiwn. Mae disgwyl i chi fynd i'r afael â'r ddwy ran – dyna pam mae'r **a** mewn print trwm yn y cwestiwn.

Mae gan y cynllun marcio gyfres o bwyntiau y gallech chi ddewis eu gwneud. Does dim disgwyl i chi sôn am bob un ohonyn nhw, ond mae angen i chi ddefnyddio nifer ohonyn nhw o'r ddwy adran (lefelau egni ac adeiledd) er mwyn i'r ateb gael ei roi yn y band uchaf.

(b) Mae ail ran y cwestiwn yn gyfrifiad AA2 a bydd angen cymhwyso cadwraeth egni a dealltwriaeth o'r term arddwysedd. Mae'r cwestiwn hwn yn synoptig oherwydd mae arddwysedd fel arfer yn ymddangos gyda thestun sêr yn Uned 1. Mae gan y cwestiwn lefel ychwanegol o anhawster oherwydd dydy'r diffiniad o arddwysedd yn y llyfryn Termau a Diffiniadau ddim yn gwbl berthnasol i'r cwestiwn hwn – mae'r diffiniad hwnnw yn ymwneud â sêr a'r ddeddf sgwâr gwrthdro.

Cynllun marcio

Rhan o'r cwestiwn		Disgrifiad	AA			Cyfanswm	Sgiliau	
			1	2	3		M	Y
(a)		**Pwyntiau am lefelau egni** 1. Pwmpio o E_1 i E_3 2. Mae gan E_3 hyd oes fer 3. Mae E_2 yn fetasefydlog / mae ganddo hyd oes hir 4. E_1 yw'r cyflwr isaf 5. Mae'r cyflwr isaf fel arfer yn llawn 6. Gwrthdroad poblogaeth rhwng E_2 ac E_1 7. Allyriad ysgogol rhwng E_2 ac E_1 8. Angen mwy na 50% o bwmpio **Pwyntiau am ddrychau ac adeiledd** 1. Mwyhad wrth basio drwy'r ceudod (twf esbonyddol) 2. Drych 100% yn anfon y paladr yn ôl i'r ceudod 3. Drych 98% yn gadael 2% drwodd (ond yn dychwelyd/ adlewyrchu popeth bron) 4. Pasio mwy nag un waith (~50) drwy'r ceudod 5. Ecwilibriwm pan fydd colledion cyflawn drwy'r drych 98% = enillion cyflawn oherwydd mwyhad 6. Mae drychau paralel yn rhoi aliniad i'r paladr 7. Ton unfan rhwng y drychau	6			6		
(b)		Sylweddoli mai 50 W fydd y pŵer o hyd [1] Cymhwyso $I = \dfrac{P}{\lambda r^2}$ neu $I = \dfrac{P}{\text{arwynebedd}}$ [1] Ateb cywir – 70.5 TW m^{-2} [1]		3		3	1 1	
Cyfanswm			6	3		9	2	

Atebion Rhodri

(a) Yr enw ar y trosiad o E_1 i E_3 yw pwmpio. Mae E_3 yn lefel egni llydan gydag <u>hyd oes fer iawn</u> i helpu gyda phwmpio a chadw E_3 yn wag. <u>Mae gan E_2 hyd oes hir</u> er mwyn cyflawni <u>gwrthdroad poblogaeth rhwng E_2 ac E_1</u>. Mae'n anodd cael gwrthdroad poblogaeth gan mai <u>E_1 yw'r cyflwr isaf</u> ac mae <u>fel arfer yn llawn</u>. Felly, mae'n rhaid pwmpio <u>mwy na hanner</u> yr electronau er mwyn cyflawni gwrthdroad poblogaeth. <u>Yna bydd allyriad ysgogol yn fwy tebygol nag amsugniad rhwng E_2 ac E_1</u> a bydd arddwysedd y paladr laser yn cynyddu.

(b) 50 W fydd yr arddwysedd o hyd X oherwydd fyddwch chi ddim yn colli unrhyw bŵer o'r laser. ✓

SYLWADAU'R MARCIWR

Mae ateb Rhodri yn ymateb ardderchog i ran gyntaf y cwestiwn. Er hyn, mae wedi anghofio ateb ail ran y cwestiwn er bod yr 'a' mewn print trwm yn y cwestiwn. Mae hyn yn digwydd yn rhyfeddol o aml, hyd yn oed yn achos ymgeiswyr rhagorol. Sylwch bod y marciwr wedi tanlinellu pwyntiau Rhodri a bod Rhodri wedi llwyddo i gynnwys yr 8 pwynt am lefelau egni sydd yn y cynllun marcio. Mae Rhodri wedi mynd ymhellach fyth ac wedi cynnig tri darn ychwanegol o wybodaeth. Yn gyntaf, mae E_3 yn lefel lydan – mae hyn yn gywir, mae'n helpu i gynyddu'r tebygolrwydd o bwmpio. Yn ail, mae wedi tynnu sylw'n gywir at y ffaith y dylai E_3 aros yn wag. Yn drydydd, mae Rhodri wedi dweud bod allyriad ysgogol yn fwy tebygol nag amsugniad, sef pwynt ardderchog sydd ddim ar y cynllun marcio. Mae hyn i gyd yn golygu bod gan Rhodri ateb band canol – ymateb ardderchog i un o ddwy ran y cwestiwn. Ond, mae'r ansawdd a'r eglurder yn golygu ei fod yn ennill 4 marc yn lle 3 marc.

4 marc

SYLWADAU'R MARCIWR

Mae'n ymddangos nad oes gan Rhodri unrhyw gysyniad o arddwysedd. Er hynny, mae'n ennill un marc am ei fod wedi cymhwyso ei wybodaeth am gadwraeth egni'n dda.

1 marc

Cyfanswm	**5 marc /9**

Atebion Ffion

(a) Yr enw ar y dyrchafu o E_1 i E_3 yw pwmpio ac yn aml mae'n cael ei wneud gan electronau wedi'u cyflymu neu amsugniad golau. Mae'n rhaid i E_3 gael hyd oes fer fel bod yr electronau'n mynd i E_2 yn gyflym. Lefel metasefydlog yw'r enw ar lefel egni E_2 ac mae ganddi hanner oes hir. Mae hyn yn golygu bod gwrthdroad poblogaeth yn bosibl rhwng E_2 ac E_1 sy'n arwain at lawer o allyriad ysgogol a mwyhad. Dydy mwyhad drwy groesi'r ceudod laser unwaith ddim yn ddigon fel arfer, a dyma lle mae dyluniad y system laser a'r drychau yn bwysig. Mae un drych yn adlewyrchu 100% ac mae hyn yn gwneud yn siŵr bod y paladr yn dychwelyd i groesi'r cyfrwng mwyhau eto, gan arwain at fwyhad mwy. Mae'r drych arall yn caniatáu i 2% o'r golau gael ei drawsyrru a dyma'r paladr allbwn. Dim ond 2% o'r golau sy'n cael ei allbynnu bob tro sy'n golygu bod ffotonau'n croesi'r cyfrwng mwyhau 50 gwaith ar gyfartaledd cyn mynd allan.

(b) $\text{Arddwysedd} = \dfrac{\hat{p}\text{wer}}{\text{arwynebedd}} = \dfrac{50\,W}{4\pi r^2}$ ✓ [cymhwyso]

$= \dfrac{50\,W}{4\pi\,(950 \times 10^{-9}\,m)^2}$ ✓

$= 4.4 \times 10^{12}\,W\,m^{-2}$

SYLWADAU'R MARCIWR

Mae gan ateb Ffion 4½ pwynt da o'r rhan lefelau egni. Mae'r marciwr wedi tanlinellu'r 4 pwynt nad ydynt yn cael eu hamau. Mae Ffion hefyd wedi sôn am allyriad ysgogol, ond nid yw hi wedi nodi'n benodol rhwng pa lefelau mae hyn yn digwydd er bod yr allyriad ysgogol wedi'i gysylltu â'r gwrthdroad poblogaeth. Hefyd, mae Ffion wedi ychwanegu ychydig o esboniad ychwanegol bod hanner oes fer E_3 yn caniatáu i electronau basio'n gyflym i E_2. Mae ateb Ffion i ail ran y cwestiwn hefyd yn gwneud pedwar pwynt da (y pedwar pwynt cyntaf). Er nad yw Ffion wedi sôn am unrhyw un o'r 3 phwynt olaf ar y rhan 'drychau ac adeiledd', mae'r rhain yn bwyntiau anoddach. Yn gyffredinol, mae ymateb Ffion i'r ddwy ran yn ddigon da i'w rhoi yn y band uchaf. Mae ei defnydd o iaith yn dda ac mae'r frawddeg sy'n cysylltu dwy ran yr ateb yn ychwanegiad da. Marc terfynol – 5 neu 6 yn dibynnu a yw'r marciwr yn teimlo bod gwobrwyo'r ateb sydd wedi'i lunio'n dda yn bwysicach na chosbi'r diffyg cyfeiriad at y cyflwr isaf.

5 neu 6 marc

SYLWADAU'R MARCIWR

Nid yw Ffion yn sôn mai 50 W fydd pŵer y paladr o hyd, ond mae hyn wedi'i awgrymu yn ei chyfrifiad ac mae hi'n ennill y marc cyntaf hwn. Mae hi'n sylweddoli bod arwynebedd cychwynnol y paladr, a'r donfedd, yn wybodaeth ddiangen.

Mae hi wedi ceisio gwneud y cyfrifiad pŵer / arwynebedd i gael yr arddwysedd, ac felly mae hi wedi ennill yr ail farc. Ond mae hi wedi gwneud dau gamgymeriad gwahanol. Yn gyntaf, mae hi wedi defnyddio'r hafaliad anghywir ar gyfer yr arwynebedd – mae angen trawstoriad cylch arni, nid sffêr. Yn ail, mae hi wedi defnyddio diamedr y paladr yn lle radiws y paladr. Mae hi ychydig yn ffodus wrth dderbyn 2 farc, ond byddai'r math hwn o ateb yn cael ei drafod yng nghyfarfod yr arholwyr, a'r marc yn cael ei gytuno bryd hynny.

2 farc

Cyfanswm   **7 neu 8 marc / 9**

Papurau Enghreifftiol

UG FFISEG

UNED 1 – PAPUR ENGHREIFFTIOL

1 awr 30 munud

I'r Arholwr yn unig		
Cwestiwn	Marc Uchaf	Marc yr Arholwr
1.	16	
2.	9	
3.	8	
4.	10	
5.	6	
6.	11	
7.	8	
8.	12	
Cyfanswm	80	

Nodiadau

Mae'r wybodaeth ganlynol yn cael ei rhoi ar dudalen flaen papur CBAC:

1. **Deunyddiau ychwanegol**
   Byddwch yn cael gwybod bod angen cyfrifiannell a **Llyfryn Data** arnoch chi. Weithiau byddwch yn cael gwybod bod angen pren mesur a/neu fesurydd ongl/onglyddd arnoch chi.

2. **Ateb yr arholiad**
   Byddwch yn cael gwybod bod angen i chi ddefnyddio beiro glas neu ddu (ond mae'n well defnyddio pensil i luniadu graffiau).
   Byddwch yn cael gwybod bod angen i chi ateb **pob** cwestiwn yn y lleoedd gwag priodol ar y papur cwestiynau.

3. **Gwybodaeth ychwanegol**
   Mae pob rhan o'r cwestiwn yn dangos, gan ddefnyddio cromfachau sgwâr, cyfanswm y marciau sydd ar gael. Bydd un cwestiwn yn asesu ansawdd ymateb estynedig [AYE]. Bydd y cwestiwn hwn yn cael ei nodi ar y dudalen flaen. Yn y papur enghreifftiol hwn, y cwestiwn AYE yw cwestiwn **5**.

*Atebwch **bob** cwestiwn.*

1. (a) Mae rhoden fetel yn cael ei rhoi o dan ddiriant tynnol. Esboniwch beth yw ystyr diriant tynnol, gan ychwanegu at y diagram. [2]

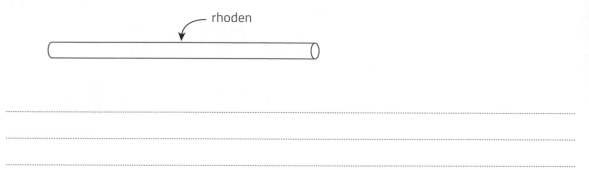

rhoden

....

....

....

(b) Mae Aled yn ymchwilio i ymestyn gwifren bres gan ddefnyddio'r cyfarpar sydd i'w weld:

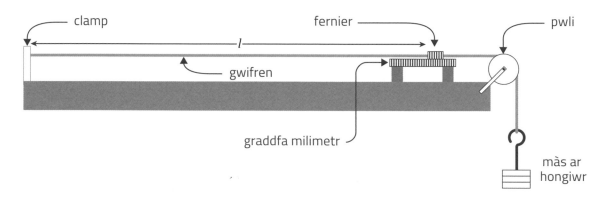

clamp   fernier   pwli

l

gwifren

graddfa milimetr

màs ar hongiwr

Mae Aled yn gosod masau hysbys cynyddol ar yr hongiwr ac yn mesur estyniad y wifren gan ddefnyddio'r raddfa fernier. Sero yw mesuriad yr estyniad pan fo dim ond yr hongiwr ynghlwm wrth y wifren. Mae graff Aled o'r màs wedi'i ychwanegu yn erbyn estyniad i'w weld isod.

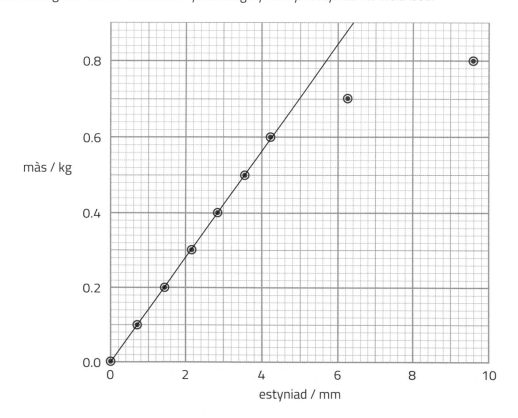

(i)   Yn ôl mesuriadau Aled, **diamedr** y wifren yw 0.20 mm, a'i hyd effeithiol yw 2.500 m. Awgrymwch sut mae Aled wedi cael y gwerth hwn ar gyfer y diamedr, a rhowch reswm dros eich ateb.   [2]

....

....

....

(ii)   Defnyddiwch y graff a'r gwerthoedd sy'n cael eu rhoi yn (b)(i) i gael gwerth ar gyfer modwlws Young pres. Rhowch eich ateb i nifer priodol o ffigurau ystyrlon.   [5]

....

....

....

....

....

....

....

(iii)   Mae Aled yn credu bod y wifren yn ymestyn yn *anelastig* wrth ychwanegu'r ddau fàs mwyaf.

(I)   Awgrymwch sut gallai gadarnhau bod ymestyniad anelastig yn digwydd.   [2]

....

....

....

(II)   Esboniwch yn gryno, ar lefel atomig, sut mae metel yn anffurfio'n anelastig.   [2]

....

....

....

....

(c)   Yn yr 1950au, gwnaeth ffisegwyr gadarnhau mai symudiad *afleoliadau* oedd yn caniatáu i fetelau gael eu hanffurfio'n anelastig ar ddiriant cymharol isel. Awgrymwch sut mae cymhwyso'r wybodaeth hon wedi bod o fantais ymarferol i ni.   [3]

....

....

....

....

....

2. Mae pont syml dros nant yn cynnwys planc unffurf â màs 44 kg a hyd 2.4 m, wedi'i golfachu i bostyn fertigol a'i gadw'n llorweddol gan raff sy'n uno pen y planc i'r postyn.

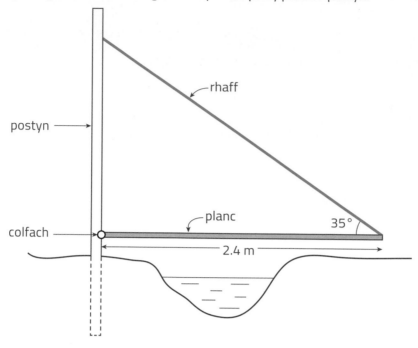

(a) (i) Cyfrifwch foment pwysau'r planc o amgylch y colfach. [2]

(ii) Felly dangoswch mai tua 400 N yw'r tyniant yn y rhaff. [2]

(iii) Cyfrifwch gydran lorweddol y grym mae'r colfach yn ei roi ar y planc, gan esbonio eich ymresymu. [2]

(b) Mae gwneuthurwyr y rhaff yn nodi mai'r tyniant diogel mwyaf yw 1500 N. Gwerthuswch a fyddai'n ddiogel i fyfyriwr â màs 68 kg gerdded ar draws y planc, gan ddechrau wrth y postyn. [3]

3. Mae Osian yn dangos y cyflymiad sy'n cael ei gynhyrchu gan rym cydeffaith, gan ddefnyddio'r cyfarpar sydd i'w weld. Mae'r tryc yn cael ei ryddhau o ddisymudedd ar amser $t = 0$.

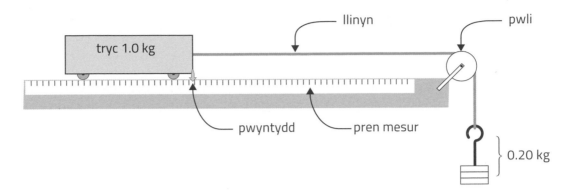

(a) (i) Dangoswch yn glir mai tua 1.6 m s^{-2} yw cyflymiad disgwyliedig y tryc. [2]

....

....

....

(ii) Esboniwch pam mae'n rhaid i'r tyniant yn y llinyn fod yn llai na phwysau'r màs 0.20 kg. [2]

....

....

....

(b) Mae gan y troli bwyntydd sy'n gallu cael ei weld yn erbyn pren mesur wedi'i osod wrth ymyl llwybr y tryc. Mae'r mesuriadau canlynol yn cael eu cymryd o dri llun sy'n cael eu tynnu.

Amser y llun (ar ôl rhyddhau'r tryc) / s	0.000	0.150	0.300
Safle'r pwyntydd yn erbyn y pren mesur / cm	10.00	11.8	17.3

Gwerthuswch a yw'r mesuriadau hyn yn cyd-fynd â'r dybiaeth bod gan y tryc gyflymiad cyson o'r gwerth disgwyliedig – trowch at ran (a). [4]

....

....

....

....

....

....

....

....

4. (a) Nodwch *egwyddor cadwraeth momentwm.* [2]

....

....

....

(b) Mewn cystadleuaeth gyfeillgar, mae cystadleuwyr yn cicio pêl â màs 0.42 kg at floc pren â màs 5.0 kg sy'n ddisymud i ddechrau ac yn gorwedd ar dir gwastad. Mae'r cystadleuwyr yn ceisio gwneud i'r bloc lithro mor bell â phosibl.

0.42 kg

bloc 5.0 kg

Mae'r enillydd yn cicio'r bêl ar gyflymder 28.0 m s^{-1} yn syth at y bloc. Mae'r bêl yn adlamu o'r bloc ar 9.0 m s^{-1}.

(i) Dangoswch mai tua 24 J yw'r egni cinetig sy'n cael ei ennill gan y bloc, gan nodi eich tybiaeth. [4]

....

....

....

....

....

....

....

....

....

(ii) Darganfyddwch a yw'r gwrthdrawiad rhwng y bêl a'r bloc yn elastig ai peidio. [2]

....

....

....

(iii) Mae'r bloc yn llithro 3.6 m cyn dod i ddisymudedd. Cyfrifwch y grym ffrithiannol cymedrig sy'n cael ei roi ar y bloc gan y ddaear. [2]

....

....

....

5. Mae gan ddwy bêl yr un maint a siâp, ond màs gwahanol. Maen nhw'n cael eu gollwng o lwyfan uchel iawn. Esboniwch, yn nhermau grymoedd, pam mae'r ddwy bêl yn nesáu at gyflymder terfynol yn y diwedd, ond mae'r ddau gyflymder terfynol yn wahanol.   [AYE 6]

6. (a) Mae beiciwr yn teithio ar drac crwn â radiws 60 m ar fuanedd cyson, gan gymryd 15 s i fynd hanner ffordd o'i amgylch, o A i B.

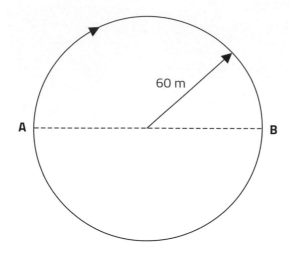

(i) Darganfyddwch:

(I) Ei fuanedd. [2]

....

....

....

(II) Ei gyflymder cymedrig wrth iddo fynd o A i B. [2]

....

....

....

(ii) Nodwch pam mae gan y beiciwr gyflymiad cymedrig wrth fynd o A i B. [1]

....

....

(b) Mae pêl yn cael ei thaflu o bwynt sy'n agos at lefel y ddaear gyda chyflymder 30 m s^{-1} yn fertigol i fyny.

(i) Brasluniwch graff cyflymder–amser ar gyfer hediad cyfan y bêl ar yr echelinau sydd wedi'u darparu, gan nodi amseroedd a chyflymderau pwysig. Mae lle gwag o dan yr echelinau i chi wneud eich gwaith cyfrifo. [4]

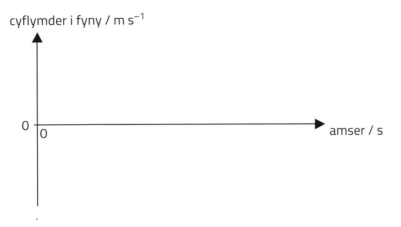

cyflymder i fyny / m s^{-1}

0

0   amser / s

(ii) Cyfrifwch y pellter sy'n cael ei deithio dros yr hediad cyfan. [2]

....

....

....

....

7. Dyma sbectrwm di-dor y seren ddisglair Canopus.

(a) Dangoswch mai tua 7000 K yw tymheredd Canopus. [2]

(b) Darganfyddwch y gymhareb $\dfrac{\text{radiws Canopus}}{\text{radiws yr Haul}}$

o wybod bod $\dfrac{\text{goleuedd Canopus}}{\text{goleuedd yr Haul}}$ = 10 700 a thymheredd yr Haul = 5 780 K. [3]

(c) Mae Megan yn credu mai cawr coch yw Canopus. Gwerthuswch yr honiad hwn. [3]

8. (a) Diffiniwch y canlynol yn nhermau cwarciau:

    (i) Baryon .... [1]

    (ii) Meson .... [1]

    (b) Pan fydd dau broton gydag egni cinetig uchel yn gwrthdaro, gallai'r rhyngweithiad canlynol ddigwydd:

    $$p + p \longrightarrow p + x + \pi^+$$

    (i) Defnyddiwch ddwy ddeddf gadwraeth *sy'n berthnasol i bob rhyngweithiad* i adnabod y gronyn x (cenhedlaeth gyntaf), gan esbonio sut rydych chi'n defnyddio pob deddf. [3]

    ....

    ....

    ....

    ....

    ....

    (ii) Dangoswch a yw rhifau cwarc u a d yn cael eu cadw ar wahân yn y rhyngweithiad ai peidio. [2]

    ....

    ....

    ....

    (iii) Nodwch, gan roi rheswm, pa rym (cryf, gwan neu electromagnetig) sy'n gyfrifol am y rhyngweithiad hwn. [1]

    ....

    ....

    ....

    (c) Rhyngweithiad arall sy'n digwydd weithiau rhwng protonau yw:

    $$p + p \longrightarrow {}^2_1H + z + e^+$$

    (i) Esboniwch pam mae'n rhaid mai niwtrino, ν_e, yw gronyn z. [2]

    ....

    ....

    ....

    (ii) Mae allyriad niwtrino yn ein galluogi ni i ddod i'r casgliad bod hwn yn rhyngweithiad gwan. Esboniwch ffordd arall y gallwn ni ddod i'r casgliad hwn. [2]

    ....

    ....

    ....

DIWEDD Y PAPUR

UG FFISEG
UNED 2 – PAPUR ENGHREIFFTIOL

1 awr 30 munud

I'r Arholwr yn unig		
Cwestiwn	Marc Uchaf	Marc yr Arholwr
1.	11	
2.	14	
3.	11	
4.	8	
5.	9	
6.	9	
7.	10	
8.	8	
Cyfanswm	80	

Nodiadau

Mae'r wybodaeth ganlynol yn cael ei rhoi ar dudalen flaen papur CBAC:

1. **Deunyddiau ychwanegol**
   Byddwch yn cael gwybod bod angen cyfrifiannell a **Llyfryn Data** arnoch chi. Weithiau byddwch yn cael gwybod bod angen pren mesur a/neu fesurydd ongl/onglydd arnoch chi.

2. **Ateb yr arholiad**
   Byddwch yn cael gwybod bod angen i chi ddefnyddio beiro glas neu ddu (ond mae'n well defnyddio pensil i luniadu graffiau).
   Byddwch yn cael gwybod bod angen i chi ateb **pob** cwestiwn yn y lleoedd gwag priodol ar y papur cwestiynau.

3. **Gwybodaeth ychwanegol**
   Mae pob rhan o'r cwestiwn yn dangos, gan ddefnyddio cromfachau sgwâr, cyfanswm y marciau sydd ar gael. Bydd un cwestiwn yn asesu ansawdd ymateb estynedig [AYE]. Bydd y cwestiwn hwn yn cael ei nodi ar y dudalen flaen. Yn y papur enghreifftiol hwn, y cwestiwn AYE yw cwestiwn **1(b)**.

Atebwch **bob** *cwestiwn.*

1. (a) Diffiniwch gerrynt trydanol. [1]

....

....

....

....

(b) Esboniwch y broses o ddargludo trydan mewn metelau a sut mae cynnydd mewn tymheredd yn effeithio ar wrthiant. [6AYE]

....

....

....

....

....

....

....

....

....

....

....

....

....

....

....

(c) (i) Mae gan wifren fetel arwynebedd trawstoriadol 2.75×10^{-5} m^2, gwrthedd 5.60×10^{-8} Ω m a hyd 65.0 cm. Cyfrifwch ei gwrthiant. [2]

(ii) 8.25×10^{28} m^{-3} yw nifer yr electronau rhydd yn y wifren fetel am bob uned cyfaint. Cyfrifwch y cyflymder drifft pan fydd gp 1.65 V yn cael ei roi ar draws hyd y wifren. [2]

2. Mae Archibald yn cynnal arbrawf i gael nodweddion *I–V* lamp ffilament. Mae'n defnyddio'r gylched sydd i'w gweld, ac mae ei ganlyniadau i'w gweld yn y tabl. Mae'r graff wedi'i blotio hefyd.

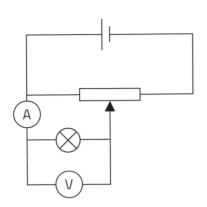

gp / V	Cerrynt / mA
0.00	0
1.90	90
4.05	167
6.07	205
7.93	226
9.91	240
12.06	251

(a) Plotiwch y ddau bwynt sydd ar goll ar y grid a thynnwch linell ffit orau.　　　　[2]

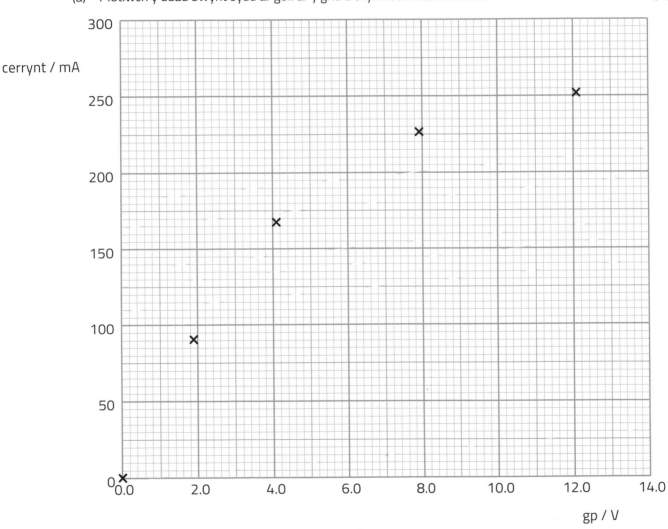

(b) Cyfrifwch wrthiant y lamp ffilament:

    (i) Ar dymheredd yr ystafell. [2]

    (ii) Pan fydd y gp yn 12 V. [1]

(c) (i) Esboniwch i ba raddau mae'r canlyniadau'n cytuno â'r rhai sy'n ddisgwyliedig ar gyfer lamp ffilament metel. [4]

    (ii) Edrychwch yn ofalus ar y diagram cylched a'r tabl canlyniadau, ac awgrymwch pam mae ailadrodd darlleniadau yn amhriodol ar gyfer yr arbrawf hwn. [2]

(ch) (i) Awgrymwch a yw'n bosibl cael nodweddion I–V ar gyfer uwchddargludydd o dan ei dymheredd trosiannol ai peidio. [2]

    (ii) Nodwch un ffordd o ddefnyddio uwchddargludydd. [1]

3. Mae cell â g.e.m. *E* a gwrthiant mewnol *r* yn cael ei defnyddio i roi cerrynt *I*, i wrthiant allanol *R*.

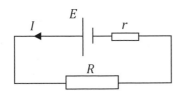

(a) Esboniwch yr hafaliad:

$$E = IR + Ir$$

yn nhermau egni. [3]

(b) 1.65 V yw g.e.m. y gell, 0.20 Ω yw gwrthiant mewnol y gell a 0.20 Ω yw'r gwrthiant allanol.

(i) Cyfrifwch y cerrynt, *I*. [2]

(ii) Dangoswch mai tua 3.40 W yw'r pŵer sy'n cael ei afradloni yn y gwrthiant allanol. Sicrhewch fod eich ateb i o leiaf 4 ff.y. [2]

(c) Mae Meinir yn credu mai'r afradlonedd pŵer hwn o tua 3.40 W yw'r afradlonedd pŵer mwyaf sy'n gallu cael ei gyflawni mewn unrhyw wrthiant allanol wrth ddefnyddio'r gell 1.65 V gyda gwrthiant mewnol 0.20 Ω. Darganfyddwch a yw'n ymddangos bod Meinir yn gywir ai peidio. [4]

4. (a) Nodwch y gwahaniaeth rhwng ton ardraws a thon arhydol. [2]

....

....

....

....

(b) Mae graff dadleoliad–amser i'w weld ar gyfer ton ardraws:

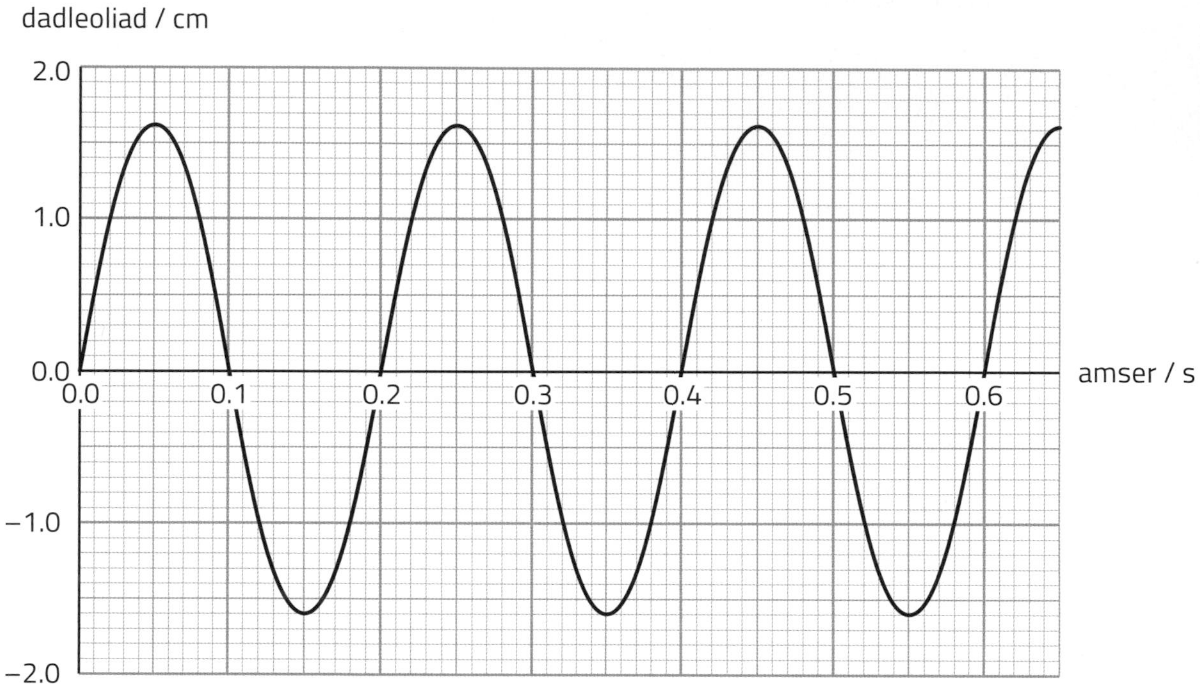

dadleoliad / cm

Darganfyddwch:

(i) Cyfnod y don. [1]

....

....

(ii) Amledd y don. [1]

....

....

(c) Mae graff dadleoliad–pellter i'w weld ar gyfer yr un don:

dadleoliad / cm

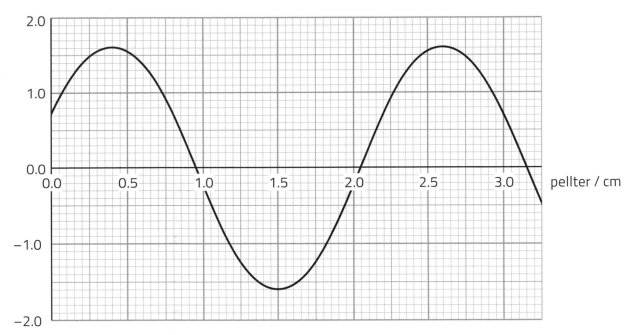

pellter / cm

(i) Cyfrifwch fuanedd y don. [2]

....

....

....

....

....

(ii) Ar y grid uchod, lluniadwch y graff dadleoliad–pellter ar gyfer y don 0.050 s yn ddiweddarach (mae'r don yn teithio i'r dde). [2]

5. Mae arbrawf holltau Young yn cael ei gynnal gan ddefnyddio'r trefniant canlynol:

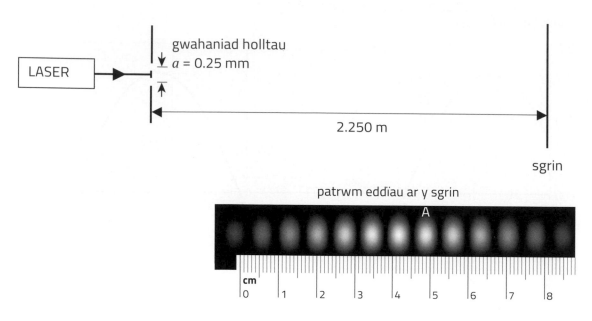

(a) Er nad oedd laserau ar gael i Thomas Young, nodwch bwysigrwydd hanesyddol arbrawf holltau dwbl Young. [1]

....

....

(b) Defnyddiwch y wybodaeth yn y diagramau i gyfrifo tonfedd y golau laser. [3]

....

....

....

....

(c) Esboniwch mewn camau gofalus sut mae'r eddi llachar wedi'i labelu ag **A** (wrth ymyl yr eddi canolog) yn y diagram yn digwydd. Tybiwch fod yr holltau'n rhyddhau golau sy'n gydwedd â'i gilydd. [3]

....

....

....

....

(ch) Mae myfyriwr yn rhoi gratin diffreithiant yn lle'r holltau dwbl. Mae gan y gratin diffreithiant wahaniad holltau *d*, sydd union yr un peth â gwahaniad yr holltau dwbl, h.y. 0.25 mm. Brasluniwch y patrwm eddïau newydd yn y blwch gwag isod. [2]

patrwm eddïau oherwydd yr hollt dwbl

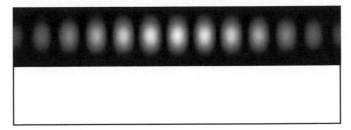

patrwm eddïau oherwydd y gratin diffreithiant

6. Mae pelydryn golau yn mynd i mewn i ffibr optegol fel sydd i'w weld yn y diagram:

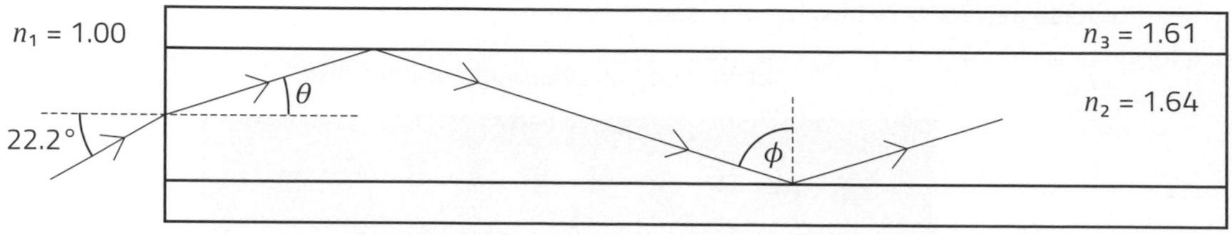

$n_1 = 1.00$

$22.2°$

θ

$n_3 = 1.61$

$n_2 = 1.64$

ϕ

(a) Dangoswch mai tua 13° yw ongl θ. [2]

(b) Darganfyddwch a fydd y golau hwn yn gwasgaru ar hyd y ffibr optegol gydag adlewyrchiad mewnol cyflawn ai peidio. [4]

(c) Fel arfer, mae ffibrau optegol yn cael eu gwneud o silica (SiO_2) sef tywod wedi'i buro, yn ei hanfod. Er hyn, mae llawer o ffibrau optegol modern yn defnyddio plastigion sy'n sgil-gynnyrch y diwydiant olew. Trafodwch pa fath o ffibr optegol sydd waethaf i'r amgylchedd. [3]

7. Mae lefelau egni system laser 3 lefel a 4 lefel i'w gweld isod:

1.60 eV ————————————

2.60 eV ————————————

1.42 eV ————————————

1.79 eV ————————————

0.25 eV ————————————

0.00 eV ————————————

0.00 eV ————————————

system 3 lefel

system 4 lefel

(a) Cyfrifwch donfedd yr allyriad laser ar gyfer y ddwy system laser. [4]

(b) Nodwch pam mae gwrthdroad poblogaeth yn haws ei gyflawni mewn system 4 lefel na mewn system 3 lefel. [3]

(c) Esboniwch yn gryno bwrpas y drychau yn y system laser isod. [3]

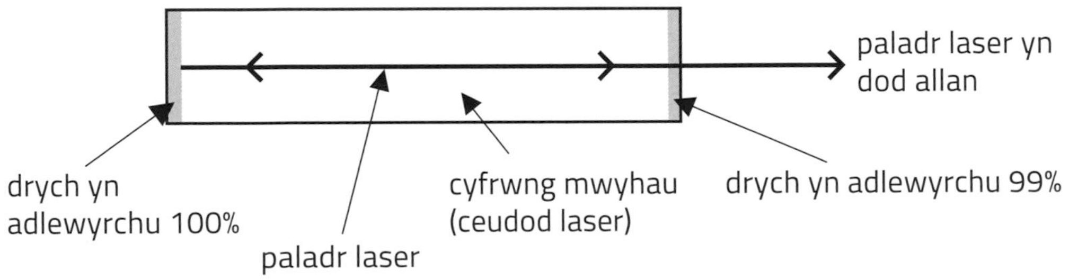

drych yn adlewyrchu 100%

cyfrwng mwyhau (ceudod laser)

drych yn adlewyrchu 99%

paladr laser yn dod allan

paladr laser

8. Mae golau o amrywiol donfeddi yn cael ei ddisgleirio ar ffotogell, fel sydd i'w weld yn y diagram.

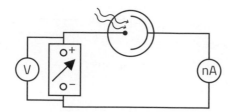

Dyma hafaliad Einstein ar gyfer yr effaith ffotodrydanol:

$$hf = \phi + E_{k\,mwyaf}$$

(a) Esboniwch pam mae'r hafaliad hwn yn gymhwysiad cadwraeth egni. [3]

....

....

....

....

(b) Mae canlyniadau'r arbrawf hwn wedi'u plotio ar y graff canlynol:

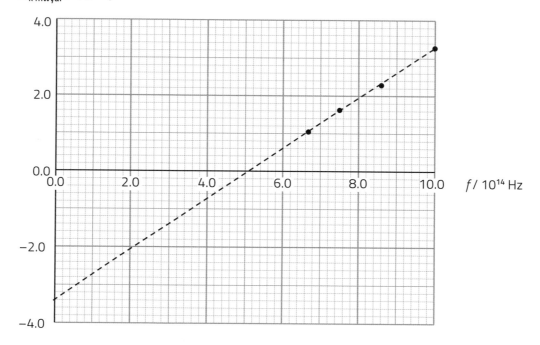

(i) Darganfyddwch ffwythiant gwaith y metel a chyfrifwch werth ar gyfer y cysonyn Planck. [3]

(ii) Esboniwch pam gallwn ni ystyried y data yn y graff yn ddata rhagorol. [2]

DIWEDD Y PAPUR

Atebion

Cwestiynau Ymarfer Uned 1: Mudiant, Egni a Mater

Adran 1: Ffiseg sylfaenol

C1 metr (m)   cilogram (kg)
eiliad (s)   mol (mol)
Ampère (A)   Kelvin (K)

C2 (a) Newton (N)

(b) $N = kg\ m\ s^{-2}$

(c) Gwaith = Grym × pellter sy'n cael ei deithio i gyfeiriad y grym
Felly $J = N\ m = (kg\ m\ s^{-2})\ m = kg\ m^2\ s^{-2}$

C3 (a) $k = \dfrac{F}{v}$, felly $[k] = \dfrac{N}{m\ s^{-1}} = \dfrac{kg\ m\ s^{-2}}{m\ s^{-1}} = kg\ s^{-1}$

(b) $K = \dfrac{F}{Av^2}$, felly $[K] = \dfrac{[F]}{[A][v^2]} = \dfrac{kg\ m\ s^{-2}}{m^2(m\ s^{-1})^2} = \dfrac{kg\ m\ s^{-2}}{m^4\ s^{-2}} = kg\ m^{-3}$

Dyma'r uned dwysedd, felly gallai K gynrychioli dwysedd yr hylif mae'r gwrthrych yn symud drwyddo, efallai gyda lluosydd rhifiadol (heb uned).

C4 $[\pi] = \dfrac{[A]}{[r^2]} = \dfrac{m^2}{m^2} = 1$, hynny yw, dim unedau

Fel arall, gallen ni ei ddangos drwy ddefnyddio'r hafaliad: cylchedd = $2\pi r$

C5 Mesurau sgalar: egni, amser, dwysedd, tymheredd, gwasgedd
Mesurau fector: cyflymiad, cyflymder, momentwm
Sylwch: mae gwasgedd yn fesur sgalar oherwydd dim ond *maint* grym sy'n gysylltiedig â'i ddiffiniad:

Gwasgedd = $\dfrac{\text{maint y grym yn normal i'r arwyneb}}{\text{arwynebedd arwyneb}}$

C6 $[v] = m\ s^{-1}$; $[u] = m\ s^{-1}$; $[at] = m\ s^{-2} \times s = m\ s^{-1}$

Mae'r un unedau gan y ddau derm ar yr ochr dde, felly gallwn ni eu hadio at ei gilydd **ac** mae uned yr ochr chwith yr un peth ag uned yr ochr dde.

C7 (a) 28 N   45 N

Maint cydeffaith 73 N   Cyfeiriad = cyfeiriad y grym 45 N

(b)   45 N

28 N
Maint cydeffaith 17 N   Cyfeiriad = cyfeiriad y grym 45 N

(c)   45 N

28 N

53 N

Maint cydeffaith = $\sqrt{45^2 + 28^2}$ = 53 N   Cyfeiriad = $\tan^{-1}\left(\dfrac{28\,N}{45\,N}\right)$ = 32° i'r grym 45 N

C8 (a) $F \sin 25° = 53$ felly $F = \dfrac{53}{\sin 25°} = 125\ N$ **neu** $F \cos(90° - 25) = 53$ yn arwain at $F = 125\ N$

(b) Cydran lorweddol = $F \cos 25° = 125\ N \times \cos 25° = 114\ N$

C9 (a) Cydran berpendicwlar = 5.0 kN × cos 75° = 1.3 kN [1.29 kN i 3 ff.y.]

(b) 1.3 kN

(c) 1.29 kN = F × sin 10°

Felly $F = \dfrac{1.29 \text{ kN}}{\sin 10°}$ = 7.4 kN [7.43 kN i 3 ff.y.]

(ch) Gan fod cydrannau grym ar onglau sgwâr i'r cyfeiriad ymlaen yn canslo,

grym cydeffaith = cydran ymlaen 5.0 kN + cydran ymlaen F
= 5.0 kN × cos 15° + 7.43 kN × cos 10°
= 4.83 kN + 7.32 N = 12 kN (i 2 ff.y.)

C10 (i) Sero yw swm fector y grymoedd ar y gwrthrych.

(ii) Mae swm y momentau clocwedd o amgylch unrhyw bwynt yn hafal i swm y momentau gwrthglocwedd o amgylch yr un pwynt.

C11 (a) ar t_1, $v_{\text{llorweddol}}$ = 15.0 m s^{-1} × cos 30.0° = 13.0 m s^{-1}

v_{fyny} = 15.0 m s^{-1} × sin 30.0° (neu cos 60.0°) = 7.5 m s^{-1}

(b) ar t_2, $v_{\text{llorweddol}}$ = 20.0 m s^{-1} × cos 49.5° = 13.0 m s^{-1}

v_{fyny} = −20.0 m s^{-1} × sin 49.5° (neu cos 40.5°) = −15.2 m s^{-1}

Felly, $\Delta v_{\text{llorweddol}}$ = 0

A Δv_{fyny} = (−15.2 m s^{-1}) − (+7.5 m s^{-1}) = −22.7 m s^{-1}

Felly y newid yng nghyflymder y bêl yw 22.7 m s^{-1} yn y cyfeiriad i lawr.

C12 Maint $v_2 - v_1 = \sqrt{12^2 + 10^2}$ = 15.6 m s^{-1}

$\theta = \tan^{-1}\left(\dfrac{10}{12}\right)$ = 39.8°

∴ Cyfeiriant = 230° i'r radd agosaf

$v_1 = 12$ m s^{-1}

$v_2 = 10$ m s^{-1}

θ

$v_2 - v_1$

C13 $\left[\dfrac{k}{m}\right] = \dfrac{\text{N m}^{-1}}{\text{kg}} = \dfrac{(\text{kg m s}^{-2})\text{m}^{-1}}{\text{kg}}$ = s^{-2}, felly $\left[\dfrac{m}{k}\right]$ = s^2

Nawr, [T] = s, felly mae'r ddau hafaliad cyntaf o'r hafaliadau sydd wedi'u rhoi yn amlwg yn anghywir.

A [T^2] = s^2, felly gallai'r trydydd hafaliad fod yn gywir, ond mae'r pedwerydd yn anghywir.

C14 (a) $A = \pi r^2 = \pi \times \left(\dfrac{0.317 \times 10^{-3} \text{ m}}{2}\right)^2$ = 7.89 × 10^{-8} m^2

(b) Cyfaint = Al = 7.89 × 10^{-8} m^2 × 0.85 m = 6.71 × 10^{-8} m^3

(c) Cyfaint = $\dfrac{\text{màs}}{\text{dwysedd}} = \dfrac{2.50 \text{ kg}}{8.96 \times 10^3 \text{kg m}^{-3}}$ = 2.790 × 10^{-4} m^3

$l = \dfrac{\text{cyfaint}}{A} = \dfrac{2.790 \times 10^{-4}\text{m}^3}{7.893 \times 10^{-8}\text{m}^2}$ = 3.54 × 10^3 m = 3.54 km

C15 (a) Gwasgedd = $\dfrac{\text{(maint y) grym yn normal i'r arwyneb}}{\text{arwynebedd arwyneb}}$

Felly (maint y) grym = gwasgedd × arwynebedd = 2.5 × 10^6 Pa × π (0.100 m)^2 = 7.9 × 10^4 N i 2 ff.y.

(b) Grym i fyny y nwy ar y piston = pwysau'r piston copr + grym i lawr yr aer ar y piston

Felly $pA = Al\rho g + p_A A$

lle A yw arwynebedd trawstoriadol y piston copr, l yw el hyd a ρ yw dwysedd y copr, felly Al yw cyfaint y silindr copr, ac $Al\rho$ yw ei fàs.

Gan rannu'r cwbl gydag A, ac yna amnewid data rhifiadol

$p = l\rho g + p_A$
= 0.10 m × 8.96 × 10^3 kg m^{-3} × 9.81 m s^{-2} + 101 × 10^3 Pa
= 110 × 10^3 Pa

Atebion Uned 1

C16 (a) Heb y mesur lled 4.17 cm, amrediad y mesuriadau lled yw (4.28 − 4.24) cm = 0.04 cm; gyda'r 4.17 cm, mae'n 0.11 cm. Felly mae'r 4.17 cm ymhell y tu hwnt i'r amrediad sydd wedi'i sefydlu gan y darlleniadau eraill, ac mae Rhian yn ddoeth i'w anwybyddu.

(b) Gallwn ni gymryd bod yr ansicrwydd absoliwt yn y màs yn 0.1 g, felly ei ansicrwydd canrannol yw (0.1 / 600) × 100 = 0.017 %. Mae hyn llawer yn is na'r ansicrwydd canrannol yn y mesuriadau hyd, lled ac uchder (edrychwch ar yr isod) felly gallwn ni ei anwybyddu.

(c) Hyd cymedrig, $l = \dfrac{6.35 + 6.38 + 6.34 + 6.38 + 6.37}{5} = 6.36$ cm

$\Delta l = \dfrac{6.38 - 6.34}{2}$ cm = 0.02 cm; felly $p(l) = \dfrac{0.02}{6.36} \times 100\% = 0.31\%$

Lled cymedrig, $w = \dfrac{4.26 + 4.24 + 4.28 + 4.25}{4}$ cm = 4.26 cm

$\Delta w = \dfrac{4.28 - 4.24}{2}$ cm = 0.02 cm; felly $p(w) = \dfrac{0.02}{4.26} \times 100\% = 0.47\%$

Uchder cymedrig, $h = \dfrac{2.79 + 2.81 + 2.83 + 2.80 + 2.81}{5}$ cm = 2.81 cm

$\Delta h = \dfrac{2.83 - 2.79}{2}$ cm = 0.02 cm; felly $p(h) = \dfrac{0.02}{2.81} \times 100\% = 0.71\%$

$\rho = \dfrac{m}{V} = \dfrac{599.5 \text{ g}}{6.36 \text{ cm} \times 4.26 \text{ cm} \times 2.81 \text{cm}} = 7.87$ g cm^{-3}

$p(\rho) = 0.31 + 0.47 + 0.71 = 1.5$ %

Felly $\Delta\rho = 7.87$ g cm^{-3} × ±0.015 = ±0.12 g cm^{-3},

h.y. $\rho = (7.87 \pm 0.12)$ g cm^{-3} neu (7.9 ± 0.1) g cm^{-3}

[Sylwer: mae'n iawn gweithio mewn kg ac m, gan roi (7.87 ± 0.12) × 10^3 kg m^{-3}]

C17 Mae craidd disgyrchiant y pren mesur ar 25.0 cm. Os yw màs y pren mesur = m_R, gan ddefnyddio egwyddor momentau (momentau o amgylch y pensil):

0.100 kg × g × 0.140 m = $m_R g$ × 0.100 m

∴ $m_R = 0.140$ kg

Nawr, gyda màs y darn metel, m_m, momentau o amgylch y pensil unwaith eto

$m_m g$ × 0.115 m = 0.140 kg × g × 0.125 m

∴ $m_m = 0.152$ kg

C18 (a) Mae'r tyniannau yn A a B yn hafal oherwydd cymesuredd: mae'r ddau gyswllt yr un pellter o ymyl yr arwydd, sy'n unffurf. Mae pob tyniant yn hafal i hanner tynfa disgyrchiant ar yr arwydd.

Felly tyniant = $\frac{1}{2}$ × 3.5 kg × 9.81 N kg^{-1} = 17.2 N

(b) Mae A 0.15 m o H, pellter AB yw 0.60 m, felly mae B 0.75 m o H. Mae craidd màs y bar 0.45 m o H. Pwysau'r bar = 1.5 kg × 9.81 N kg^{-1} = 14.7 N

Swm y momentau clocwedd = 17.2 N × 0.15 m + 17.2 N × 0.75 m + 14.7 N × 0.45 m
= 22.1 N m

(c) Swm y momentau gwrthglocwedd o amgylch H = swm y momentau clocwedd o amgylch H

Felly $T \cos(90° - 30°)$ × 0.75 m = 22.1 N m

Felly $T = \dfrac{22.1 \text{ N m}}{0.75 \text{ m} \cos 60°} = 59$ N

(ch) Mae'n rhaid i F_{dde}, y gydran grym llorweddol i'r dde o'r golfach ar y bar, gydbwyso cydran lorweddol grym y wifren ar y bar.

∴ $F_{dde} = T \cos 30° = 59$ N × cos 30° = 51 N

Os F_{fyny} yw cydran grym i fyny y golfach ar y bar, yna

F_{fyny} = pwysau'r bar + swm y tyniannau yn A a B − cydran i fyny T
= 14.7 N + 34.3 N − 59 N × cos (90° − 30°) = 19.5 N

∴ $F = \sqrt{51^2 + 19.5^2} = 55$ N yn $\tan^{-1}\left(\dfrac{19.5}{51}\right) = 21°$ uwchben y llorwedd i'r dde

C19 (a) Mae gwaith yn sgalar nid yn fector; mae dadleoliad yn fector nid yn sgalar.

(b) (i) $[\mu] = [\rho][u][L] = kg\,m^{-3} \times m\,s^{-1} \times m = kg\,m^{-1}\,s^{-1}$
$N\,s\,m^{-2} = (kg\,m\,s^{-2}) \times s \times m^{-2} = kg\,m^{-1}\,s^{-1}$
Felly mae unedau ochr dde ac ochr chwith yr hafaliad yr un peth.

(ii) $k = \dfrac{\rho u L}{\mu} = \dfrac{1.16\,kg\,m^{-3} \times 41.2\,m\,s^{-1} \times 0.071m}{1.87 \times 10^{-5}\,N\,s\,m^{-1}} = 1.8 \times 10^5$ (2 ff.y.) / 1.81×10^5 (3 ff.y.)

Adran 2: Cinemateg

C1 (a) (i) Buanedd cymedrig $= \dfrac{\text{cyfanswm y pellter a deithiwyd}}{\text{cyfanswm yr amser a gymerwyd}}$

(ii) Cyflymder cymedrig $= \dfrac{\text{cyfanswm y dadleoliad}}{\text{cyfanswm yr amser a gymerwyd}}$

(b) (i) Buanedd cymedrig $= \dfrac{120\,m + 120\,m}{27\,s} = \dfrac{240\,m}{27\,s} = 8.9\,m\,s^{-1}$ (2 ff.y.)

(ii) Cyfanswm y dadleoliad $= 120\sqrt{2}$ m ar gyfeiriant 045° (i gyfeiriad GDd)

$\therefore$ Cyflymder cymedrig $= \dfrac{120\sqrt{2}}{27}\,m\,s^{-1} = 6.3\,m\,s^{-1}$ ar gyfeiriant 045° (GDd)

C2 Gan gymryd y dwyrain fel y cyfeiriad positif:

Cyflymder cychwynnol, $u = 19\,m\,s^{-1}$; cyflymder terfynol $v = -11\,m\,s^{-1}$

$\Delta v = v - u = -11 - 19 = -30\,m\,s^{-1}$; amser $t = 25\,ms = 0.025\,s$

$\therefore$ Cyflymiad cymedrig $= \dfrac{\Delta v}{t} = \dfrac{-30\,m\,s^{-1}}{0.025\,s}$ i'r dwyrain $= 1200\,m\,s^{-2}$ i'r gorllewin

Mae hwn yn gyflymiad mawr iawn (tua 120g) oherwydd bod yr amser parhad mor fach.

C3 (a) Gan ddefnyddio'r graff wedi'i fraslunio

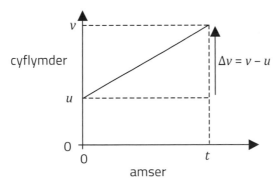

(i) Cyflymiad, $a = \dfrac{\Delta v}{t} = \dfrac{v - u}{t}$
Lluosi â t: $at = v - u$
Mae ad-drefnu yn rhoi $v = u + at$ yn ôl y gofyn

(ii) Dadleoliad, x = arwynebedd o dan y graff v–t = uchder cymedrig × sail
$= \dfrac{u + v}{2}t$

(iii) Dadleoliad, x = arwynebedd o dan y graff v–t
= arwynebedd petryal + arwynebedd triongl
$= ut + \dfrac{1}{2}(v - u)t$
Ond $at = v - u$ felly $x = ut + \dfrac{1}{2}at^2$

(b) Mae ad-drefnu $v = u + at$ yn rhoi $t = \dfrac{v - u}{a}$
Drwy amnewid am t yn $x = \dfrac{u + v}{2}t \longrightarrow x = \dfrac{(u + v)(v - u)}{2a}t$
Lluosi â $2a$ ac ehangu'r cromfachau $\longrightarrow 2ax = v^2 - u^2$. Felly $v^2 = u^2 + 2ax$

C4 (a) Gan gymryd i fyny fel y positif

    (i) $u = 15.5$ m s^{-1}, $a = -g = -9.81$ m s^{-2}; $v = 0$ (ar y pwynt uchaf); $x = h$ (uchder mwyaf)

    $v^2 = u^2 + 2ax$, $\therefore 0 = (15.5)^2 - 2 \times 9.81h$

    $\therefore$ uchder mwyaf $h = \dfrac{(15.5)^2}{2 \times 9.81} = 12.2$ m

    Fel arall: defnyddio cadwraeth egni. $mgh = \frac{1}{2}mv^2$ a rhannu ag m

    (ii) $v = u + at$, felly $t = \dfrac{v - u}{a} = \dfrac{0 - 15.5}{-9.81} = 1.58$ s

(b) Mae'r bêl yn arafu, felly mae'r cyflymder cymedrig yn hanner cyntaf yr esgyniad yn fwy nag yn yr ail hanner. Felly mae'r amser mae'n ei gymryd i gyrraedd hanner yr uchder mwyaf yn llai na hanner yr amser mae'n ei gymryd i gyrraedd yr uchder mwyaf.

(c) (i) Cyfrifo'r amser i ddisgyn 6.1 m o'r pwynt uchaf

    Gan gymryd i lawr fel y positif: $u = 0$, $a = g = 9.81$ m s^{-2}, $x = 6.1$ m

    $x = ut + \frac{1}{2}at^2$, felly $6.1 = \frac{1}{2} \times 9.81\, t^2$

    Felly $t = \sqrt{\dfrac{2 \times 6.1}{9.81}} = 1.12$ s

    $\therefore$ Cyfanswm yr amser $= 1.58$ s $+ 1.12$ s $= 2.70$ s

    Fel arall: cyfrifo'r amser o'r dechrau gyda: $u = 15.5$ m s^{-1}, $a = -g$, $x = 6.1$ m

    Defnyddio'r un hafaliad: $x = ut + \frac{1}{2}at^2$ sy'n rhoi $6.1 = 15.5t - \frac{1}{2} \times 9.81\, t^2$

    Datrys y cwadratig ar gyfer $t \longrightarrow 0.46$ s a 2.70 s. Dewis yr ail ateb.

    (ii) Cyfrifo'r buanedd ar gyfer y disgyniad 6.1 m o'r pwynt uchaf:

    Amser i ddisgyn mor bell â hyn $= 1.12$ s, o (c)(i), gan gymryd i lawr fel y positif

    $v = u + at$, felly $v = 0 + 9.81 \times 1.12 = 11.0$ m s^{-1}

    Fel arall: Defnyddio $v = u + at$ o'r dechrau

    Gan gymryd i fyny fel y positif $u = 15.5$ m s^{-1}, $a = -g$, $t = 2.70$ s

    Felly $v = 15.5 - 9.81 \times 2.70 = -11.0$ m s^{-1} felly cyflymder i lawr 11.0 m s^{-1}

    Neu Cyfrifo'r buanedd sy'n cael ei gyrraedd wrth ddisgyn 6.1 m drwy ddefnyddio $v^2 = u^2 + 2ax$

C5 (a) Mae'r dŵr yn cymryd peth amser i gyrraedd y ddaear. Pan fydd yn cael ei ryddhau mae ganddo gyflymder llorweddol. Mae'n cadw'r mudiant llorweddol hwn wrth ddisgyn, felly mae angen ei ryddhau cyn cyrraedd y parth gollwng.

(b) Gadael i $t =$ amser i ddisgyn 100 m. Defnyddio $x = ut + \frac{1}{2}at^2$ gydag $u = 0$, $a = g$ ac $x = 100$ m

    $\therefore t = \sqrt{\dfrac{2 \times 100}{9.81}} = 4.52$ s

    Mewn 4.52 s, mae'r awyren yn teithio 120 m s$^{-1} \times 4.52$ s $= 540$ m (2 ff.y.), felly mae'n rhaid i'r dŵr gael ei ollwng 540 m cyn yr ardal sy'n llosgi.

C6 (a) (i) $u_h = u\cos\theta = 20.0 \times \cos 37° = 16.0$ m s^{-1}

    (ii) $u_v = u\sin\theta = 20.0 \times \sin 37° = 12.0$ m s^{-1}

    (iii) Dydy cydeffaith 16 m s^{-1} yn llorweddol a 12 m s^{-1} yn fertigol ddim yn $16 + 12 = 28$ m s^{-1} ond $\sqrt{16^2 + 12^2} = 20$ m s^{-1}, oherwydd eu bod nhw ar ongl sgwâr, felly does dim angen i Huw boeni!

(b) (i) Gan gymryd i fyny fel y positif. $u_f = 12.0$ m s^{-1}, $a = -g$, $v_f = 0$, $x = h$ (uchder)

    $v^2 = u^2 + 2ax$, $\therefore 0 = (12.0)^2 - 2 \times 9.81h$

    $\therefore h = \dfrac{(12.0)^2}{2 \times 9.81} = 7.34$ m

    (ii) Gadael i $t =$ yr amser i gyrraedd y ddaear. Ystyried mudiant fertigol

    $x = ut + \frac{1}{2}at^2$, $\therefore 0 = 12.0t - 4.905t^2$, $\therefore t(12.0 - 4.905t) = 0$

    $\therefore t = 0$ (anwybyddu) neu $4.905t = 12 \longrightarrow t = 2.45$ s

    [Dull arall: dwywaith yr amser i'r uchder mwyaf.]

    $\therefore$ Pellter llorweddol a deithiwyd $= 16.0$ m s$^{-1} \times 2.45$ s $= 39.2$ m (3 ff.y.)

(c) (i) Cymhareb yw'r ffwythiant sin, felly does ganddo ddim unedau.

    $\therefore \left[\dfrac{u^2 \sin 2\theta}{g}\right] = \dfrac{(\text{m s}^{-1})^2}{\text{m s}^{-2}} = \text{m} = [R]$. Felly mae'n homogenaidd.

(ii)   Defnyddio'r hafaliad, $R = \dfrac{(20)^2 \sin 74°}{9.81} = 39.2$ m, h.y. mae'r hafaliad yn rhoi'r un ateb (o leiaf i 3 ff.y.).

C7 (a) (i)   O'r graff, $v(20$ s$) = 7.95$ m s^{-1}; $v(10$ s$) = 3.70$ m s^{-1}

∴ Cyflymiad cymedrig $= \dfrac{(7.95 - 3.70)\text{m s}^{-1}}{10.0 \text{ s}}$ 0.43 m s^{-2} (i 2 ff.y.)

(ii)

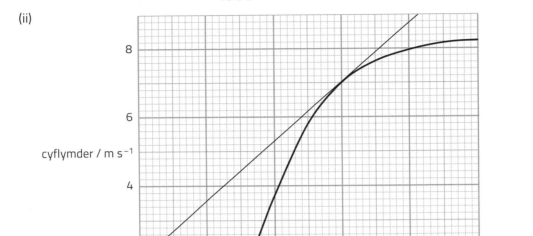

Cyflymiad ar 15.0 s   = graddiant y tangiad ar 15.0 s

$= \dfrac{(9.0 - 1.8)\text{m s}^{-1}}{(20.7 - 0.0)\text{s}}$

$= 0.35$ m s^{-2}

(b) Mae'r cord i'r graff o 14.5 s i 15.5 s bron yn union yr un fath â'r tangiad ar 15.0 s, felly mae ei raddiant bron yn unfath. Felly, dylai'r dull hwn weithio i frasamcan da. [Ond mae'n amhosibl cyflawni hyn yn fanwl gywir oherwydd bod ansicrwydd ffracsiynol mawr wrth ddarllen pellteroedd bach fel hyn ar y graff.]

C8 (a) Cyfanswm y dadleoliad = arwynebedd o dan y graff

$= \frac{1}{2} \times (15 + 29)$ s $\times 14$ m s^{-1}

$= 308$ m

∴ Cyflymder cymedrig $= \dfrac{308\,\text{m}}{29\,\text{s}} = 10.6$ m s^{-1} (3 ff.y.)

(b)

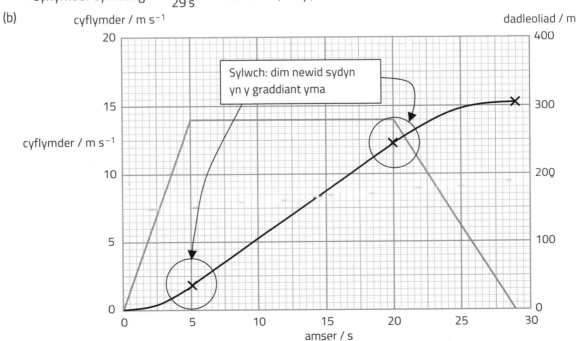

Cyfrifiadau: Dadleoliad ar 5 s = 0.5 × 5 × 14 = 35 m
Dadleoliad rhwng 5 a 20 s = 15 × 14 = 210 m [⟶ cyfanswm 245 m]
Dadleoliad rhwng 20 a 29 s = 0.5 × 9 × 14 = 63 m [⟶ cyfanswm 308 m]

(c)

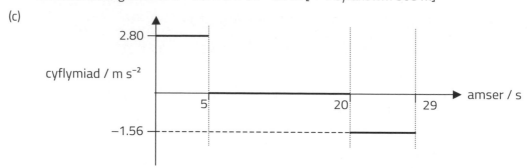

C9 (a) Mudiant fertigol; gan gymryd i fyny fel y positif

Amser y bêl yn yr awyr = $\dfrac{v - u}{a}$ = $\dfrac{(10.0 - (-10.0))\ \text{m s}^{-1}}{9.81\ \text{m s}^{-2}}$ = 2.04 s

∴ Pellter mae'r trên yn ei symud = 8.0 m s^{-1} × 2.04 = 16.3 m

(b)

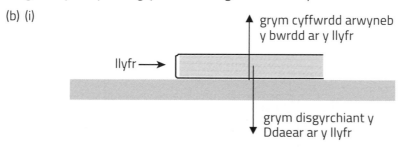

(c) Pan fydd Helen yn taflu'r bêl i fyny, mae gan y bêl gyflymder llorweddol hefyd. Mae'r cyflymder llorweddol hwn yn aros yr un peth drwy'r mudiant (gan anwybyddu gwrthiant aer) felly pan ddaw'r bêl i lawr, mae wedi symud yr un pellter ymlaen â Helen.

(ch) O safbwynt Helen, mae'r bêl yn cael ei thynnu y tu ôl iddi gan wynt tuag yn ôl. O safbwynt yr arsylwr, mae'r bêl yn symud drwy'r awyr ac yn profi gwrthiant aer sy'n ei arafu fel nad yw'n teithio mor bell ymlaen â Helen, ac yn glanio y tu ôl iddi.

Adran 3: Dynameg

C1 (a) Pan fydd dau wrthrych, A a B, yn rhyngweithio, os yw gwrthrych A yn rhoi grym ar wrthrych B, bydd gwrthrych B yn rhoi grym hafal a dirgroes ar wrthrych A.

(b) (i)

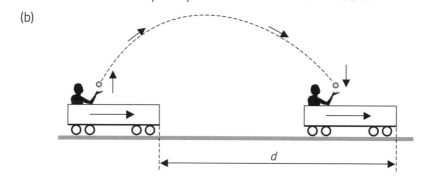

grym cyffwrdd arwyneb
y bwrdd ar y llyfr

llyfr ⟶

grym disgyrchiant y
Ddaear ar y llyfr

(ii) Grym cyffwrdd: Mae partner N3 yn gweithredu ar arwyneb y bwrdd.
Grym disgyrchiant: Mae partner N3 yn gweithredu ar y Ddaear (gyfan).

C2 (a) Gan ddechrau gyda hafaliad Angharad, mae momentwm, p, gwrthrych yn cael ei ddiffinio fel mv (gyda'r symbolau arferol). Felly ar gyfer màs cyson:

$$F = \frac{\Delta p}{t} = \frac{\Delta(mv)}{t} = m\frac{\Delta v}{t}$$

Mae cyflymiad, a, yn cael ei ddiffinio fel $\dfrac{\Delta v}{t}$, felly $F = ma$, sef hafaliad Bethan.

(b) Byddai hafaliad Bethan yn ddefnyddiol pe bai un màs yn cael ei gyflymu yma, ond nid dyma yw'r achos. Ond gallwn ni gyfrifo'r newid ym momentwm pob moleciwl ac felly cyfanswm y newid momentwm bob eiliad ar y wal, felly mae hafaliad Angharad yn fwy defnyddiol.

C3 (a) $v^2 = u^2 + 2ax \therefore a = \dfrac{v^2 - u^2}{2x} = \dfrac{(2.1 \text{ m s}^{-1})^2 - (1.5 \text{ m s}^{-1})^2}{2 \times 2.7 \text{ m}} = 0.40 \text{ m s}^{-2}$

Grym cydeffaith, $ma = 28$ kg $\times 0.40$ m s^{-2} = 11.2 N

(b) Os yw'r grym ffrithiannol ar y blwch yn F, mae'r grym cydeffaith = 18.2 N – F

$\therefore$ 18.2 N – F = 11.2 N

$\therefore F$ = 18.2 N – 11.2 N = 7.0 N i'r chwith

Felly, grym ffrithiannol y blwch ar y ddaear = 7.0 N i'r dde.

C4 (a) Y grym cydeffaith ar y trolïau gyda'i gilydd = ma = 26 kg $\times$ 0.75 m s^{-2} = 19.5 N

Cyfanswm y grym ffrithiannol = 10.0 N

$\therefore$ Os yw F = grym mae'r rhaff yn ei roi, F – 10.0 N = 19.5 N

$\therefore F$ = 29.5 N

(b) Grym cydeffaith ar droli B = 12 kg $\times$ 0.75 m s^{-2} = 9.0 N

Grym ffrithiannol = 5.0 N

$\therefore$ y grym mae'r gadwyn yn ei roi ar droli B = 9.0 N + 5.0 N = 14.0 N (ymlaen)

$\therefore$ Yn ôl 3edd deddf Newton, y grym mae B yn ei roi ar y gadwyn = 14.0 N (tuag yn ôl)

Fel arall: Grym cydeffaith ar droli **A** + y gadwyn = 14 kg $\times$ 0.75 m s^{-2} = 10.5 N

Grym ffrithiannol = 5.0 N (tuag yn ôl); y grym mae'r rhaff yn ei roi = 29.5 N (ymlaen)

$\therefore$ Y grym tuag yn ôl mae **B** yn ei roi ar y gadwyn = 29.5 N – 10.5 N – 5.0 N = 14.0 N

C5 Maint y grym cydeffaith,

$R = \sqrt{8.0^2 + 16.0^2} = 17.9$ N (3 ff.y.)

Cyfeiriad: $\theta = \tan^{-1}\left(\dfrac{16.0}{8.0}\right) = 63.4°$

$\therefore$ Cyflymiad, $a = \dfrac{F}{m} = \dfrac{17.9 \text{ N}}{4.0 \text{ kg}} = 4.48$ m s^{-2}

Felly mae'r cyflymiad yn 4.5 m s^{-2} ar gyfeiriant 063°
(y ddau i 2 ff.y.)

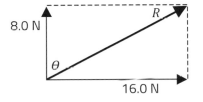

C6 (a) Mae cydrannau fertigol y grym yn canslo,

grym llorweddol cydeffaith = 2 $\times$ 6.0 cos 30° = 10.4 N i'r chwith

$\therefore$ Cyflymiad $\dfrac{F}{m} = \dfrac{10.4 \text{ N}}{0.050 \text{ kg}} = 210$ m s^{-2} i'r chwith (2 ff.y.)

(b) Rheswm 1: bydd estyniad y sbringiau yn lleihau felly bydd y tyniant ynddyn nhw yn lleihau hefyd.

Rheswm 2: Bydd ongl y sbringiau i'r llorwedd yn cynyddu felly bydd cydran lorweddol y grymoedd oherwydd y tyniant yn lleihau.

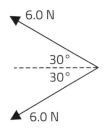

C7 (a) Gadael i fàs pob troli = m

Momentwm cychwynnol i'r dde = 8.0m – 2 $\times$ 2.2m = 3.6m

$\therefore$ Drwy gadwraeth momentwm, mae'r momentwm ar ôl y gwrthdrawiad = 3.6m i'r dde

$\therefore$ Cyflymder y trolïau = $\dfrac{p}{\text{màs}} = \dfrac{3.6m}{3m} = 1.2$ m s^{-1} i'r dde

(b) Egni cinetig cychwynnol = $\frac{1}{2}m \times (8.0)^2 + 2 \times \frac{1}{2}m \times (2.2)^2 = 36.84m$

Egni cinetig terfynol = $3 \times \frac{1}{2}m \times (1.2)^2 = 2.16m$

Ffracsiwn o'r egni cinetig cychwynnol = $\dfrac{2.16}{36.84} = 0.059$

(c) Bydd ffracsiwn bach iawn o'r egni sy'n cael ei golli'n cael ei ryddhau fel tonnau sain. Bydd y gwrthdrawiad yn cynhyrchu tonnau cywasgol yn fframiau metel y trolïau fydd yn arwain dros dro at fwy o ddirgryniadau yn yr ïonau (atomau) metel, felly mae hyn yn debygol o fod yn wir. Bydd yr egni ychwanegol hwn yn cael ei drosglwyddo'n gyflym i'r aer drwy ddargludiad a darfudiad.

Atebion Uned 1

C8 Mae cyfanswm momentwm ('momentwm llinol' i fod yn fanwl gywir) y dymbel yn sero oherwydd mae momentwm yn fector ac mae'r ddau bwysyn yn symud ar fuanedd hafal i gyfeiriadau dirgroes.

Egni cinetig pob pwysyn = $\frac{1}{2}mv^2$ = 1.25 × (5.0)^2 = 31.25 J

Mae egni cinetig yn sgalar a does ganddo ddim cyfeiriad.

∴ Cyfanswm yr egni cinetig = 31.25 + 31.25 = 63 J (2 ff.y.)

C9 (a) Gan ystyried trosglwyddo egni ar gyfer y bêl sy'n disgyn,

$\frac{1}{2}mv^2 = mgh$ ∴ Buanedd y gwrthdrawiad = $\sqrt{2gh} = \sqrt{2 \times 9.81 \times 2.00}$ = 6.26 m s^{-1}

Buanedd adlamu = $\sqrt{2 \times 9.81 \times 1.20}$ = 4.85 m s^{-1}

Gan gymryd i fyny fel y positif:

Cyflymder y gwrthdrawiad = −6.26 m s^{-1}; cyflymder adlamu = 4.85 m s^{-1}

Newid cyflymder, Δv = 4.85 −(−6.25) = 11.1 m s^{-1} i fyny

∴ Newid momentwm, $\Delta p = m\Delta v$ = 0.220 × 11.1 = 2.44 N s = 2.4 N s (2 ff.y.)

(b) Grym cydeffaith = $\dfrac{\Delta p}{t} = \dfrac{2.44 \text{ N s}}{0.150 \text{ s}}$ = 16.3 N

(c) Mae dau rym fertigol ar y bêl: y pwysau, W (= 0.220 × 9.81 = 2.2 N), sy'n gweithredu tuag i lawr, a'r grym cyffwrdd, C, gan y ddaear, sy'n gweithredu tuag i fyny.

∴ Grym cydeffaith $R = C - W$, felly $C = R + W = R + 2.2$ N

C10 (a) Gan gymryd mudiant i'r dde fel y positif. Drwy gymhwyso egwyddor cadwraeth momentwm, mae swm y termau mv yn gyson:

$$0.15 \times 0.36 - 0.25 \times 0.52 = 0.15v + 0.25 \times 0.107$$

lle mae v = cyflymder y gleider 0.15 kg ar ôl y gwrthdrawiad.

∴ 0.15 v = −0.10275

∴ v = −0.685 m s^{-1}, h.y. 0.685 m s^{-1} (3 ff.y.) i'r chwith

(b) Egni cinetig cychwynnol = $\frac{1}{2}$ × 0.15 × (0.36)^2 + $\frac{1}{2}$ × 0.25 × (0.52)^2 = 0.0435 J

Egni cinetig terfynol = $\frac{1}{2}$ × 0.15 × (−0.685)^2 + $\frac{1}{2}$ × 0.25 × (0.107)^2 = 0.0366 J

∴ Mae egni cinetig yn cael ei golli, ac felly mae'r gwrthdrawiad yn anelastig.

Fel arall: Buanedd cyd-nesáu (cyn y gwrthdrawiad) = 0.36 + 0.52 = 0.88 m s^{-1}

Buanedd gwahanu (ar ôl y gwrthdrawiad) = 0.685 + 0.107 = 0.792 m s^{-1}

0.792 m s^{-1} < 0.88 m s^{-1}, felly mae'r gwrthdrawiad yn anelastig.

C11 (a) Mae cydran normal y cyflymder yn newid o −2500 cos 60° i +2500 cos 60°

Felly Δv = 2500 m s^{-1}

Felly $\Delta p = m\, \Delta v$ = 6.6 × 10^{-27} kg × 2500 m s^{-1} = 1.65 × 10^{-23} N s (tuag i fyny)

(b) Er mwyn dod yn ôl i ochr XY, mae'n rhaid i'r moleciwl deithio'n fertigol 6.0 cm + 6.0 cm = 12.0 cm

Cydran fertigol y cyflymder = ±1250 m s^{-1}

∴ Amser rhwng gwrthdrawiadau ar XY = $\dfrac{0.120 \text{ m}}{1250 \text{ m s}^{-1}}$ = 9.6 × 10^{-5} s

∴ Grym cymedrig ar XY = $\dfrac{1.65 \times 10^{-23} \text{ N s}}{9.6 \times 10^{-5} \text{ s}}$ = 1.7 × 10^{-19} N

Adran 4: Cysyniadau egni

C1 (a) Pŵer = egni am bob uned amser = $\dfrac{\text{egni}}{\text{amser}}$; felly [egni] = [pŵer] × [amser]

Mae awr yn uned amser, felly [egni] = kW awr

(b) 96 kW awr = 96 × 10^3 W × 3 600 s

= 3.5 × 10^8 J (2 ff.y.)

C2 (a) Dydy egni ddim yn gallu cael ei greu na'i ddinistrio, ond mae'n gallu cael ei drosglwyddo o un ffurf (neu wrthrych) i un arall.

(b) (i) Egni cinetig cychwynnol = $\frac{1}{2}mv^2$ = 0.5 × 0.150 × (50.0)^2 = 187.5 J

Cynnydd yn yr egni potensial disgyrchiant = mgh = 0.150 × 9.81 × 31.9 = 46.9 J

∴ Egni cinetig ar 31.9 m = 187.5 – 46.9 = 140.6 J

∴ 0.5 × 0.150 × v^2 = 140.6

∴ Buanedd, v = 43 m s^{-1} (2 ff.y.)

(ii) Na, mae holl werthoedd egni yn cynnwys y ffactor m = 0.150 kg, felly gallai gael ei newid neu ei ganslo heb effeithio ar y cyfrifiad.

C3 (a) EPD sy'n cael ei golli = 85 kg × 9.81 N kg^{-1} × 200 m sin 5°

= 14 500 J

(b) Cynnydd yn yr egni cinetig = $\frac{1}{2}mv^2$ = 0.5 × 85 kg × (12.0 m s^{-1})^2 = 6 120 J

∴ Egni mecanyddol sy'n cael ei golli = 14 500 J – 6 100 J = 8 400 J

∴ Gwaith sy'n cael ei wneud yn erbyn ffrithiant = 8 400 J, felly grym ffrithiannol × 200 m = 8 400 J

∴ Grym ffrithiannol = $\frac{8\,400\,J}{200\,m}$ = 42 N (2 ff.y.)

C4 (a) Egni cinetig sy'n cael ei golli = gwaith sy'n cael ei wneud yn erbyn ffrithiant

∴ F × 55 m = 0.5 × 1 200 kg × (26.7 m s^{-1})^2

= 428 000 J

∴ F = 7 800 N (2 ff.y.)

(b) F_{30} = $\frac{0.5\,\times\,1200\times(13.35)^2}{14\,m}$ = 7 600 N (2 ff.y.); F_{50} = $\frac{0.5\,\times\,1200\times(22.25)^2}{38\,m}$ = 7 800 N (2 ff.y.)

F_{70} = $\frac{0.5\,\times\,1200\times(31.15)^2}{75\,m}$ = 7 800 N (2 ff.y.)

(Cyflymderau wedi'u trawsnewid gyda ffactor 60 mya = 26.7 m s^{-1})

Mae'r holl rymoedd yn agos iawn, felly mae'r dybiaeth yn wir.

[Sylwch: Dull gweithredu arall, mwy craff, yw cymharu'r cymarebau v^2/d a dangos eu bod nhw i gyd yn agos iawn. Does dim angen trosi mya i m s^{-1}.]

(c) Mae John yn anghywir. Mae'r egni cinetig sy'n cael ei golli mewn cyfrannedd â màs y car, felly mae'n rhaid i'r grym brecio fod mewn cyfrannedd â'r màs hefyd.

C5 (a) Mae'r egni sydd gan system yn cael ei ddiffinio fel swm y gwaith mae'n gallu ei wneud. Pan fydd system yn gwneud 10 J o waith, yna bydd 10 J o egni yn cael ei drosglwyddo. Felly mae'r ddau ddiffiniad yr un peth.

(b) Yn achos y ceffyl, mae grym sy'n symud ei bwynt gweithredu yn effeithio ar y trosglwyddiad egni. Felly mae'r diffiniad o waith yn ddefnyddiol. Yn achos yr Haul, mae'r trosglwyddiad egni yn deillio o allyriadau ffotonau unigol – sefyllfa lle nad yw grym yn gysyniad defnyddiol.

C6 (a) EPD cychwynnol = mgh

= 0.600 kg × 9.81 N kg^{-1} × 0.400 m = 2.35 J

(b) EPD sy'n cael ei golli = 0.600 × 9.81 × 0.184 = 1.08 J

Egni potensial elastig, EPE = $\frac{1}{2}kx^2$ = 0.5 × 32.0 N m^{-1} × (0.184 m)^2 = 0.54 J

Egni cinetig = 1.08 J – 0.54 J = 0.54 J

(c) $\frac{1}{2}$ × 0.600 kg × v^2 = 0.54 J

∴ $v = \sqrt{\frac{2\times0.54\,J}{0.600\,kg}}$ = 1.34 m s^{-1} (3 ff.y.)

(ch) Ar y pwynt isaf, EC = 0, felly: EPD sy'n cael ei golli = cynnydd yn yr EPE

Os yw'r pellter disgyn = x, $mgx = \frac{1}{2}kx^2$, ∴ $x = \frac{2mg}{k} = \frac{2\times0.600\,kg\,\times\,9.81\,N\,kg^{-1}}{32\,N\,m^{-1}}$

∴ x = 0.368 m

∴ Uchder uwchben y fainc = 0.400 – 0.368 = 0.032 m

(d) (i) mgh = colled EPD; $\frac{1}{2}kh^2$ = cynnydd yn yr EPE; $\frac{1}{2}mv^2$ = cynnydd yn yr EC (oherwydd EC cychwynnol = 0)

Mae'r hafaliad yn fynegiant o gadwraeth egni: mae'r EPD sy'n cael ei golli yn hafal i'r cynnydd yn yr EPE + y cynnydd yn yr egni cinetig.

Atebion Uned 1

(ii) Mewnosod gwerthoedd: $0.6 \times 9.81h = 16h^2 + 0.3$

$\therefore 16h^2 - 5.886h + 0.3 = 0$

$\therefore h = \dfrac{5.886 \pm \sqrt{5.886^2 - 4 \times 16 \times 0.3}}{2 \times 16} = 0.061$ m neu 0.306 m

C7 (a) O ddiffiniad cyflymder, $x = vt$, lle t = amser

O ddiffiniad pŵer, $W = Pt$

Amnewid ar gyfer W a x yn $W = Fx \longrightarrow Pt = Fvt$ ac felly $P = Fv$

(b) (i) $[k] = $ N $($m s$^{-1})^{-2} = $ kg m^{-2} $($m^{-2} s$^2)$

$= $ kg m^{-1}

(ii) Mae'r cyflymder yn gyson, felly llusgiad D = grym ymlaen F

$P = Fv = (kv^2)\,v$

$= 0.4$ kg m$^{-1} \times (30$ m s$^{-1})^3$

$= 10\,800$ W

(iii) [Sylwch: yn y cwestiwn hwn, bydd eich ateb yn dibynnu'n fawr iawn ar eich tybiaethau.]

Tybio buanedd cyson 30 m s^{-1} ac effeithlonrwydd 80%

Amser mae'n ei gymryd ar gyfer 900 km $= \dfrac{900 \times 10^3}{30}$ s $= 30\,000$ s

$\therefore$ Trosglwyddiad egni $= 10\,800$ W $\times 30\,000$ s $= 3.2 \times 10^8$ J

80% o 100 kW awr $= 0.8 \times 100 \times 3.6 \times 10^6$ J $= 2.9 \times 10^8$ J

Mae hyn yn awgrymu bod yr honiad yn anghywir, ond nid yn bell ohoni – efallai bod y buanedd gyrru a dybiwyd yn llai.

C8 (a) Anwybyddu'r ongl i'r llorwedd, $W = 83$ N $\times 7.0 \times 10^3$ m

$= 5.8 \times 10^5$ J (2 ff.y.)

(b) I fod yn fanwl gywir, $W = Fx \cos \theta$, lle θ = ongl i'r llorwedd.

Ond, os $\theta < 5°$, $\cos \theta > 0.9962$, felly ar gyfer ateb i 2 ff.y. (fel y data) mae'r ongl ei hun yn amherthnasol.

(c) 83 N

(ch) Mae'r sled yn symud ar gyflymder cyson, felly sero yw'r grym cydeffaith ar y sled. Hynny yw, does dim trosglwyddiad egni i'r sled. Mae egni yn cael ei drosglwyddo i'r iâ fel egni thermol.

(d) (i) Egni cinetig $\longrightarrow$ egni thermol (egni mewnol)

(ii) Egni cinetig y sled $= \frac{1}{2} \times 210$ kg $\times (1.4$ m s$^{-1})^2 = 205.8$ J

Pellter sy'n cael ei deithio $= \dfrac{\text{gwaith sy'n cael ei wneud}}{\text{grym ffrithiannol}} = \dfrac{\text{lleihad yn yr egni cinetig}}{\text{grym ffrithiannol}} = \dfrac{205.8 \text{ J}}{83 \text{ N}}$

$= 2.5$ m (2 ff.y.)

(dd) Grym cydeffaith $= 105$ N $- 83$ N $= 22$ N, felly mae bron 4 gwaith cymaint o'r gwaith yn cael ei wneud yn goresgyn ffrithiant ag sy'n cael ei wneud yn cyflymu'r sled.

C9 (a) (i) [ochr chwith] $=$ kg s^{-1}

[ochr dde] $=$ m^2 (m s^{-1}) kg m^{-3} $=$ kg s^{-1} $=$ [ochr chwith] , felly mae'n homogenaidd

(ii) Y pŵer mewnbwn yw'r EC mewnbwn bob eiliad $= \frac{1}{2}mv^2$

$= \frac{1}{2}\pi r^2 v\rho \times v^2$

$= \frac{1}{2}\pi r^2 \rho v^3$

(iii) $P_{\text{ALLAN}} = 0.56 \times 0.95 \times 0.85 \times \frac{1}{2}\pi \times (6.0$ m$)^2 \times 1.3$ kg m$^{-3} \times (15$ m s$^{-1})^3$

$= 110\,000$ W (2 ff.y.)

$= 110$ kW

(b) Mae'r pŵer allbwn cymedrig $\propto v^3$ felly ar hanner buanedd y gwynt, byddai'r pŵer allbwn yn un wythfed o'r gwerth yn (a)(iii), felly ni fyddai hyn yn ddigon. Ond i gyfrifo'r pŵer allbwn cymedrig, mae arnom ni angen gwybod y buanedd ciwb cymedrig, e.e. os mai 0 a 15 m s^{-1} oedd y buanedd ar ddau ddiwrnod gwahanol, y pŵer allbwn cymedrig (am y ddau ddiwrnod) fyddai 55 kW, a fyddai dal ddim yn ddigon, ac mae'n debyg bod Bethan yn gywir.

Adran 5: Solidau dan ddiriant

C1 (a) F = tyniant (neu grym); k = cysonyn sbring; x = estyniad

(b) $k = \dfrac{F}{x}$, felly $[k] = \dfrac{\text{kg m s}^{-2}}{\text{m}} = \text{kg s}^{-2}$

(c) Mae'n rhaid i'r estyniad fod o fewn y terfan elastig.

C2 Crisialog: defnydd lle mae'r atomau'n cael eu trefnu mewn patrwm rheolaidd, gyda threfn amrediad hir, e.e. diemwnt.
Amorffaidd: defnydd lle nad oes gan drefniant yr atomau unrhyw drefn amrediad hir, e.e. gwydr.
Polymeraidd: defnydd sydd â moleciwlau cadwyn hir sy'n cynnwys nifer o unedau sy'n ailadrodd, e.e. polythen.

C3 (a)

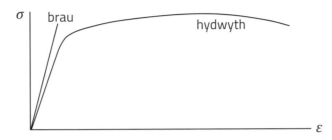

(b) [Un ateb] Gall concrit gael ei wneud yn gryfach o dan dyniant drwy ei rhag-gywasgu (*pre-compressing*). Bydd rhodenni metel o dan dyniant yn cael eu rhoi yn y concrit. Pan fydd y tyniant yn cael ei ryddhau, bydd y concrit yn cael ei roi o dan gywasgiad. Felly, does dim craciau yn gallu lledaenu.

C4 (a) Gan ddefnyddio $mg = kx$, $k = \dfrac{mg}{x} = \dfrac{0.300 \text{ kg} \times 9.81 \text{ N kg}^{-1}}{0.151 \text{ m}} = 19.49 \text{ N m}^{-1}$

Ansicrwydd ffracsiynol: $p_m = \dfrac{6}{300} = 0.020$; $p_x = \dfrac{0.2}{15.1} = 0.013$

$\therefore p_k = 0.020 + 0.013 = 0.033$

Ansicrwydd absoliwt: $\Delta k = 0.033 \times 19.49 = 0.6$ (1 ff.y.)

$\therefore k = (19.5 \pm 0.6) \text{ N m}^{-1}$

(b) Dull: 1. Tynnu'r màs (300 g) i lawr ychydig gentimetrau a'i ryddhau.

2. Defnyddio stopwatsh i fesur yr amser ar gyfer (e.e.) 20 o osgiliadau.

3. Ailadrodd cam 2 sawl gwaith, cyfrifo'r gwerth cymedrig ac amcangyfrif yr ansicrwydd.

4. Cyfrifo'r cyfnod a'r ansicrwydd drwy rannu â nifer yr osgiliadau.

5. Cyfrifo T a'i ansicrwydd drwy roi m a k yn yr hafaliad a chymharu â gwerth y cyfnod, gafodd ei fesur.

C5 (a) Mae defnydd hydwyth yn un sy'n gallu cael ei dynnu i ffurfio gwifren (neu ei anffurfio'n blastig heb iddo fynd yn frau).

(b) (i) Mae'n cynnwys nifer mawr o grisialau sy'n cydgloi.

(ii) Mae'r diagram yn dangos planau o atomau mewn grisial. Mae hanner plân ychwanegol (yn dod i ben ar Y). Yr enw ar y math hwn o nam yw afleoliad ymyl. Pan fydd y grym tynnol, F, yn cael ei roi, mae'r bondiau ar **X** yn torri a rhai newydd yn cael eu ffurfio gydag **Y**. Mae'r afleoliad yn symud i'r dde ac yn achosi newid mewn siâp sydd ddim yn gwrthdroi pan fydd y tyniant yn cael ei ryddhau.

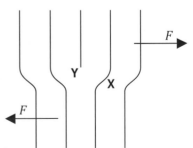

C6 Anffurfiad sy'n cael ei wrthdroi pan fydd y grym sy'n cael ei roi yn cael ei ryddhau yw straen elastic. Diriant yw'r tyniant wedi'i rannu ag arwynebedd trawstoriadol y defnydd.

Y terfan elastig yw gwerth y diriant y mae'r defnydd yn dangos straen elastig islaw iddo ac yn dangos straen plastig uwch ei ben.

Straen sydd ddim yn cael ei wrthdroi pan fydd y grym sy'n cael ei roi yn cael ei dynnu ymaith yw straen plastig.

C7

$\dfrac{F_A}{F_B} = 1$	$\dfrac{\varepsilon_A}{\varepsilon_B} = 6$	$\dfrac{W_A}{W_B} = 3$
$\dfrac{\sigma_A}{\sigma_B} = 4$	$\dfrac{\Delta l_A}{\Delta l_B} = 3$	$\dfrac{W_A/V_A}{W_B/V_B} = 24$

Cyfrifiad

Mae'r tyniant yr un peth drwyddi draw, felly $F_A = F_B$. Arwynebedd B = 4 × arwynebedd A, felly $\sigma_A = 4\sigma_B$

$$\varepsilon_A = \frac{\sigma_A}{E_A} = \frac{4\sigma_B}{E_B/1.5} = 6\varepsilon_B \quad \therefore \frac{\varepsilon_A}{\varepsilon_B} = 6; \quad \Delta l_A = \varepsilon_A l_A = 6\varepsilon_B \times \tfrac{1}{2} l_B = 3\Delta l_B$$

$$W_A = F_A \Delta l_A = F_B \times 3\Delta l_B = 3W_B \, ; \; \frac{W_A}{V_A} = \frac{3W_B}{\tfrac{1}{8}V_B} = 24\frac{W_B}{V_B}$$

C8

(a) I gael gwared ar grychion o'r wifren.

(b) $E = \dfrac{\sigma}{\varepsilon} = \dfrac{Fl_0}{A\Delta l} = \dfrac{4Fl_0}{\pi D^2 \Delta l}$

$\Delta D = \dfrac{D_{mwyaf} - D_{lleiaf}}{2} = \dfrac{0.25 - 0.23}{2} = 0.01$; felly $\therefore$ % ansicrwydd yn $D = \dfrac{0.01}{0.24} \times 100\% = 4.2\%$

$\therefore p(A) = 2 \times 4.2\% = 8.4\%$; $p(\Delta l) = \dfrac{0.1}{3.1} \times 100\% = 3.2\%$

Mae'r ansicrwydd yn yr hyd a'r grym yn ddibwys, felly mae'r ansicrwydd canrannol yn
$E = 8.4\% + 3.2\% = 11.6\% = 10\%$ (1 ff.y.) neu 12% (2 ff.y.).

(c) Os yw D yn cael ei haneru (e.e.), mae A yn cael ei rannu â 4 ac felly mae σ yn cael ei luosi â 4, felly mae Δl yn cael ei luosi â 4. Mae $p(A)$ yn × 2 ac mae $p(\Delta l)$ yn ÷ 4. Yn yr achos hwn, byddai $p(E)$ yn 16.8% + 0.8% ~ 18% sy'n ansicrwydd mwy.

C9

(a) Y diriant lle mae straen plastig mawr yn digwydd (neu lle mae afleoliadau ymyl yn symud).

(b) $\sigma = 60$ MPa $\therefore \varepsilon = \dfrac{\sigma}{E} = \dfrac{60 \text{ MPa}}{2.00 \text{ GPa}} = 3.0 \times 10^{-4}$

EPE $= \tfrac{1}{2} Fx = \tfrac{1}{2} \times 60 \times 10^6 \text{ Pa} \times \pi (0.015 \text{ m})^2 \times 3.0 \times 10^{-4} \times 5\,000 \text{ m}$
$= 3.2 \times 10^4$ J

C10

(a) Gwaith sy'n cael ei wneud $= \tfrac{1}{2} F\Delta x = \tfrac{1}{2} \times 280 \text{ N} \times 0.76 \text{ m} = 106.4$ J = 110 J (2 ff.y.)

(b) EC sy'n cael ei roi i'r saeth = 90% × 106.4 J = 95.76 J

$\therefore$ cyflymder $= \sqrt{\dfrac{2E_k}{m}} = \sqrt{\dfrac{2 \times 95.76 \text{ J}}{0.050 \text{ kg}}} = 61.9$ m s^{-1}

Cydran fertigol (= cydran lorweddol) y cyflymder = 61.9 cos 45° = 43.8 m s^{-1}

Amser yn yr awyr $= \dfrac{v - u}{a} = \dfrac{43.8 - (-43.8)}{9.81} = 8.92$ s

$\therefore$ Cyrhaeddiad (gan ddefnyddio'r cyflymder llorweddol) = 43.8 m s^{-1} × 8.92 s = 390 m (2 ff.y.), felly mae'r honiad yn gorliwio rhywfaint (oni bai bod rhywfaint o rym codi aerodynamig yn digwydd).

C11

Mae angen trosglwyddo holl egni cinetig y trên i'r egni elastig yn y sbringiau cyn i'r sbringiau gyrraedd y cywasgiad mwyaf, h.y. $E_k = \tfrac{1}{2} Fx = \tfrac{1}{2} kx^2$. Y lleiaf yw'r cysonyn sbring, y mwyaf yw'r pellter sydd ei angen i stopio'r trên. Mae pellter mawr yn golygu bod angen sbring hir, ac felly cynhwysydd hir i ddal y sbring, sy'n anfantais.

Ond, $F = \sqrt{\dfrac{2E_k}{x}}$, felly mae'r pellter arafu hirach hwn yn arwain at rym mwyaf is, sy'n golygu arafiad llai ar gyfer y trên, h.y. mae'n dod i ddisymudedd yn llai sydyn, sy'n fantais.

Adran 6: Defnyddio pelydriad i ymchwilio i sêr

C1

Pŵer $= \dfrac{\text{trosglwyddiad egni}}{\text{amser}}$, $\therefore$ W = J s^{-1}

$\therefore$ W m^{-2} = (kg m^2 s^{-2}) s^{-1} m^{-2}
$= $ kg s^{-3}

C2 Pelydrydd cyflawn yw un sy'n amsugno'r holl belydriad electromagnetig sy'n ei daro. Does dim gwrthrych yn allyrru mwy o belydriad [oherwydd ei dymheredd] ar unrhyw donfedd na phelydrydd cyflawn.

C3 $L = \sigma A T^4 = \sigma(4\pi r^2)T^4$

$\therefore \dfrac{L_{\text{corrach coch}}}{L_{\text{Haul}}} = \left(\dfrac{r_{\text{corrach coch}}}{r_{\text{Haul}}}\right)^2\left(\dfrac{T_{\text{corrach coch}}}{T_{\text{Haul}}}\right)^4$

$\therefore L_{\text{corrach coch}} = \left(\dfrac{1}{4}\right)^2\left(\dfrac{1}{2}\right)^4 \times 4 \times 10^{26}$ W $= \dfrac{4 \times 10^{26} \text{ W}}{256} = 1.6 \times 10^{24}$ W

C4 (a) $L = \left(\dfrac{0.7 M_{\odot}}{M_{\odot}}\right)^4 L_{\odot} = 0.24\, L_{\odot}$

(b) Ar gyfer rhif $x < 1$, mae gwerth x^n yn lleihau wrth i n gynyddu. Felly, mewn gwirionedd, dylai n fod yn fwy na 4, ac mae Alex yn anghywir.
[Sylwch: $(0.7)^5 = 0.17$, sy'n agosach at y gwerth gwirioneddol.]

C5 Gan dybio bod y seren yn allyrru fel pelydrydd cyflawn, mae tonfedd, λ_{mwyaf}, yr arddwysedd sbectrol brig yn gysylltiedig â'r tymheredd Kelvin, T, drwy ddeddf dadleoliad Wien: $\lambda_{\text{mwyaf}} = \dfrac{W}{T}$, lle mae W yn gysonyn, 2.9×10^{-3} m K. Felly gallwn ni ddarganfod tymheredd ffotosffer (arwyneb) y seren. Gallwn ni ddarganfod arddwysedd, I, y pelydriad o'r seren o gyfanswm yr arwynebedd o dan y graff. Yna gallwn ni gyfrifo goleuedd, L, y seren drwy ddefnyddio $L = 4\pi d^2 \times I$, lle d yw'r pellter i'r seren.

Mae'r goleuedd, L yn cael ei roi gan ddeddf Stefan–Boltzmann: $L = A\sigma T^4$, lle A yw arwynebedd arwyneb y seren. Felly, gallwn ni gyfrifo A (o wybod T o ddeddf Wien) ac felly'r radiws, r, o $A = 4\pi r^2$.

C6 Y sbectrwm allyrru di-dor yw'r pelydriad sy'n cael ei ryddhau ar bob tonfedd. Y sbectrwm amsugno llinell yw'r pelydriad coll ar donfeddi penodol yn y sbectrwm.

C7 Gall atomau yn atmosffer y seren gael eu codi i gyflyrau uwch drwy amsugno pelydriad gydag egni ffoton sy'n hafal i'r gwahaniaeth yn y lefelau egni. Mae hyn yn arwain at y llinellau tywyll (llinellau Fraunhofer) sy'n nodweddiadol o elfennau'r atomau yn y seren.

C8 (a) $T = \dfrac{W}{\lambda_{\text{mwyaf}}} = \dfrac{2.90 \times 10^{-3} \text{ m K}}{501 \text{ nm}} = 5790$ K

(b) Pe bai'r Haul yn belydrydd cyflawn â thymheredd 5790 K, byddai ei oleuedd yn:

$L = 4\pi\left(\dfrac{d}{2}\right)^2\sigma T^4 = 4\pi \times \left(\dfrac{1.39 \times 10^9 \text{ m}}{2}\right)^2 \times (5.67 \times 10^{-8} \text{ W m}^{-2} \text{ K}^{-4}) \times (5790\,\text{K})^4$

$= 3.87 \times 10^{26}$ W

Mae hyn yn agos iawn at y gwerth mae'r wefan yn ei nodi, ac felly mae'n gyson â'r ffaith bod yr Haul yn allyrru fel pelydrydd cyflawn.

C9 (a) (i) $\lambda_{\text{mwyaf}} = \dfrac{W}{T} = \dfrac{2.90 \times 10^{-3} \text{ m K}}{4\,000 \text{ K}} = 725$ nm

(ii) Isgoch agos (yn agos iawn at ben coch y sbectrwm gweladwy).

(b) Mae cymhareb y pŵer e-m sy'n cael ei allyrru am bob uned arwynebedd o'r brychau haul o'i gymharu â ffotosffer yr Haul yn cael ei roi gan $\left(\dfrac{4000}{6000}\right)^4 = 0.20$ (2 ff.y.). Hefyd, mae bron yr holl belydriad yn cael ei allyrru yn yr isgoch – mae'r Haul yn allyrru yn y rhanbarth gweladwy yn bennaf. Felly ni fydd unrhyw lun gweladwy yn cynnwys llawer o belydriad o'r brychau haul.

C10 Egni ffoton $E_{\text{ph}} = hf = \dfrac{hc}{\lambda}$

Deddf Wien: $\lambda_{\text{mwyaf}} = \dfrac{W}{T}$, egni ffoton $E_{\text{ph mwyaf}} = \dfrac{hc}{\lambda_{\text{mwyaf}}} = \dfrac{hc}{W}T$. Felly mae Bryn yn gywir.

C11 Ystyr seryddiaeth amldonfedd yw tynnu lluniau o wrthrychau yn y bydysawd gan ddefnyddio sawl rhanbarth o'r sbectrwm electromagnetig, e.e. pelydr X, gweladwy, radio. Mae'r rhanbarthau gwahanol yn rhoi gwybodaeth am wahanol amodau a phrosesau sy'n digwydd, e.e. mae cymharu lluniau uwchfioled, gweladwy ac isgoch o sêr yn ein galluogi ni i gymharu eu tymheredd.

C12 $\lambda_{mwyaf} = \frac{W}{T}$. Ar gyfer pelydriad cefndir cosmig, mae $\lambda_{mwyaf} \sim 1$ mm ac mae gan gymylau moleciwlaidd galaethol $\lambda_{mwyaf} \sim 0.1$ mm, felly mae defnyddio pelydriad microdonnau a phelydriad isfilimetr yn rhoi gwybodaeth i ni am brosesau yno.

Mae λ_{mwyaf} ar gyfer sêr fel yr Haul (6000 K) ~ 500 nm, felly'r amrediad ar gyfer sêr cawr coch i sêr gorgawr glas yw ~ 1 μm − 50 nm, sy'n rhychwantu rhanbarthau isgoch ac uwchfioled y sbectrwm e-m. Mae gan uwchnofâu, tyllau du a nwy rhyngalaethog $\lambda_{mwyaf} \sim 10^{-9} - 10^{-11}$ m, sydd yn rhanbarth pelydr X y sbectrwm, felly gall seryddiaeth pelydr X ddangos prosesau yn y gwrthrychau hyn.

C13 $E_{ph} = hf = \frac{hc}{\lambda}$

Ar gyfer 10 nm $E_{ph} = \frac{6.63 \times 10^{-34} \times 3.00 \times 10^8}{10 \times 10^{-9}} = 2.0 \times 10^{-17}$ J $= \frac{2.0 \times 10^{-17} \text{J}}{1.60 \times 10^{-19} \text{J/eV}} = 120$ eV

Ar gyfer 400 nm, y gwerthoedd yw 1/40 o'r rhain, h.y. 5.0×10^{-19} J, 3.0 eV

C14 (a) Egni ffoton $= \frac{6.63 \times 10^{-34} \times 3.00 \times 10^8}{1.0 \times 10^{-6} \times 1.60 \times 10^{-19}} = 1.2$ eV. Os oes ïonau He⁺ yn y trydydd cyflwr cynhyrfol (egni −3.4 eV) gallan nhw amsugno ffotonau egni 1.2 eV a mynd i mewn i'r pedwerydd cyflwr cynhyrfol (egni −2.2 eV) oherwydd 1.2 eV yw'r gwahaniaeth yn y lefelau egni. Mae'r golau i gyfeiriad yr allyriad o'r seren yn brin o ffotonau gyda'r egni hwn, gan arwain at y llinell dywyll.

(b) Mae trosiadau o −6.0 eV $\longrightarrow$ −3.4 eV angen 2.6 eV, a −3.4 $\longrightarrow$ −1.5 angen 1.9 eV, ac mae'r ddau yn y rhanbarth weladwy. (Sylwch: Bydd ïoneiddio o'r lefel − 2.2 eV hefyd yn amsugno ffotonau gweladwy ond ni fydd yn un llinell sengl gan nad oes yna un lefel egni uchaf.)

(c) Er mwyn cynhyrchu'r llinellau hyn, mae'n rhaid i'r ïonau He⁺ gael eu cynhyrfu yn gyntaf i'r lefel egni −6.0 eV, sy'n gofyn am egni 48.4 eV. Mae gan ffotonau yn y rhanbarth weladwy egni o tua 2−3 eV a dim ond yn ymestyn ychydig bach i mewn i'r rhanbarth uwchfioled mae sbectrwm yr Haul (o'i arwyneb 6 000 K) yn ymestyn. Felly does dim digon o egni i wneud hyn, ac mae Eleri yn gywir.

Adran 7: Gronynnau ac adeiledd niwclear

C1 Does dim adeiledd gan electronau − dydy hi ddim yn bosibl eu gwahanu'n ronynnau ansoddol. Mae protonau yn cynnwys 3 chwarc: 2 gwarc i fyny ac 1 cwarc i lawr.

C2 Hadron yw gronyn X: mae'n cynnwys cwarciau a/neu gwrthgwarciau.

C3 Cryf: proton, meson pi+, gwrthniwtron
Electromagnetig: electron, proton, meson pi+, gwrthniwtron, positron
Gwan: pob un ohonyn nhw

C4 (a) Electromagnetig

(b) (i) Mae'r amser dadfeilio yn briodol ar gyfer rhyngweithiad e-m (rhyngol).

(ii) Mae ffotonau yn cael eu cynhyrchu (felly ni all fod yn gryf).

C5 (a) (i) positron, e⁺

(ii) gwrthniwtron, $\bar{n}$

(iii) niwtrino gwrthelectron (neu electron gwrthniwtrino), $\bar{v}_e$

(b) Mae gan π⁻ adeiledd cwarc $d\bar{u}$; mae gan π⁺ adeiledd cwarc $u\bar{d}$. Felly'r cwarciau yn π⁺ yw'r gwrthgwarciau i'r rhai yn π⁻, felly mae Eurig yn gywir.

C6 (a) Ni all fod yn lepton oherwydd does dim leptonau gyda $Q = 2$. Mae'n rhaid i hadron gyda $Q = 2$ gael 3 chwarc oherwydd ni all unrhyw gyfuniad o gwarciau a gwrthgwarciau, sydd oll â gwefrau $\pm \frac{1}{3}$ neu $\pm \frac{2}{3}$, gael $Q = 2$. Felly mae'n rhaid mai baryon ydyw.

(b) (i) Rhyngweithiad cryf oherwydd y cyfnod amser byr.

(ii) Rhif baryon, gwefr, blas cwarc, rhif lepton.

(iii) $\Delta^{++} \longrightarrow p + \pi^+$. Ar y lefel cwarc, mae hyn yn uuu $\longrightarrow$ uud + u$\bar{\text{d}}$

Gwefr: $Q(\Delta^{++}) = 2$; $Q(p) + Q(\pi^+) = 1 + 1 = 2$, $\therefore$ wedi'i gadw

Rhif baryon: $B(\Delta^{++}) = 1$; $B(p) + B(\pi^+) = 1 + 0 = 1$, $\therefore$ wedi'i gadw

Blas cwarc: $U(\Delta^{++}) = 3$; $U(p) + U(\pi^+) = 2 + 1 = 3$, $\therefore$ wedi'i gadw

$D(\Delta^{++}) = 0$; $D(p) + D(\pi^+) = 1 + (-1) = 0$ $\therefore$ wedi'i gadw

Rhif lepton: does dim leptonau yn gysylltiedig, felly mae $L = 0$ ar y chwith a'r dde, $\therefore$ wedi'i gadw

C7 (a) Meson yw π^+; lepton yw e^+; v_e

(b) Mae gwefr yn cael ei gadw (mae'r pion a'r positron yn +; mae'r niwtrino yn niwtral)

Mae rhif lepton yn cael ei gadw: $L(\pi^+) = 0$; $L(e^+) + L(v_e) = -1 + 1 = 0$

Mae rhif baryon yn cael ei gadw: 0 ar gyfer pob gronyn

(c) Dydy blas cwarc ddim yn cael ei gadw: Ar gyfer π^+, $U = 1$, $D = -1$. Ar gyfer y positron a'r niwtrino, mae U a D yn sero.

C8 (a) Gwefr: mae gan yr ochr chwith $Q = 1 + 1 = 2$; mae gan yr ochr dde $Q = 1 + (-1) + 1 = 1$

Rhif baryon: $B(p + p) = 1 + 1 = 2$; $B(\Delta^+ + e^- + \pi^+) = 1 + 0 + 0 = 1$

Rhif i fyny: $U(p + p) = 2 + 2 = 4$; $B(\Delta^+ + e^- + \pi^+) = 2 + 0 + 1 = 3$

Rhif i lawr: $D(p + p) = 1 + 1 = 2$; $D(\Delta^+ + e^- + \pi^+) = 1 + 0 + (-1) = 0$

Rhif lepton: $L(p + p) = 0 + 0 = 0$; $L(\Delta^+ + e^- + \pi^+) = 0 + 1 + 0 = 1$

(b) Mae'r dadfeiliad hwn, sy'n cynhyrchu ffoton, yn ddadfeiliad electromagnetig, sy'n arafach na'r dadfeiliad cyntaf, sef dadfeiliad cryf.

C9 Rhif lepton: $L(n + \pi') = 0$; $L(\Delta^{++} + e^-) = 0 + 1 = 1$. Felly'r ddeddf cadwraeth wedi ei thorri.

Gwefr: $Q(n + \pi^+) = 0 + 1 = 1$; $Q(\Delta^{++} + e^{-1}) = 2 - 1 = 1$. Felly'r ddeddf cadwraeth heb ei thorri.

Rhif baryon: $B(n + \pi^+) = 1 + 0 = 1$; $Q(\Delta^{++} + e^-) = 1 - 0 = 1$. Felly'r ddeddf cadwraeth heb ei thorri.

C10 (a) Mae gan faryonau rif baryon 1. Mae gan 3 chwarc rif baryon $\frac{1}{3} + \frac{1}{3} + \frac{1}{3} = 1$, e.e. mae gan y niwtron adeiledd cwarc udd.

(b) Mae gan bob meson un cwarc, gyda rhif baryon $\frac{1}{3}$, a gwrthgwarc gyda rhif baryon $-\frac{1}{3}$, e.e. mae gan y pion, π+, adeiledd cwarc u$\bar{\text{d}}$. Felly cyfanswm y rhif baryon yw $\frac{1}{3} - \frac{1}{3}$ h.y. 0.

C11 Gall y protonau a'r electronau ryngweithio drwy'r rhyngweithiad electromagnetig, sydd â chyrhaeddiad hir. Gallant golli egni i electronau yn yr atomau maen nhw'n pasio drwyddynt. Gall y protonau hefyd ryngweithio â niwcleonau yn y niwclysau plwm drwy'r grym cryf, ond dim ond effaith fach mae hyn yn ei chael gan mai dim ond tua 10^{-15} m yw cyrhaeddiad y grym.

Dim ond gyda'r grym gwan y gall y niwtrinoeon ryngweithio gydag electronau a niwcleonau. Felly mae'n rhaid iddynt agosáu o fewn $\sim 10^{-17}$ m ac mae'r tebygolrwydd o ryngweithiad yn fach iawn.

C12 **Rhif lepton:** Mae leptonau yn ronynnau sylfaenol. Mae'r teulu lepton yn cynnwys 3 chenhedlaeth. Aelodau'r genhedlaeth gyntaf yw'r electron a'r niwtrino [electron]. Mae gan bob un ohonynt rif lepton, L, 1. -1 yw rhif lepton y gwrthronynnau i'r rhain (y positron a'r gwrthniwtrino). Mewn unrhyw ryngweithiad, mae cyfanswm y rhif lepton yn cael ei gadw, e.e. os electron yw'r unig ronyn sy'n adweithio, mae'n rhaid i electron neu niwtrino fod yn ronyn cynnyrch.

Rhif baryon: Mae baryonau yn cynnwys 3 chwarc, sy'n ronynnau sylfaenol, ac mae gan bob un rif baryon, B, 1. Mae gan gwrthfaryonau, sy'n cynnwys 3 gwrthgwarc, rif baryon $B = -1$. Mewn unrhyw ryngweithiad, mae'r rhif baryon yn cael ei gadw.

Gwefr: Mae hwn bob amser yn cael ei gadw mewn rhyngweithiadau gronynnau.

Blas cwarc: Mae dau flas gan gwarciau cenhedlaeth gyntaf, sef i fyny (u) ac i lawr (d), pob un â rhif blas ar wahân, U a D. Mae U a D yn cael eu cadw mewn rhyngweithiadau cryf ac electromagnetig ond gallant newid ± 1 mewn rhyngweithiadau gwan.

C13 (a) Mae dadfeiliad $\Delta^+ \longrightarrow p + \pi^0$ yn cadw gwefr ($Q = 1$), rhif baryon ($B = 1$) a rhif lepton ($L = 0$) ac mae màs Δ^+ yn fwy na $p + \pi^0$ gyda'i gilydd.

Mae màs $p + \rho^0$ ($3352m_e$) yn fwy na màs Δ^+.

(b) Yn y dadfeiliad $\pi^0 \longrightarrow e^- + e^+ + \gamma$, mae'r wefr, y rhif baryon a'r rhif lepton i gyd yn cael eu cadw – maen nhw i gyd yn 0 ar ddwy ochr yr hafaliad. Felly mae'r dadfeiliad yn bosibl (drwy'r rhyngweithiad electromagnetig). Mae màs y gronynnau cynnyrch ($2m_e$) yn llai na màs y pion.

(c) Mae'n rhaid bod y rhif baryon yn cael ei gadw. Yr unig faryon sy'n llai masfawr na'r niwtron yw'r proton, felly mae'n rhaid bod y niwtron yn dadfeilio yn broton.
Mae'r adwaith n $\longrightarrow$ p + π^- yn amhosibl oherwydd bod cyfanswm màs p + π^- ($2043m_e$) yn fwy na màs y niwtron.

Felly dim ond yn broton ac yn electron ($m = 1837m_e$) y gall y niwtron ddadfeilio. Er mwyn cadw rhif lepton, mae'n rhaid i gwrthniwtrino electron gael ei gynhyrchu hefyd. Felly mae'n rhaid iddo fod yn ddadfeiliad gwan.

(ch) Er mwyn cadw rhif baryon, byddai'n rhaid iddo ddadfeilio yn faryon arall ond y proton yw'r baryon ysgafnaf, felly mae hyn yn amhosibl.

Cwestiynau Ymarfer Uned 2: Trydan a Golau

Adran 1: Dargludiad trydan

C1
$Q = It = 0.015\ \text{A} \times 60\ \text{s} = 0.90\ \text{C}$

Nifer yr electronau = $\dfrac{\text{gwefr}}{e} = \dfrac{0.90\ \text{C}}{1.60 \times 10^{-19}\ \text{C}} = 5.6 \times 10^{18}$ (2 ff.y.)

C2 Defnydd sy'n caniatáu i wefr lifo drwyddo [yw dargludydd trydanol].

C3 Drwy ad-drefnu'r hafaliad: $C = \dfrac{Q^2}{2W}$; does gan y rhif 2 ddim uned.

$\therefore$ F = $[C] = \dfrac{[Q^2]}{[W]} = \dfrac{[Q]^2}{[W]} = \dfrac{\text{A}^2\ \text{s}^2}{\text{kg}\ \text{m}^2\ \text{s}^{-2}} = \text{kg}^{-1}\ \text{m}^{-2}\ \text{s}^4\ \text{A}^2$

C4 Gwefr ar ronyn-α = $2e = 3.20 \times 10^{-19}$ C
$\therefore$ Cerrynt = 3.20×10^{-19} C $\times 37 \times 10^3\ \text{s}^{-1} = 1.2 \times 10^{-14}$ A

C5 $v = \dfrac{I}{nAe}$, $\therefore \dfrac{v_A}{v_B} = \dfrac{I_A}{I_B} \times \dfrac{n_B}{n_A} \times \dfrac{A_B}{A_A} = \dfrac{I_A}{I_B} \times \dfrac{n_B}{n_A} \times \left(\dfrac{d_B}{d_A}\right)^2$

$\dfrac{v_A}{v_B} = \dfrac{1.5}{10} \times \dfrac{1.0 \times 10^{28}}{3.0 \times 10^{28}} \times \left(\dfrac{0.30}{0.60}\right)^2 = 0.013$ (2 ff.y.)

C6 (a) Mae arddwysedd y golau ar yr LDR mewn cyfrannedd gwrthdro â'r pellter², felly mae nifer y ffotonau sy'n cyrraedd yr LDR bob eiliad $\propto$ pellter^{-2}. Gan dybio bod nifer yr electronau dargludo mewn cyfrannedd â nifer y ffotonau bob eiliad, mae Nigel yn gywir.

(b)

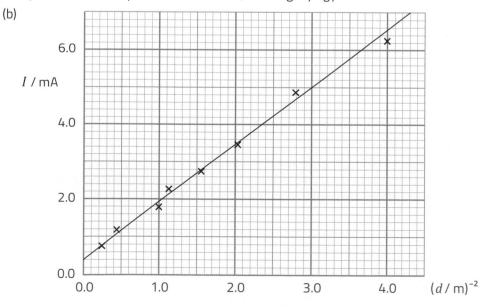

Mae disgwyl i'r graff o I yn erbyn d^{-2} fod yn llinell syth drwy'r tarddbwynt. Mae'r pwyntiau'n gorwedd ar linell syth eithaf da gyda graddiant positif a lefel isel o wasgariad, sy'n cytuno ag awgrym Nigel. Ond dydy'r llinell ddim yn pasio drwy'r tarddbwynt. Un rheswm posibl dros hynny yw bod yr arbrawf wedi'i wneud mewn ystafell gyda rhywfaint o olau cefndir.

Adran 2: Gwrthiant

C1   Cerrynt = cyfradd llif gwefr: $= I = \dfrac{Q}{t}$, $\therefore Q = It$

gp = egni am bob uned llif gwefr $= \dfrac{W}{Q} = \dfrac{W}{It} = \dfrac{300\ J}{1.5\ A \times 20\ s} = 10\ V$

C2   Cerrynt, $I = \dfrac{Q}{t}$, $\therefore [Q] = [I][t] = A\ s$

gp = egni am bob uned llif gwefr, felly $V = J\ C^{-1} = (kg\ m^2\ s^{-2})(A\ s)^{-1} = kg\ m^2\ s^{-3}\ A^{-1}$

C3   (a) Ar gyfer dargludydd metelig ar dymheredd cyson, mae'r cerrynt mewn cyfrannedd union â'r gwahaniaeth potensial.

(b) Mae'r hafaliad $V = IR$ yn fynegiad o ddeddf Ohm dim ond os yw hefyd yn cael ei nodi bod y gwrthiant, R, yn gysonyn. Hefyd, dylid nodi'r amodau (dargludydd metelig a thymheredd cyson).

C4   (a) n = nifer yr electronau rhydd am bob uned cyfaint; A = arwynebedd trawstoriadol y dargludydd; e = gwefr electronig; v = cyflymder drifft electronau rhydd.

(b) Os bydd tymheredd y wifren yn cynyddu, felly hefyd egni cinetig cymedrig yr electronau rhydd. Felly, mae eu buanedd ar hap yn fwy, ac felly mae'r amser rhwng gwrthdrawiadau ag ïonau'r ddellten yn llai. Oherwydd hyn, mae'r cynnydd mewn cyflymder oherwydd y gp yn llai nag ar dymheredd is ac felly hefyd y cyflymder drifft, gan wneud y cerrynt yn llai. Mae cerrynt is ar gyfer yr un gp yn golygu bod y gwrthiant yn fwy.

C5   a) Priodwedd gwrthiant trydanol o sero yw uwchddargludedd, sy'n digwydd pan fydd y dargludydd yn is na thymheredd penodol – y tymheredd trosiannol ,T_c.

(b) Uwchddargludydd tymheredd uchel yw un sydd â thymheredd trosiannol uwchben berwbwynt nitrogen hylifol: tua $-200\,^{\circ}C$.

Mantais: mae'n costio llawer llai i gyrraedd cyflwr uwchddargludol drwy ddefnyddio nitrogen hylifol yn lle uwchddargludyddion confensiynol, sy'n gofyn am heliwm hylifol ar gyfer oeri, yn enwedig mewn magnetau diwydiannol maes uchel fel sganwyr MRI.

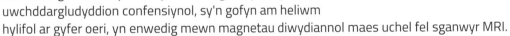

C6   (a) (i) $R_{2.4\ V} = \dfrac{2.4\ V}{1.5\ A} = 1.6\ \Omega$; $R_{12 V} = \dfrac{12\ V}{3.0\ A} = 4.0\ \Omega$

$\therefore \dfrac{\text{Gwrthiant y ffilament ar 12 V}}{\text{Gwrthiant y ffilament ar 2.4 V}} = 2.5$

(ii) $\dfrac{P_{12 V}}{P_{2.4 V}} = \dfrac{12\ V \times 3.0\ A}{2.4\ V \times 1.5\ A} = 10$

(b) Wrth i'r gp gynyddu, mae gan yr electronau rhydd fwy o gyflymiad rhwng gwrthdrawiadau, felly maen nhw'n ennill mwy o egni cinetig. Oherwydd hyn, mae mwy o egni yn cael ei drosglwyddo i ïonau'r ddellten pan fyddan nhw'n gwrthdaro.

C7   (a) Ystyriwch 1.00 m o wifren

$\rho = \dfrac{RA}{l} = \dfrac{2.18\ \Omega}{1.00\ m} \times \pi \left(\dfrac{0.1 \times 10^{-3}\ m}{2} \right)^2 = 1.7 \times 10^{-8}\ \Omega\ m$

(b) Cyfaint 1 kg (hyd 14 306 m) o wifren $= \pi \left(\dfrac{0.1 \times 10^{-3}\ m}{2} \right)^2 \times 14\ 306\ m = 1.12 \times 10^{-4}\ m^3$

$\therefore$ Dwysedd $= \dfrac{\text{màs}}{\text{cyfaint}} = \dfrac{1.00\ kg}{1.12 \times 10^{-4}\ m^3} = 8900\ kg\ m^{-3} = 8.9\ g\ cm^{-3}$, felly mae'n cytuno'n dda â'r data.

C8 (a) $\rho = \dfrac{RA}{l} = \dfrac{13.9\,\Omega}{2.000\,m} \times \pi\left(\dfrac{0.32 \times 10^{-3}\,m}{2}\right)^2 = 5.589 \times 10^{-7}\,\Omega\,m$

Ansicrwydd ffracsiynol: $p_d = \dfrac{0.01}{0.32} = 0.03125$, $\therefore p_A = 2 \times 0.03125 = 0.0625$

$p_l = \dfrac{0.002}{2.0} = 0.001$; $p_R = \dfrac{0.1}{13.9} = 0.007$ $\therefore p_\rho = 0.0625 + 0.001 + 0.007 = 0.0705$

$\therefore$ Ansicrwydd absoliwt: $\Delta_\rho = 0.0705 \times 5.589 \times 10^{-7} = 0.4 \times 10^{-7}$

$\therefore \rho = (5.6 \pm 0.4) \times 10^{-7}\,\Omega\,m$

(b) Ar gyfer dwbl y diamedr mae'r p_d yn hanner a'r p_A yn chwarter y gwerth newydd, felly ~0.031. Byddai'r gwrthiant hefyd tua chwarter, felly gyda'r un ansicrwydd yn R, byddai p_R 4 gwaith y gwreiddiol, hynny yw 0.028 ac felly byddai cyfanswm p tua 0.06, sydd ychydig, ond dim ond ychydig, yn llai. Dydy'r ansicrwydd yn yr hyd ddim yn effeithio rhyw lawer ar gyfanswm yr ansicrwydd, ond bydd yr ansicrwydd ffracsiynol yn y gwrthiant yn cael ei haneru (o 0.007 i 0.0035) sy'n cael effaith fwy.

C9 $P = \dfrac{V^2}{R}$, felly, pan mae'n gweithredu, $R = \dfrac{V^2}{P} = \dfrac{(240\,V)^2}{60\,W} = 960\,\Omega$

Gan gymryd mai 290 K yw tymheredd yr ystafell:

tymheredd gweithredu $= \dfrac{960\,\Omega}{80\,\Omega} \times 290\,K = 3500\,K$ (2 ff.y.)

C10 (a) Gan fod y gwrthiant yn gyson, bydd y cerrynt sy'n cael ei gymryd o'r cyflenwad ac felly pŵer y gwresogydd hefyd yn gyson.

(b) $P = \dfrac{V^2}{R}$, felly $R = \dfrac{V^2}{P} = \dfrac{(30\,V)^2}{10\,W} = 90\,\Omega$

$R = \dfrac{\rho l}{A}$, felly $l = \dfrac{RA}{\rho} = \dfrac{90\,\Omega}{4.9 \times 10^{-7}\,\Omega\,m} \times \pi\left(\dfrac{0.12 \times 10^{-3}\,m}{2}\right)^2 = 2.1\,m$ (2 ff.y.)

C11 $R_A = \dfrac{4\rho l}{\pi D^2}$

$R_B = \dfrac{4(2.5\rho)(3l)}{\pi(2D)^2} = \dfrac{7.5}{4} \times \dfrac{4\rho l}{\pi D^2} = 1.875\,R_A$

$P = \dfrac{V^2}{R}$. Mae'r folteddau yr un peth, felly $\dfrac{P_A}{P_B} = \dfrac{R_B}{R_A} = 1.875$

C12 (a) Cysylltu'r coil o wifren ag amlfesurydd ar ei amrediad gwrthiant. Rhoi'r tiwb profi mewn bicer gyda chymysgedd dŵr / iâ a gadael iddo ecwilibreiddio. Rhoi thermomedr yn y bicer a mesur y gwrthiant a'r tymheredd. Gwresogi'r bicer yn raddol gan ddefnyddio llosgydd Bunsen a mesur y gwrthiant ar amrediad o dymereddau hyd at 100°C.

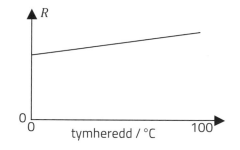

(b) Gan dybio bod y gwrthiant yn amrywio'n llinol gyda'r tymheredd:

Cynnydd mewn gwrthiant am bob gradd $= \dfrac{16.3\,\Omega - 12.0\,\Omega}{75°C - 20°C} = 0.0782\,\Omega\,°C^{-1}$

$\therefore$ Tymheredd yr olew $= 20\,°C + \dfrac{18.7\,\Omega - 12.0\,\Omega}{0.0782\,\Omega\,K^{-1}} = 85.7\,K$

felly tymheredd yr olew $= 20\,°C + 85.7\,°C = 106\,°C$

C13

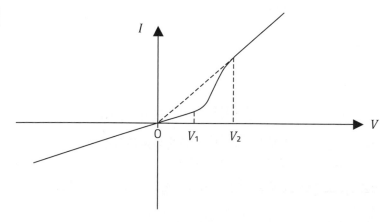

Adran 3: Cylchedau C.U.

C1 (a) Gyda'r switsh ar agor, mae'r lampau L_1 ac L_2 mewn cyfres. Oherwydd hyn, mae'r cerrynt yr un peth yn y ddwy lamp, felly mae ganddyn nhw yr un disgleirdeb.

(b) Pan fydd S ar gau, mae L_2 ac L_3 mewn paralel, felly mae gwrthiant y cyfuniad hwn yn llai na gwrthiant L_2 ar ei phen ei hun. Oherwydd hyn, mae gwrthiant y gylched yn llai ac felly mae'r cerrynt drwy L_1 yn fwy ac mae'n fwy disglair. Mae'r gp ar draws L_1 hefyd yn fwy felly mae'r gp ar draws L_2 yn llai, felly mae'r cerrynt yn llai ac felly mae L_2 yn llai disglair. Mae gan L_3 yr un disgleirdeb ag L_2 oherwydd eu bod yn unfath. Mae ganddyn nhw yr un cerrynt.

C2 (a) Ar gyfer pob coulomb o wefr sy'n llifo drwy'r ddau wrthydd, mae 5 J o egni yn cael ei drosglwyddo yn y gwrthydd ar y chwith a 3 J yn y gwrthydd ar y dde. Felly cyfanswm y trosglwyddiad egni am bob coulomb yw 8 J. Mae'n rhaid hefyd mai dyma'r egni sy'n cael ei drosglwyddo yn y batri, felly 8 V yw'r gp.

(b) 8 V

C3 $R = 12\,\Omega \longrightarrow I = 0.50$ A

$R = 24\,\Omega \longrightarrow I = 0.25$ A

$R = 36\,\Omega \longrightarrow I = 0.17$ A

$R = 6.0\,\Omega \longrightarrow I = 1.0$ A

$R = 4.0\,\Omega \longrightarrow I = 1.50$ A

$R = 18\,\Omega \longrightarrow I = 0.33$ A

$R = 8.0\,\Omega \longrightarrow I = 0.75$ A

C4 (a) Cerrynt yn y gwrthydd 12 Ω = 0.30 A $\times \dfrac{20\,\Omega}{12\,\Omega}$ = 0.50 A

∴ Cerrynt yn y gwrthydd 15 Ω = 0.30 A + 0.50 A = 0.80 A

$P = I^2 R,$

felly cyfanswm y pŵer = $(0.80)^2 \times 15 + (0.30)^2 \times 20 + (0.50)^2 \times 12 = 14.4\,\Omega$

(b) Mae gwrthiant y cyfuniad 15 Ω / X yn llai na gwrthiant y 15 Ω yn unig, felly mae cyfanswm gwrthiant y gylched yn lleihau, ac mae cyfanswm y cerrynt yn cynyddu. Oherwydd hyn, mae'r gp ar draws y cyfuniad 20 Ω /12 Ω yn cynyddu ac felly mae'r gp ar draws y 15 Ω yn lleihau.

C5 (a) Y gydran uchaf yn y gylched yw LDR. Wrth i'r lefel golau gynyddu, mae gwrthiant yr LDR yn lleihau. Oherwydd hyn, mae cyfanswm gwrthiant y gylched yn lleihau ac felly mae'r cerrynt yn cynyddu. Mae'r gp ar draws y gwrthydd sefydlog, sy'n hafal i V_{ALLAN}, yn cynyddu.

(b) Ar 37°C, mae gwrthiant y thermistor = 6.4 kΩ

Mae angen i'r thermistor fod yn y safle gwaelod oherwydd bod ei wrthiant yn cynyddu wrth i'r tymheredd leihau, gan gynyddu'r foltedd allbwn.

Gan ddefnyddio rhannwr potensial i gyfrifo gwrthiant, R, y gwrthydd mewn cyfres:

$5\,V = \dfrac{6.4\ k\Omega}{R + 6.4\ k\Omega} \times 12\,V$ ∴ $R = 9.0\ k\Omega$ (2 ff.y.)

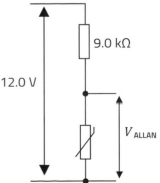

C6 (a) Mae 9.0 J o egni yn cael ei drosglwyddo o storfa gemegol am bob coulomb o wefr sy'n pasio drwy'r batri.

(b) (i) Egni cemegol sy'n cael ei drosglwyddo bob eiliad = 9.0 V × 1.5 A = 13.5 W

Egni sy'n cael ei drosglwyddo gan y cerrynt trydanol yn y gylched allanol = 7.8 V × 1.5 A = 11.7 W

Yr egni sy'n cael ei drosglwyddo yn egni thermol gan y cerrynt trydanol y tu mewn i'r batri yw'r gwahaniaeth yn y rhain, h.y. 13.5 W – 11.7 W = 1.8 W

(ii) $V = E - Ir$ Felly $r = \dfrac{E-V}{I} = \dfrac{9.0\,V - 7.8\,V}{1.5\,A} = 0.8\,\Omega$ [neu, defnyddio $P_r = I^2 r$, gyda $P_r = 1.8\,W$ ac $I = 1.5\,A$]

C7 Gydag un gwrthydd 10 Ω, 6.5 V yw'r gp, felly $I = \dfrac{6.5\,V}{10\,\Omega} = 0.65\,A$

Gan gymhwyso $V = E - Ir \longrightarrow 6.5 = E - 0.65r$ (1)

Gyda dau wrthydd 10 Ω, cyfanswm y gwrthiant allanol yw 5 Ω, a 6.0 V yw'r gp

felly $I = \dfrac{6.0\,V}{5.0\,\Omega} = 1.2\,A \longrightarrow 6.0 = E - 1.2r$ (2)

Tynnu hafaliad (2) o hafaliad (1) $\longrightarrow 0.5 = 0.55r$

$\therefore r = 0.91\,\Omega$

Amnewid yn (1) ac ad-drefnu $\longrightarrow E = 6.5 + 0.65 \times 0.91 = 7.1\,V$

C8 $V = E \times \dfrac{R}{R+r}$ a $I = \dfrac{E}{R+r}$; pan fydd $R = r$, $V = \dfrac{E}{2}$ ac $I = \dfrac{E}{2r}$, felly $P_{allan} = \dfrac{E^2}{4r}$

Ar gyfer y gell gonfensiynol: $P_{allan} = \dfrac{(1.5)^2}{4 \times 0.3} = 1.875\,W$

Ar gyfer y gell Ni-Cd, $P_{allan} = \dfrac{(1.2)^2}{4 \times 0.035} = 10.3\,W = 5.5 \times$ y pŵer mwyaf o'r gell gonfensiynol

C9 (a) Gwrthydd 18 Ω mewn paralel â chyfuniad cyfres o 3.3 Ω a 10 Ω

$R = \dfrac{18 \times (3.3 + 10)}{18 + (3.3 + 10)}\Omega = \dfrac{239.4}{31.3}\Omega = 7.6\,\Omega$ (2 ff.y.)

(b) Dileu V o'r hafaliadau: $E - Ir = IR$

$\therefore E = I(R + r)$

Rhannu gyda $EI \longrightarrow \dfrac{1}{I} = \dfrac{R}{E} + \dfrac{r}{E}$

Felly mae graff $1/I$ yn erbyn R yn llinell syth â graddiant $1/E$ a rhyngdoriad ar yr echelin $1/I$ o r/E

(c) 2.3   2.9   3.2   3.7   4.3   5.3

(ch)

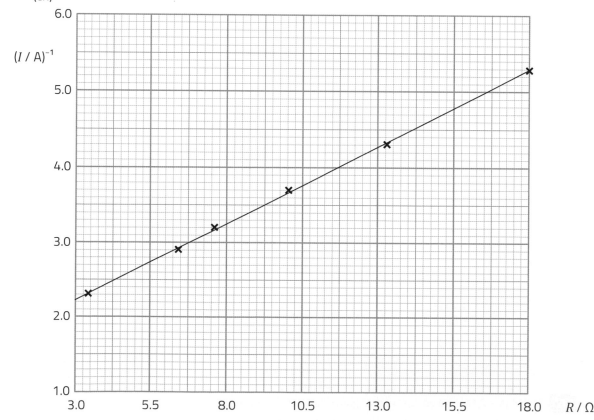

(d) Graddiant $= \dfrac{5.3 - 2.2}{18.0 - 3.0} = 0.207\,V^{-1}$, sy'n rhoi gwerth E $\dfrac{1}{0.207\,V^{-1}} = 4.84\,V$

Gan gymhwyso $y = mx + c$, yna $c = y - mx$. Drwy ddefnyddio'r gwerthoedd (10.5, 3.76) mae c = 1.59 A^{-1}

Yna $r = \dfrac{\text{rhyngdoriad}}{\text{graddiant}} = \dfrac{1.59 \text{ A}^{-1}}{0.207 \text{ V}^{-1}} = 7.7\Omega$

Mae hyn yn dangos bod gwerth g.e.m. yr athro yn gyson, ond mae'r gwrthiant mewnol yn uwch na chanlyniadau'r myfyriwr.

C10 (a) gp ar draws terfynellau'r batri = 3 × 1.2 V = 3.6 V

Cerrynt = $\dfrac{1.5 \text{ W}}{2.5 \text{ V}}$ = 0.6 A   gp ar draws y gwrthydd = 3.6 V − 2.5 V = 1.1 V

∴ Gwrthiant y gwrthydd, $R = \dfrac{1.1 \text{ V}}{0.6 \text{ A}}$ = 1.8 Ω

(b) Ffracsiwn = $\dfrac{I^2 R}{I^2 R + I^2 R_{\text{lamp}}} = \dfrac{R}{R + R_{\text{lamp}}} = \dfrac{1.8\,\Omega}{1.8\,\Omega + (2.5/0.6)\,\Omega}$ = 0.30

C11 (a) V_{cyf} = 0.70 V + 0.03 A × 820 Ω = 25.3 V

(b) Gwrthiant sydd ei angen ar gyfer 10 mA = $\dfrac{(9.0 - 1.9)\text{V}}{0.010 \text{ A}}$ = 790 Ω

Gwrthiant sydd ei angen ar gyfer 25 mA = $\dfrac{(9.0 - 1.9)\text{V}}{0.025 \text{ A}}$ = 316 Ω

Felly mae 470 Ω a 680 Ω yn addas.

Adran 4: Natur tonnau

C1 Dydy tonnau ddim yn trosglwyddo urhyw ddefnydd; mae'r gronynnau yn y cyfrwng ddim ond yn osgiliadu o amgylch pwynt sefydlog.

C2 Mewn ton ardraws, mae gronynnau'r cyfrwng yn osgiliadu ar ongl sgwâr i gyfeiriad y gwasgariad. Mewn ton arhydol, mae gronynnau'r cyfrwng yn osgiliadu'n baralel i gyfeiriad y gwasgariad.
Enghreifftiau: Ardraws – tonnau S seismig; Arhydol – tonnau P seismig.

C3 (a) Mewn paladr golau polar, mae'r holl osgiliadau (h.y. osgiliadau y maes trydanol) i'r un cyfeiriad.

(b) Os yw paladr wedi'i bolareiddio'n rhannol, mae osgiliadau'n digwydd i bob cyfeiriad ar onglau sgwâr i gyfeiriad y gwasgariad, ond mae ffracsiwn o'r tonnau'n osgiliadu i'r un cyfeiriad.

C4 (a) Mewn paladr amholar, mae gan bob cyfeiriad yr un egni, felly mae'r egni mewn unrhyw gydran yn 50% o'r cyfanswm.

(b) 0.4 W m^{-2} yw arddwysedd y rhan amholar, gan roi arddwysedd cyson 0.2 W m^{-2}. 0.6 W m^{-2} yw arddwysedd y rhan bolar, felly dylai arddwysedd y rhan hon sy'n cael ei thrawsyrru osgiliadu rhwng 0 a 0.6 W m^{-2} gyda'r uchafswm a'r isafswm 90° ar wahân. Oherwydd hyn, dylai cyfanswm yr arddwysedd osgiliadu rhwng 0.2 a 0.8 W m^{-2}, 90° ar wahân, sy'n cytuno â'r graff ac mae Cheryl yn gywir.

C5

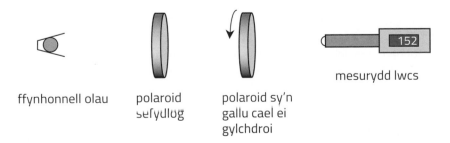

ffynhonnell olau   polaroid sefydlog   polaroid sy'n gallu cael ei gylchdroi   mesurydd lwcs

Mae'r cyfarpar yn cael ei gydosod fel sydd i'w weld yn y diagram. Mae'r polaroid sy'n gallu cael ei gylchdroi yn cael ei gylchdroi drwy set o safleoedd, e.e. 15° ar wahân. Ym mhob safle, mae'r darlleniad ar y mesurydd lwcs yn cael ei nodi a graff yn cael ei blotio o'r darlleniad yn erbyn yr ongl. Mae'r darlleniad ar y mesurydd yn amrywio'n sinwsoidaidd rhwng gwerth mwyaf a lleiaf. Yr ongl rhwng y ddau werth mwyaf yw 180°. Dyma fel y mae disgwyl i'r graff edrych.

Canlyniadau disgwyliedig:

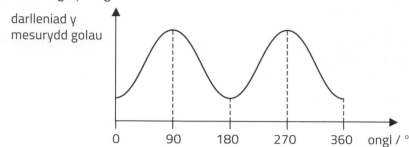

darlleniad y
mesurydd golau

C6 (a) (i)

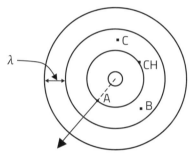

(ii) D.S. Yn rhan (i), unrhyw frig; yn rhan (ii), unrhyw gafn.

(b) (i) $4\lambda = 3.04$ m, felly $\lambda = 0.76$ m

(ii) Osgled = 3.7 mm

(iii) $6T = 0.46$ s, felly cyfnod = 0.0767 s

∴ buanedd = $\dfrac{0.76\,\text{m}}{0.0767\,\text{s}}$ = 9.9 m s⁻¹

C7 (a)

(b) Tonfedd = $\dfrac{18.0\,\text{cm}}{3}$ = 6.0 cm; amledd = $\dfrac{25}{8.0\,\text{s}}$ = 3.125 Hz

Buanedd = λf = 6.0 × 3.125 = 19 cm s⁻¹ (2 ff.y.)

C8 a) Tonnau P: $\lambda = \dfrac{v}{f} = \dfrac{6.2\,\text{km s}^{-1}}{8.9\,\text{Hz}}$ = 0.70 km [= 700 m] (2 ff.y.)

Tonnau S: $\lambda = \dfrac{v}{f} = \dfrac{3.7\,\text{km s}^{-1}}{8.9\,\text{Hz}}$ = 0.42 km [= 420 m] (2 ff.y.)

(b) Gadewch i'r pellter i'r Bala = d (mewn km)

Amser i'r tonnau S deithio o Stadiwm Liberty i'r Bala = $\dfrac{d}{3.7}$; amser ar gyfer tonnau P = $\dfrac{d}{6.2}$

∴ Oediad amser = $\dfrac{d}{3.7} - \dfrac{d}{6.2} = d\left(\dfrac{1}{3.7} - \dfrac{1}{6.2}\right) = 0.109d$

∴ $0.109d = 16.3$, ∴ $d = \dfrac{16.3}{0.109}$ = 150 km.

C9 (a) Mae'r cyfeiriad teithio ar ongl sgwâr i'r blaendonnau. Mae'r cyfeiriad osgiliadu ar ongl sgwâr i'r cyfeiriad teithio ac i'r blaendonnau.

[Sylwch: 'Tonnau arwyneb' yw'r crychdonnau hyn mewn gwirionedd, lle mae mudiant gronyn yn gylch fertigol, gyda phlân y cylch i gyfeiriad y gwasgariad. Ond fyddwch chi ddim yn colli unrhyw farciau os byddwch chi'n eu trin nhw fel tonnau ardraws.]

(b) Nifer y tonfeddi = 7.0, felly $\lambda = \dfrac{14.6\,\text{cm}}{7}$ = 2.086 cm

$f = \dfrac{20}{4.7\,\text{s}}$ = 4.255 Hz

∴ Buanedd = λf = 2.086 cm × 4.255 Hz = 8.9 cm s⁻¹

(c) Mae'n rhaid i nifer y tonnau sy'n pasio unrhyw bwynt yn y dŵr bas fod yr un peth ag yn y dŵr dwfn (nid ydynt yn cael eu creu na'u dinistrio'n ddigymell), h.y. mae'r amledd yn aros yr un peth. Mae'r donfedd yn cael ei rhoi gan $v = \lambda f$, felly wrth i'r buanedd leihau, felly hefyd y donfedd ac mae Gerallt yn gywir.

Adran 5: Priodweddau tonnau

C1   Gwasgariad tonnau ar ôl iddyn nhw basio drwy fwlch neu heibio ymyl rhwystr yw diffreithiant.

C2   Pan fydd yr hollt â lled 300 nm, bydd y tonnau'n gwasgaru 90° ar ddwy ochr yr hollt, ond bydd arddwysedd y golau sy'n cael ei drawsyrru yn isel iawn. Wrth i'r lled gynyddu (tuag at 600 nm) bydd yr arddwysedd yn cynyddu – mwy i'r cyfeiriad ymlaen. Uwchben 600 nm, bydd y tonnau sy'n cael eu trawsyrru yn cael eu crynhoi'n fand canolog fwyfwy cul, gyda bandiau ochr gwannach, wedi'u gwahanu gan sianeli cul heb unrhyw donnau.

C3   (a) Mae'r tonnau'n cael eu cynhyrchu gan ddau drochydd sy'n dirgrynu'n gydwedd yng nghanol y cylchoedd. Mae'r ddwy set o donnau yn pasio drwy ei gilydd. Ar y pwyntiau lle mae'r tonnau'n gydwedd (e.e. ar B), maen nhw'n adio i roi tonnau ag osgled mwy o faint. Ar y pwyntiau lle mae'r tonnau'n anghydwedd (e.e. ar A ac C) maen nhw'n tynnu ac yn canslo ei gilydd.

   (b) (i) 2λ

   (ii) 1.5λ [neu $1\tfrac{1}{2}\lambda$, os yw'n well gennych chi]

   (c) Mae gwahaniaeth gwedd cyson rhwng osgiliadau'r ffynonellau.

C4   (a) Cyfanswm dadleoliad dwy don sy'n pasio drwy'r un pwynt yw swm [fector] dadleoliadau'r tonnau unigol.

   (b) (i)

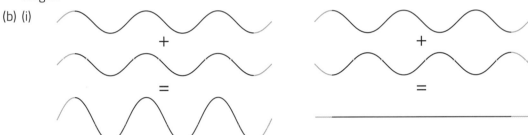

   Mae'r diagram ar y chwith yn dangos ymyriant adeiladol. Mae'r tonnau'n adio i roi un â dwbl yr osgled. Mae'r diagram ar y dde yn dangos ymyriant dinistriol. Mae'r tonnau'n adio i roi osgled o sero.

   (ii)

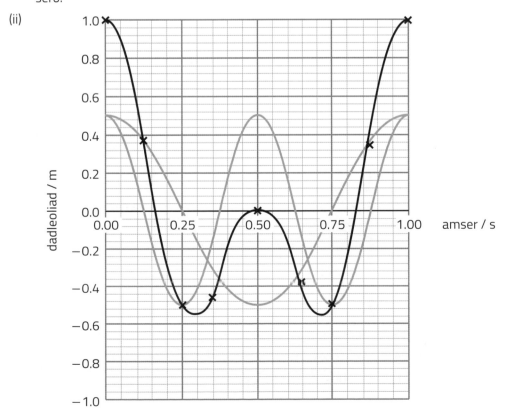

C5 (a) Fe wnaeth ddarganfod mai ffenomen tonnau oedd golau (nid gronynnau, fel yr oedd Newton wedi ei dybio).

(b)

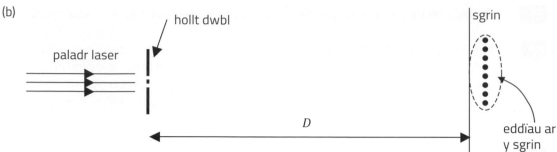

Mae sleid ddu yn cael ei pharatoi gyda dau hollt paralel tua 0.5 mm ar wahân ac mae gwahaniad, x, yr holltau yn cael ei fesur gan ddefnyddio microsgop teithiol. Mae'r holltau'n cael eu goleuo â phaladr laser, fel sydd i'w weld, a'r eddïau yn cael eu gweld ar sgrin bell ($D > 1$ m). Mae'r pellter, D, i'r sgrin yn cael ei fesur gan ddefnyddio prennau mesur metr neu dâp mesur. Mae'n bosibl darganfod gwahaniad, Δy, yr eddïau drwy fesur y pellter rhwng yr eddïau mwyaf allanol gan ddefnyddio graddfa mm a rhannu gyda nifer y bylchau sydd i'w gweld rhwng yr eddïau. Mae'r Δy yn cael ei ddarganfod ar gyfer amrediad o bellterau D, ac mae graff yn cael ei blotio o Δy yn erbyn D.

Y berthynas rhwng Δy a D yw $\Delta y = \dfrac{\lambda D}{x}$, felly dylai'r graff fod yn llinell syth drwy'r tarddbwynt. Mae'r graddiant $m = \dfrac{\lambda}{x}$, felly mae'r graddiant, m, yn cael ei ddarganfod ac mae λ yn cael ei gyfrifo drwy ddefnyddio $\lambda = mx$.

C6 (a) Mae'r microdonnau sy'n taro S_1 ac S_2 yn gwasgaru drwy ddiffreithiant, ac mae'r paladrau dargyfeiriol yn gorgyffwrdd ar P ac yn ymyrryd. Mae'r tonnau'n gydwedd ar S_1 ac S_2 ac mae'r pellterau S_1P ac S_2P yn hafal, felly mae'r tonnau'n gydwedd ar P. Oherwydd hyn, maen nhw'n ymyrryd yn adeiladol, gan gynhyrchu gwerth mwyaf.

(b) Ar gyfer ymyriant dinistriol, $S_2Q - S_1Q = \left(n + \tfrac{1}{2}\right)\lambda$ lle λ yw tonfedd y microdonnau ac mae $n = 0, 1, 2.....$. Gan mai dyma'r pwynt cyntaf o'i fath uwchben P, $n = 0$ felly $S_2Q - S_1Q = \tfrac{1}{2}\lambda$.

Ar gyfer ymyriant adeiladol, $S_2R - S_1R = n\lambda$. Ar gyfer R, $n = 1$ felly $S_2R - S_1R = \lambda$.

(c) (i) $\Delta y = \dfrac{\lambda D}{a}$, felly PQ $= \dfrac{\lambda D}{2a} = \dfrac{2.8 \text{ cm} \times 15.0 \text{ cm}}{2 \times 6.5 \text{ cm}} = 3.23$ cm

(ii) Gan ddefnyddio Pythagoras, gyda PR = 6.5 cm:

$$\frac{\lambda}{2} = S_2Q - S_1Q = \sqrt{15.0^2 + (3.23 + 3.25)^2} - \sqrt{15.0^2 + (3.23 - 3.25)^2} = 1.34 \text{ cm}$$

Mae hyn yn rhoi gwerth 2.7 cm ar gyfer y donfedd, sydd 4% yn rhy fach – ond yn dal yn eithaf agos!

C7 (a)

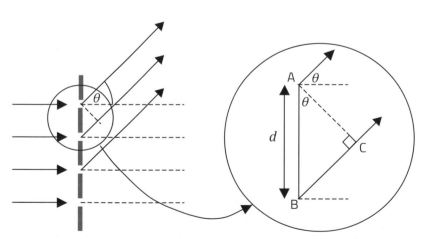

Er mwyn i'r golau o'r ddau hollt uchaf gyrraedd pwynt pell yn gydwedd, mae'n rhaid i'r gwahaniaeth llwybr fod yn $n\lambda$ ($n = 0, 1, 2, ...$). Ar y diagram sydd wedi'i ehangu, mae'r ongl BAC = θ.

∴ Gwahaniaeth llwybr = BC = $d \sin \theta$, lle d = pellter rhwng yr holltau.

Felly $n\lambda = d \sin \theta$.

Sylwch: os yw hyn yn wir am ddau hollt cyfagos, mae'n wir am bob hollt.

(b) (i)   Pan fydd $n = 1$, $\theta = \tan^{-1}\left(\dfrac{0.225 \text{ m}}{1.750 \text{ m}}\right)$, $\therefore \sin\theta = 0.1275$

$$d = \frac{1}{250 \times 10^3 \text{ m}^{-1}} = 4.00 \times 10^{-6} \text{ m}$$

$\therefore \lambda = \dfrac{d \sin\theta}{n} = 4.00 \times 10^{-6} \times 0.1275 = 5.10 \times 10^{-7} \text{ m}$

(ii)   Gwerth mwyaf posibl $\sin\theta = 1.0$ $\therefore n_{\text{mwyaf}} = \dfrac{d}{\lambda} = \dfrac{4.00 \times 10^{-6} \text{ m}}{5.10 \times 10^{-7} \text{ m}} = 7.8$

Mae'n rhaid i n_{mwyaf} fod yn gyfanrif, felly gwerthoedd posibl = 0, ±1, ±2, ...±7

$\therefore$ 15 o ddotiau llachar

C8   (a) [trowch at y diagram ar y dde]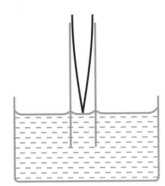

(b) Hyd $l = \dfrac{\lambda}{4}$, $\therefore \lambda = 4l$
$c = \lambda f = 4lf$

(c) 317 m s^{-1}

309 m s^{-1}

Mae holl werthoedd c yn is na'r gwir werth gan amrywio o 7% yn llai ar 256 Hz i 12% ar 480 Hz. Mae gan y % anghywirdeb duedd gynyddol gyson wrth i'r amledd gynyddu, gan awgrymu ansicrwydd systematig.

(ch) $l = \dfrac{c}{4f}$, felly dylai 4 × graddiant graff l yn erbyn $\dfrac{1}{f}$ fod yn c

Does dim grid ar gael, felly gan gymryd y gwerthoedd eithaf: pan fydd $l = 0.312$ m, $\dfrac{1}{f} = 3.91 \times 10^{-3}$ s

Pan fydd $l = 0.157$ m, $\dfrac{1}{f} = 2.08 \times 10^{-3}$ s

$\therefore 4 \times \text{graddiant} = 4 \times \dfrac{(0.312 - 0.157)\,\text{m}}{(3.91 - 2.08) \times 10^{-3}\,\text{s}} = 339$ m s^{-1}, sydd o fewn 1% i'r gwir werth.

Adran 6: Plygiant golau

C1   (a) Ar y ffin rhwng unrhyw ddau ddefnydd penodol, mae cymhareb sin yr ongl drawiad i sin yr ongl blygiant yn gysonyn.

(b) Ar gyfer golau sy'n pasio o wactod i mewn i'r defnydd, $n = \dfrac{\sin i}{\sin r}$ lle i yw'r ongl drawiad ac r yw'r ongl blygiant.

(c) $n = \dfrac{c}{v}$, lle v yw buanedd golau yn y defnydd ac c yw buanedd golau mewn gwactod.

C2 $n = \dfrac{c}{v}$, felly $v = \dfrac{c}{n} = \dfrac{3.00 \times 10^8}{1.49}$ m s^{-1} = 2.01 × 10^8 m s^{-1}

C3   (a) Oherwydd dydy electronau ddim yn gallu mynd yn gyflymach na buanedd golau mewn gwactod.

(b) (i)   Buanedd golau mewn dŵr = $\dfrac{c}{n} = \dfrac{3.00 \times 10^8}{1.33} = 2.26 \times 10^8$ m s^{-1}. Os yw'n gyflymach na hyn bydd pelydriad Cherenkov yn cael ei gynhyrchu.

(ii)   Gan ddefnyddio $\frac{1}{2}mv^2 = eV$, $V = \dfrac{mv^2}{2e} = \dfrac{9.11 \times 10^{-31} \times (2.26 \times 10^8)^2}{2 \times 1.60 \times 10^{-19}} = 145$ kV

C4   (a) $v_{\text{aer}} > v_{\text{dŵr}} > v_{\text{gwydr}}$ felly mae'r ongl, θ, i'r normal yn y tri defnydd yn dilyn yr un patrwm:
$\theta_{\text{aer}} > \theta_{\text{dŵr}} > \theta_{\text{gwydr}}$

(b) $1.00 \sin 45° = 1.52 \sin x$ $\therefore x = \sin^{-1}\left(\dfrac{\sin 45°}{1.52}\right) = \sin^{-1} 0.4652 = 27.7°$

$y = x$ [onglau eiledol] = 27.7°

$1.52 \sin 27.7° = 1.33 \sin z$, $\therefore z = \sin^{-1}\left(\dfrac{1.52 \sin 27.7°}{1.33}\right) = \sin^{-1} 32.1°$

(c) Mae $n \sin\theta$ yn gysonyn, felly $1.00 \sin 45° = 1.33 \sin z$ ac mae'r gwydr yn amherthnasol (heblaw am ddal y dŵr yn ei le).

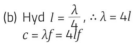

C5 (a) $r = \sin^{-1}\left(\dfrac{\sin 27°}{1.42}\right) = 18.6°$

(b) Ongl drawiad ar yr arwyneb cefn = 18.6° (onglau mewn segment) felly'r ongl blygiant yn ôl i'r aer = 27°

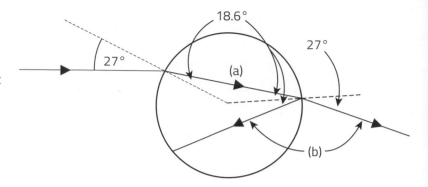

C6 (a) Mae golau sy'n teithio mewn cyfrwng yn taro cyfrwng arall, lle mae buanedd golau yn uwch, gydag ongl drawiad sy'n fwy na'r ongl gritigol.

(b) Ongl gritigol, $c = \sin^{-1}\left(\dfrac{1}{n}\right) = \sin^{-1}\left(\dfrac{1}{1.55}\right) = 40.2°$

(c) Ongl blygiant = 19.8° (drwy ystyried onglau yn y triongl)
∴ $i = \sin^{-1}(1.55 \sin 19.8°) = 31.7°$

(ch) 19.8° yw'r ongl drawiad ar yr arwyneb gwaelod (trowch at y diagram), sy'n llai na'r ongl gritigol felly does dim adlewyrchiad mewnol cyflawn yn digwydd a bydd rhywfaint o'r golau'n dod allan, felly mae Briony yn anghywir. Mewn gwirionedd, bydd y golau'n dod allan ar yr un ongl ag yr aeth i mewn i'r prism (31.7°).

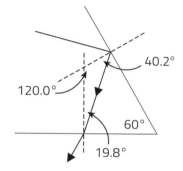

C7

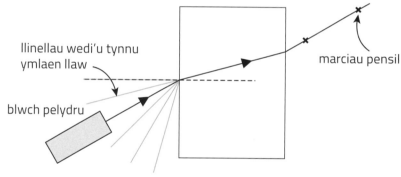

llinellau wedi'u tynnu ymlaen llaw

marciau pensil

blwch pelydru

Rhoi'r bloc gwydr yng nghanol darn mawr o bapur a lluniadu ei amlinelliad. Marcio cyfres o linellau ar set reolaidd o onglau i'r normal (e.e. 15°, 30°, 45°, 60°, 75°) fel sydd i'w weld ac yna disgleirio paladr cul o flwch pelydru ar hyd un ohonyn nhw. Rhoi marciau ar bwyntiau sydd wedi'u gwahanu'n dda ar y pelydryn sy'n dod allan, fel sydd i'w weld. Ailadrodd ar gyfer pob un o'r llinellau eraill sydd wedi'u tynnu ymlaen llaw. Tynnu'r bloc a defnyddio'r amlinelliad, y marciau pensil a phren mesur i ailadeiladu pob un o'r llwybrau ar gyfer y golau drwy'r bloc. Ar gyfer pob llinell, defnyddio onglydd i fesur yr onglau trawiad, i, a'r onglau plygiant, r, ar y pwynt trawiad.

Plotio sin i yn erbyn sin r a thynnu llinell ffit orau, a ddylai fod yn llinell syth drwy'r tarddbwynt. Darganfod graddiant y llinell – dyma'r indecs plygiant.

C8 Pan fydd lefel y bensen fel sydd i'w weld, mae'r pelydryn golau yn pasio'n syth drwy'r prism i mewn i'r bensen, bron heb wyro, oherwydd bod indecsau plygiant y bensen a'r gwydr bron yr un peth. Os yw lefel y bensen yn gostwng o dan y marc 'uchder lleiaf' mae'r pelydryn golau yn cael ei adlewyrchu'n gyflawn ar y ddau arwyneb is (llorweddol yn gyntaf ac yna fertigol) ac yn dod yn ôl allan ac yn cael ei ganfod gan y larwm. Mae hyn yn digwydd oherwydd bod yr ongl drawiad (45°) yn fwy na'r ongl gritigol ar gyfer y gwydr: $c = \sin^{-1}\left(\dfrac{1}{1.5}\right) = 42°$.

C9 (a) $\theta = \sin^{-1}\left(\dfrac{1.00 \times \sin 21.2°}{1.63}\right) = 12.8°$

$\phi = 90° - \theta = 77.2°$

(b) Mae'r ongl gritigol ar gyfer y ffin rhwng craidd y ffibr a cladin y ffibr yn cael ei rhoi gan:

$$c = \sin^{-1}\left(\frac{1.60}{1.63}\right) = 79.0°$$

Mae'r ongl drawiad yn llai na'r ongl gritigol felly does dim adlewyrchiad mewnol cyflawn yn digwydd.

(c) (i) Pellter a deithiwyd = $\frac{14.0\,km}{\cos 5°}$ = 14.053 km. Felly y pellter ychwanegol = 53 m.

(ii) Mae'r pellter ychwanegol 53 m yn cymryd amser o $\frac{53\ m}{3.00 \times 10^8 m\ s^{-1}}$ = 1.8 × 10⁻⁷ s i'r golau.

Mae'r signal yn cynnwys cyfres o bylsiau golau. Felly, ar gyfer ysbeidiau pwls sy'n fwy na tua 10^{-7} s (h.y. amledd pylsiau 10 MHz) bydd y pylsiau sy'n teithio ar hyd llwybrau gwahanol yn gorgyffwrdd â phylsiau cynharach neu ddiweddarach a bydd y pylsiau yn annarllenadwy – dyma yw gwasgariad amlfodd.

C10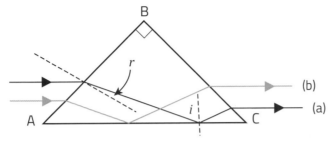

(a) Ongl blygiant, $r = \sin^{-1}\left(\frac{1.00 \times \sin 45°}{1.60}\right) = 26.2°$. 71.2° yw'r ongl drawiad, i, ar AC, sy'n fwy na'r ongl gritigol ac felly mae AMC yn digwydd. 26.2° yw'r ongl drawiad ar BC, felly 45° yw'r ongl blygiant, h.y. mae'r pelydryn sy'n dod allan yn baralel i'r pelydryn cychwynnol.

(b) (Edrychwch ar y pelydrau llwyd ar y diagram.) Mae'r onglau yr un peth felly mae'r pelydrau golau yn baralel, ond yr un uchaf ar y chwith yw'r un isaf ar y dde.

(c) Pe bai'r indecs plygiant yn 1.3, er enghraifft, 77° fyddai'r ongl drawiad ar AC, felly byddai AMC yn digwydd pe bai'r pelydryn golau yn taro AC. Ond yr isaf yw'r indecs plygiant, y mwyaf yw'r ongl blygiant ar AB ac os yw'n ddigon mawr, fyddai'r pelydryn ddim yn taro AC o gwbl. Felly mae James yn gywir, ond dim ond ar gyfer pelydrau golau sy'n taro AB ger y gwaelod y bydd yn gweithio ar gyfer indecsau plygiant isel.

Adran 7: Ffotonau

C1 (a) Gronyn o olau yw ffoton. [Mae ganddo egni hf lle h yw'r cysonyn Planck.]

(b) Egni ffoton = hf
Os oes n ffoton bob eiliad, y trosglwyddiad egni bob eiliad = nhf

C2 Mae sbectrwm allyrru llinell yn cynnwys cyfres o fandiau cul o olau, pob un ag amledd/lliw/tonfedd penodol. Mae'n cael ei gynhyrchu gan nwyon poeth, gwasgedd isel, sy'n cynnwys atomau a/neu moleciwlau unigol. Mae'n bosibl ei ddangos drwy basio'r golau drwy gratin diffreithiant neu brism a thaflunio'r paladrau sy'n deillio o hynny ar sgrin.

C3 Mae golau o'r arwyneb [ffotosffer] yn pasio drwy atmosffer tenau o nwy. Mae atomau nwy yn amsugno ffotonau golau ar donfeddi penodol, sy'n cyfateb i'r gwahaniaeth yn lefelau egni'r atomau. Mae'r atomau cynhyrfol yn allyrru ffotonau â'r un donfedd, ond mewn cyfeiriadau ar hap. Felly os yw sbectrwm y golau yn cael ei weld o'r Ddaear, mae'n ymddangos fel sbectrwm di-dor o olau o'r ffotosffer gyda chyfres o linellau tywyll ar ei draws – dyma'r sbectrwm amsugno.

C4 (a) Tonfedd De Broglie, $\lambda = \frac{h}{p}$ Momentwm, $p = \sqrt{2mE} = \sqrt{2meV}$

Felly $\lambda = \frac{h}{\sqrt{2meV}} = \frac{6.63 \times 10^{-34}}{\sqrt{2 \times 9.11 \times 10^{-31} \times 1.60 \times 10^{-19} \times 2400}} = 2.51 \times 10^{-11}$ m

(b) O'r cyfrifiad yn rhan (a) rydyn ni'n gweld bod tonfedd yr electronau'n lleihau wrth i'r foltedd gael ei gynyddu. Felly mae'r patrwm diffreithiant yn mynd yn llai [mae sin yr ongl i ganol y paladr wedi'i ddiffreithio mewn cyfranedd â'r donfedd].

C5 (a) (i) Yr egni ffoton yw'r gwahaniaeth yn y ddwy lefel egni.
Felly egni = 12.1 eV − 10.2 eV = 1.9 eV

(ii) $E = hf = h\dfrac{c}{\lambda}$

Felly $\lambda = \dfrac{hc}{E} = \dfrac{6.63 \times 10^{-34} \times 3.00 \times 10^8}{1.9 \times 1.60 \times 10^{-19}} = 6.5 \times 10^{-7}$ m; gweladwy (coch)

(b) (i) Egni mwyaf = 12.75 − 0.0 = 12.75 eV
$= 12.75 \times 1.60 \times 10^{-19}$ J
$= 2.0 \times 10^{-18}$ J

(ii) Uwchfioled

C6 (a) Mae'n bosibl ysgrifennu hafaliad ffotodrydanol Einstein fel $E_{k\,mwyaf} = hf - \phi$. Mae'n fynegiant o gadwraeth egni: mae'r egni electron mwyaf $E_{k\,mwyaf}$ yn hafal i'r egni ffoton (hf) minws yr egni lleiaf sydd ei angen i dynnu electron o'r arwyneb (y ffwythiant gwaith, ϕ). Roedd yn darparu sylfaen arbrofol gadarn ar gyfer deuoliaeth ton–gronyn y ddamcaniaeth cwantwm, drwy ddangos bod gan olau briodweddau sydd ond yn bosibl eu hesbonio os yw'n cynnwys llif o ronynnau gydag egni sydd mewn cyfrannedd â'r amledd (priodwedd ton).

Er mwyn cael y canlyniadau, mae'r ffotogell yn cael ei goleuo â phelydriad monocromatig (ag amledd digon uchel) ac mae gp y cyflenwad yn cael ei gynyddu nes bod y ffoto-gerrynt prin yn dod yn sero. Mae'r gwerth gp hwn yn cael ei luosi ag e (y wefr electronig) i roi $E_{k\,mwyaf}$. Mae hyn yn cael ei ailadrodd ar gyfer sawl amledd, a bydd y graff yn cael ei luniadu.

(b) Mae gan bob un o ffotonau paladr monocromatig yr un egni. Mae arddwysedd y paladr mewn cyfrannedd â nifer y ffotonau bob eiliad sy'n pasio pwynt [yn taro'r arwyneb allyrru]. Mae gan bob ffoton yr un tebygolrwydd o achosi allyriad electron, felly mae nifer yr electronau sy'n cael eu hallyrru bob eiliad ac sy'n cael eu derbyn ar yr electrod casglu mewn cyfrannedd â'r arddwysedd. Felly mae'r cerrynt hefyd mewn cyfrannedd.

C7 (a) Mae gan bob ffoton yn y paladr fomentwm, p, sy'n cael ei roi gan y berthynas de Broglie, $p = h/\lambda$. Wrth i bob un gael ei adlewyrchu o'r drych, mae'n dioddef newid mewn momentwm. Mae'r chwiliedydd gofod yn derbyn newid momentwm hafal a dirgroes, h.y. grym.

(b) (i) $p = \dfrac{h}{\lambda}$, hefyd $E = hf = \dfrac{hc}{\lambda}$

Amnewid am $\lambda \longrightarrow p = h \times \dfrac{1}{\lambda} = h \times \dfrac{E}{hc}$, felly $E = pc$

(ii) Newid mewn momentwm bob eiliad ar gyfer pob ffoton $= 2 \times \dfrac{E}{c}$ oherwydd yr adlewyrchiad

Felly grym ar y chwiliedydd $= 2\dfrac{E}{c} \times$ nifer y ffotonau bob eiliad $= 2\dfrac{P}{c} = 2 \times \dfrac{15\,000}{3.00 \times 10^8}$ N
$= 0.10$ mN

Felly $a = \dfrac{F}{m} = \dfrac{0.1 \times 10^{-3}}{2.3} = 4.3 \times 10^{-5}$ m s^{-2}

(iii) (I) $v = u + at$, felly buanedd $= 4.3 \times 10^{-5} \times (86\,400 \times 365) = 1400$ m s^{-1}

(II) $x = ut + \dfrac{1}{2}at^2 = 0.5 \times 4.3 \times 10^{-5} \times (86\,400 \times 365)^2$
$= 2.1 \times 10^{10}$ m [21 miliwn km]

(iv) Mae'r laser wedi'i anelu at y drych sy'n adlewyrchu'r paladr yn ôl tuag at y chwiliedydd, gan gynhyrchu gwthiad tuag yn ôl.

(c) (i) Gan dybio mai 2 mm yw diamedr y ffenestr.

Yna $\theta = \dfrac{2\lambda}{d} = \dfrac{2 \times 500 \times 10^{-9}\,\text{m}}{2 \times 10^{-3}\,\text{m}} = 5 \times 10^{-4}$ rad

Felly, o gefn y neuadd ddarlithio i'r tu blaen, mae diamedr, D, cylch y smotyn yn cael ei roi gan:
$D = 5 \times 10^{-4} \times 10$ m $= 5 \times 10^{-3}$ m $= 5$ mm
Mae smotyn golau â diamedr 5 mm yn ddigon bach i fod yn ddefnyddiol fel pwyntydd, felly dydy diffreithiant ddim yn broblem.

(ii) [Mae sawl ffordd o ateb y cwestiwn AA3 hwn. Dyma un ohonynt.]

Os yw'r pŵer sy'n taro'r llong ofod yn 10% o'r gwreiddiol, yna mae arwynebedd y paladr yn 10 × arwynebedd yr arwyneb derbyn, felly mae'r diamedr yn $\sqrt{10}$ × 100 m = 320 m.

Ongl ddiffreithiant $\theta = \dfrac{2\lambda}{d} = \dfrac{2 \times 500 \times 10^{-9} \text{ m}}{1 \text{ m}} = 1 \times 10^{-6}$ rad

Felly, y pellter i ddiamedr y paladr fod yn 320 m = $\dfrac{320 \text{ m}}{1 \times 10^{-6} \text{rad}} = 3.2 \times 10^8$ m

Mae'r pellter hwn, sef 300 000 km, yn llawer llai na'r pellter a deithiwyd mewn blwyddyn (a gyfrifwyd yn rhan (b)), felly bydd y buanedd hefyd yn llawer llai a bydd yn cymryd blynyddoedd lawer i'r llong ofod gyrraedd y blaned Mawrth.

Adran 8: Laserau

C1 Mae atom mewn cyflwr cynhyrfol. Mae ffoton gydag egni sy'n hafal i'r gwahaniaeth egni rhwng y cyflwr cynhyrfol a chyflwr egni is gwag yn sbarduno'r atom i newid i gyflwr egni is. Mae hyn yn rhyddhau ail ffoton – *allyriad ysgogol.*

C2 (a) Os oes dau gyflwr egni mewn system (e.e. casgliad o atomau), yna mae poblogaeth fwy gan y cyflwr egni is fel arfer. Gwrthdroad poblogaeth yw pan fydd mwy o atomau yn y cyflwr egni uwch nag yn y cyflwr egni is.

(b) Mae'n bosibl amsugno ffoton drawol (â'r egni cywir) ac achosi i atom yn y cyflwr egni is neidio i'r cyflwr egni uwch. Gall ffoton unfath achosi i atom yn y cyflwr egni uwch ddisgyn i'r cyflwr egni is. Mewn poblogaeth sydd â nifer hafal yn y cyflyrau egni is ac uwch, bydd pwmpio optegol yn achosi nifer hafal o drosiadau i'r ddau gyfeiriad, felly fydd nifer yr atomau yn y cyflwr egni uwch ddim yn gallu cynyddu uwchben y lefel hon.

C3

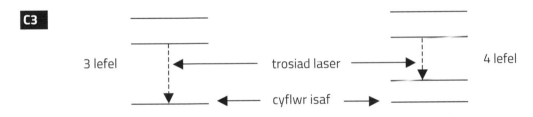

Mewn system 3 lefel, y lefel is yn y trosiad laser yw'r cyflwr isaf. Felly, er mwyn cael gwrthdroad poblogaeth gyda chyflwr cynhyrfol, mae'n rhaid i o leiaf hanner yr atomau fod yn y lefel uchaf. Mewn system 4 lefel, lefel gynhyrfol wag yw'r lefel is yn y trosiad laser fel arfer, felly dim ond cyfran fach o atomau sydd angen eu rhoi yn y lefel uchaf, sy'n haws ei gyflawni.

C4 Mae angen i'r lefel pwmpio wagio'n gyflym:

(i) i boblogaeth y lefel uwch gynyddu'n gyflym, ac

(ii) i leihau allyriadau ysgogol rhwng y lefel pwmpio a'r lefel isaf [NEU, yn gywerth, i atal y lefel uchaf rhag llenwi (gan wneud pwmpio'n llai effeithlon)].

C5 Ffyrdd o'u defnyddio: mewn ffibrau optegol a phennau darllen DVD.
Manteision: bach, effeithlon (defnydd pŵer isel) [hefyd yn rhad iawn].

C6 (a) Trosiad laser $E_3 \longrightarrow E_2$
felly egni = 19.5 eV – 17.4 eV = 2.1 eV = 2.1 × 1.60 × 10^{-19} = 3.36 × 10^{-19} J

$f = \dfrac{E}{h} = \dfrac{3.36 \times 10^{-19} \text{ J}}{6.63 \times 10^{-34} \text{ J s}} = 5.1 \times 10^{14}$ Hz (2 ff.y.)

(b) Mae'r trosiad yn cael ei ysgogi gan ffoton ag egni 2.1 eV. Mae'r system yn cael ei dewis fel bod lefel E3 yn lefel egni metasefydlog, h.y. mae ganddi hyd oes hir, felly mae'r tebygolrwydd o allyriad digymell yn isel. Ond mae gan ffoton ag egni 2.1 eV debygolrwydd uchel o sbarduno allyriad. [Hefyd, mae cymaint o olau y tu mewn i laser, bydd y ffoton yn cael ei ysgogi ymhell cyn i allyriad digymell ddigwydd.]

(c) I gynhyrchu pob ffoton laser ag egni 2.1 eV, 20.5 eV yw'r egni pwmpio sydd ei angen. Bydd rhywfaint o'r egni pwmpio yn cael ei wastraffu gan drosiad yn ôl i lawr i'r cyflwr isaf.

Felly, mae'r effeithlonrwydd mwyaf = $\frac{2.1 eV}{20.5 eV} \times 100\%$ = 10.2%. Felly mae Joel yn gywir i 2 ff.y.
[ac mae'n anochel y bydd rhywfaint o egni yn cael ei golli beth bynnag].

(ch) Er mwyn sefydlu gwrthdroad poblogaeth rhwng E_2 ac E_3, mae'n rhaid cadw poblogaeth E_2 mor isel â phosibl. Felly, mae'n rhaid i'r ail lefel egni gael hyd oes isel, fel y gall wagio'n ôl i lawr i'r cyflwr isaf cyn gynted â phosibl, ac mae Nigella yn anghywir.

C7 (a) Egni pwmpio = 4.8×10^{-19} J = $\frac{4.8 \times 10^{-19}}{1.60 \times 10^{-19}}$ eV = 3.0 eV

Fioled [ond byddai cynllun marcio yn derbyn glas, indigo neu fioled].

(b) Ar E_3 dylai'r lefel wedi'i phwmpio gael hyd oes fer, a dylai E_2 gael un llawer hirach. Y rheswm dros hyn yw i ganiatáu i wrthdroad poblogaeth gael ei sefydlu rhwng E_2 ac E_1.

(c) $E = hf$ a $c = f\lambda$ $\therefore$ $\lambda = \frac{hc}{E} = \frac{6.63 \times 10^{-34} \times 3.00 \times 10^8}{3.1 \times 10^{-19}}$ = 6.4×10^{-7} m

(ch) Yr un amledd [neu donfedd neu egni]
Yr un gwedd
Yr un cyfeiriad
Yr un polareiddiad [D.S. dim ond 3 y gofynnwyd amdano – peidiwch â rhoi 4 rhag ofn bod un yn anghywir!]

(d) Mae Paula yn gywir. Er mwyn cael gwrthdroad poblogaeth rhwng E_1 ac E_2, mae'n rhaid i boblogaeth E_2 (h.y. N_2) fod yn fwy na N_1. Bydd hyn yn digwydd yn fwyaf effeithlon os bydd yr holl electronau sydd wedi'u pwmpio yn disgyn ar unwaith i E_2. Os bydd N_1 yn fwy na 50% o'r cyfanswm, yna mae'n rhaid i N_2 fod yn llai ac ni fydd gwrthdroad poblogaeth yn bodoli.

C8 (a) Mae'r paladr laser sy'n dod allan yn tynnu rhai ffotonau o'r ceudod, felly er mwyn cadw'r nifer mor uchel â phosibl, ni ddylai fod unrhyw golledion ar y drych chwith.

(b) Mae angen i rai ffotonau ddianc i ffurfio'r paladr laser sy'n dod allan.

(c) (i) Mae mwy o ffotonau yn cael eu hadlewyrchu ar y drych chwith nag ar y drych dde, felly mae mwy o newid momentwm bob eiliad yn achos y ffotonau ar y chwith nag ar y dde. Felly, yn ôl 2il ddeddf Newton, mae mwy o rym ar y chwith.

Ateb arall: Mae momentwm gan y ffotonau sy'n dod allan bob eiliad ar y dde, felly mae'n rhaid bod grym cydeffaith ar ochr chwith y laser. Felly, mae'n rhaid bod y grym ar y drych chwith (oherwydd y ffotonau sy'n cael eu hadlewyrchu) yn fwy na'r grym ar y drych dde).

(ii) Mae 5% o'r ffotonau sy'n taro'r drych dde yn dianc.

$\therefore$ Pŵer y ffotonau sy'n taro'r drych = $\frac{5.0 \text{ mW}}{0.05}$ = 100 mW

$\therefore$ Pŵer sy'n cael ei adlewyrchu = 100 mW – 5.0 mW = 95 mW

$\therefore$ Grym sy'n cael ei roi = $2 \times \frac{P}{c}$ = 6.33×10^{-10} N

$\therefore$ Gwasgedd = $\frac{F}{A} = \frac{6.33 \times 10^{-10} \text{ N}}{0.94 \times 10^{-6} \text{ m}^2}$ = 6.7×10^{-4} Pa (2 ff.y.)

(ch) Ystyriwch N o ffotonau yn cael eu hadlewyrchu o'r drych dde. Tybiwch fod y nifer sy'n taro'r drych chwith = kN, lle k yw'r ffactor mwyhad ar gyfer pasio unwaith. Y nifer sy'n cael eu hadlewyrchu o'r drych chwith = kN. Y nifer sy'n taro'r drych dde = k^2N. Yna mae'r nifer sy'n cael eu hadlewyrchu o'r drych dde = $0.95 \times k^2N$.

$\therefore$ I gyflawni ecwilibriwm $0.95k^2 N = N$

$\therefore$ $k = \frac{1}{\sqrt{0.95}}$ =1.026, felly 2.6% yw'r cynnydd ac mae Helena yn gywir.

Papur Enghreifftiol Uned 1

C1 (a)

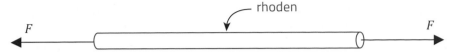

Os yw grymoedd hafal a dirgroes, F, yn cael eu rhoi ar y rhoden, fel sydd i'w weld, mae'r diriant tynnol yn cael ei ddiffinio fel F/A lle A yw arwynebedd trawstoriadol y rhoden.

(b) (i) Mae Aled wedi defnyddio naill ai caliper digidol neu ficromedr. Y rheswm dros hyn yw bod y diamedr yn cael ei fesur i 0.01 mm.

(ii)

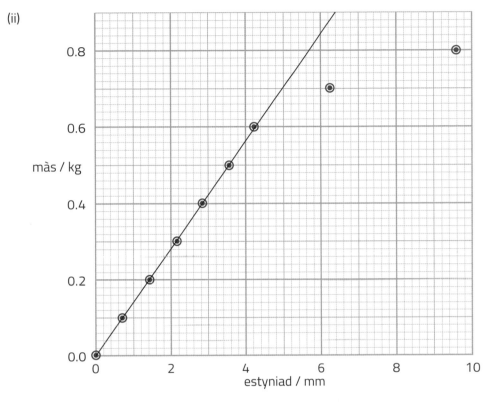

Ar gyfer rhan llinell syth y graff, pan fydd y màs = 0.700 kg, yr estyniad yw 5.00 mm.

Ar y pwynt hwn: diriant = $\dfrac{mg}{\text{arwynebedd trawstoriadol}}$ = $\dfrac{0.700 \times 9.81}{\pi \times (0.10 \times 10^{-3})^2}$ = 2.186×10^8 Pa

a straen = $\dfrac{5.00 \times 10^{-3}}{2.500}$ = 2.00×10^{-3}

$\therefore E = \dfrac{2.186 \times 10^8}{2.00 \times 10^{-3}}$ = 1.093×10^{11} Pa

Dim ond 2 ff.y. sy'n gallu cael ei gyfiawnhau oherwydd darlleniad y diamedr, $\therefore$ 1.1×10^{11} Pa.

(iii) (I) Tynnu'r llwyth a mesur hyd y wifren. Os yw'n hirach nag oedd yn wreiddiol, mae ymestyniad anelastig wedi digwydd.

(II) Mae bondiau'n torri ar safle afleoliad ymyl (hanner-plân ychwanegol). Mae'r diriant yn achosi i'r planau symud, a dydy'r symudiad ddim yn gwrthdroi pan fydd y diriant yn cael ei dynnu.

(c) Mae'r wybodaeth hon wedi caniatáu i beirianwyr ddatblygu defnyddiau newydd sy'n gallu gwrthsefyll diriannau uchel heb i anffurfiad plastig ddigwydd. Un enghraifft yw datblygu defnyddiau grisialau unigol, purdeb uchel ar gyfer llafnau tyrbinau, sy'n gallu gweithredu ar fuanedd cylchdrol uchel heb i anffurfiad mawr ddigwydd. Mae absenoldeb atomau estron yn osgoi cynhyrchu afleoliadau ar ddiriannau cymedrol.

C2 (a) (i) Moment = grym × pellter = (44 × 9.81) N × 1.2 m = 518 N m clocwedd.

(ii) Os yw'r tyniant = T, mae'r moment gwrthglocwedd = $T \times 2.4 \sin 35°$
$\therefore$ Ar gyfer ecwilibriwm $2.4T \sin 35° = 518$
$\therefore T = 376$ N ~ 400 N

(iii) Mae cydran lorweddol grym y colfach yn hafal ac yn ddirgroes i gydran lorweddol y grym tyniant, ar gyfer ecwilibriwm.

$\therefore F_{\text{llor}}$ = 376 cos35° = 308 N (i'r dde)

(b) Bydd y foment clocwedd mwyaf pan fydd y myfyriwr ar ymyl dde y bont.
Ar y pwynt hwn: Cyfanswm y foment clocwedd = 518 + 68 × 9.81 × 2.4 = 2119 N m.

Tyniant gofynnol = $\dfrac{2119}{2.4\sin 35°}$ = 1540

Mae hyn yn fwy na 1500 N felly mae'n anniogel.

C3 (a) (i) Mae grym yn cael ei ddarparu gan y grym disgyrchiant ar y 0.20 kg = 0.20 × 9.81 = 1.962 N
Màs cyflymu = 1.0 + 0.20 = 1.20 kg

$\therefore$ cyflymiad = $\dfrac{1.962}{1.20}$ = 1.64 m s^{-2} ~ 1.6 m s^{-2}

(ii) Mae'r màs 0.20 kg yn cyflymu i lawr, felly mae'n rhaid bod grym cydeffaith i lawr. Felly, mae'n rhaid i'r grym i fyny oherwydd y tyniant fod yn llai na'r grym i lawr oherwydd disgyrchiant.

(b) Dadleoliad mewn 0.150 s = 11.8 − 10.0 = 1.8 cm
Dadleoliad mewn 0.300 s = 17.3 − 10.0 = 7.3 cm
Ar gyfer cyflymiad cyson o ddisymudedd, $x \propto t^2$, felly dwywaith yr amser $\longrightarrow$ 4 × dadleoliad
7.3 ~ 4 × 1.8, felly cyflymiad cyson
$x = \frac{1}{2}at^2$, felly $a = \dfrac{2x}{t^2} = \dfrac{14.6\ \text{cm}}{0.3^2}$ = 162 cm s^{-2} ~ 1.64 m s^{-2} felly mae'n cyd-fynd â'r dybiaeth.

C4 (a) Mae swm algebraidd momenta'r gwrthrychau mewn system arunig [h.y. heb unrhyw rymoedd allanol yn gweithredu] yn gyson.

(b) (i) Gan dybio nad oes ffrithiant:
Momentwm sy'n cael ei ennill gan y bloc = 0.42 × (28.0 − (−9.0)) = 15.54 N s

$\therefore E_k = \dfrac{p^2}{2m} = \dfrac{(15.54)^2}{10}$ = 24.1 J

[Dewis arall i'r llinell olaf: $v = \dfrac{15.54}{5.0}$ = 3.108 m s^{-1} felly EC = $\frac{1}{2} \times 5.0 \times (3.108)^2$ = 24.1 J]

(ii) EC cychwynnol = $\frac{1}{2} \times 0.42 \times (28.0)^2$ = 164 J
EC y bêl 0.42 kg ar ôl y gwrthdrawiad = $\frac{1}{2} \times 0.42 \times (9.0)^2$ = 17.0 J
$\therefore$ Cyfanswm yr EC ar ôl y gwrthdrawiad = 24.1 + 17.0 = 41.1 J
$\therefore$ EC wedi'i golli, felly mae'r gwrthdrawiad yn anelastig.

(iii) Grym ffrithiannol = $\dfrac{24.1\ \text{J}}{3.6\ \text{m}}$ = 6.7 N

C5 Wrth i bob pêl gyflymu i lawr oherwydd grym disgyrchiant, mae'n profi grym gwrthiant aer i fyny, sy'n cynyddu gyda chyflymder. Wrth gyrraedd buanedd lle mae'r ddau rym yn hafal o ran maint, mae'r grym cydeffaith yn dod yn sero a does dim cyflymiad pellach yn digwydd − dyma'r cyflymder terfynol.

Mae angen mwy o rym gwrthiant aer ar y bêl drymach i gydbwyso'r grym disgyrchiant mwy (ei phwysau). Felly, oherwydd bod siâp ac arwynebedd arwyneb y ddwy bêl yr un fath, dydy'r cydbwysedd ddim yn digwydd nes bod y buanedd yn fwy.

C6 (a) (i) (I) Buanedd = $\dfrac{\text{hanner cylchedd}}{\text{amser}} = \dfrac{\pi \times 60\ \text{m}}{15\ \text{s}}$ = 12.6 m s^{-1}

(II) Cyflymder cymedrig = $\dfrac{\text{dadleoliad}}{\text{amser}} = \dfrac{120\ \text{m}}{15\ \text{s}}$ Dwyrain = 8.0 m s^{-1} E

(ii) Ar A, y cyflymder yw 12.6 m s^{-1} N. Ar B, y cyflymder yw 12.6 m s^{-1} S, h.y. −12.6 m s^{-1} N. Mae newid mewn cyflymder o 25.2 m s^{-1} S, ac felly cyflymiad.

(b) (i)

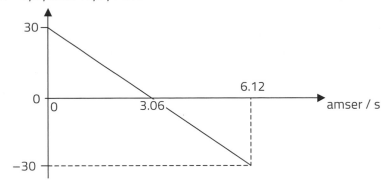

(ii) Pellter = $2 \times (\frac{1}{2} \times 3.06 \times 30) = 91.8$ m

C7 (a) Tonfedd brig = 418 nm

Felly yn ôl deddf Wien, $T = \dfrac{2.90 \times 10^{-3} \text{ m K}}{418 \times 10^{-9} \text{ m}} = 6940$ K, h.y. tua 7 000 K

(b) Goleuedd $\propto$ arwynebedd arwyneb $\times$ tymheredd^4

$$\frac{L_{Can}}{L_{Haul}} = \left(\frac{r_{Can}}{r_{Haul}}\right)^2 \left(\frac{T_{Can}}{T_{Haul}}\right)^4$$

$$\frac{r_{Can}}{r_{Haul}} = \sqrt{\frac{L_{Can}}{L_{Haul}}} \times \left(\frac{T_{Haul}}{T_{Can}}\right)^2 = \sqrt{10700} \times \left(\frac{5780}{6940}\right)^2 = 72$$

(c) Mae ei radiws yn llawer mwy na radiws yr Haul, felly mae'n gawr. Ond, tua 400 nm yw'r donfedd brig, sydd ar ben glas y sbectrwm gweladwy, felly bydd ei lliw yn las-wyn. Felly mae'n gawr glas ac mae Megan yn rhannol gywir.

C8 (a) (i) Gronyn sy'n cynnwys 3 chwarc.

(ii) Gronyn sy'n cynnwys cwarc a gwrthgwarc.

(b) (i) Mae rhif baryon (B) yn cael ei gadw.
1 yw rhif baryon protonau, a 0 yw rhif baryon pionau. Er mwyn cadw B, mae'n rhaid i rif baryon x fod yn 1, felly mae'n faryon.
Mae gwefr yn cael ei gadw.
+1 yw gwefr y protonau a'r pion, felly 0 yw gwefr x.
Gan fod x yn ronyn cenhedlaeth gyntaf gallai fod yn niwtron neu'n Δ^0.

(ii) Cwarciau u. Ochr chwith $U = 2 + 2 = 4$; Ochr dde $U = 2 + 1 + 1 = 4$, $\therefore$ wedi'i gadw
Cwarciau d: Ochr chwith $D = 1 + 1 = 2$; Ochr dde $D = 1 + 2 + (-1) = 2$, $\therefore$ wedi'i gadw

(iii) Mae cadwraeth rhifau cwarc yn golygu bod naill ai rhyngweithiad cryf neu electromagnetig yn bosibl. Mae rhyngweithiad cryf yn llawer mwy tebygol nag e-m gan ei fod yn 'gryfach'.

(c) (i) Mae ganddo rif baryon 0 (er mwyn i B gael ei gadw), gwefr 0 (er mwyn i Q gael ei gadw) a rhif lepton 1 (er mwyn i L gael ei gadw, oherwydd mae gan e$^+$ $L = -1$).

(ii) 2 reswm: Yn gyntaf, dim ond 'weithiau' mae'r rhyngweithiad yn digwydd. Yn ail (ac yn bendant), dydy rhifau cwarc ddim yn cael eu cadw ar wahân. Mae gan y proton adeiledd cwarc uud; mae gan y diwteron adeiledd (uud) + (udd). Felly mae U yn lleihau 1, a D yn cynyddu 1.

Papur Enghreifftiol Uned 2

 (a) Cyfradd llifo gwefr drydanol yw cerrynt trydanol.

(b) Mae dargludiad trydan mewn metel yn cynnwys electronau 'rhydd' sy'n pasio drwy'r metel. Er eu bod yn dod o atomau'r metel, dydy electronau rhydd ddim ynghlwm wrth atomau unigol mwyach. Mae'r electronau rhydd mewn mudiant trawsfudol cyson, gan rannu egni ar hap yr ïonau dirgrynol y maent yn gwrthdaro â nhw yn gyson. Pan fydd gp yn cael ei roi ar draws darn metel, bydd yr electronau rhydd yn profi grymoedd tuag at derfynell bositif y gp. Bydd y gwrthdrawiadau'n atal yr electronau rhag cyflymu'n barhaus. Yn hytrach, bydd cyflymder 'drifft' cymedrig i'r cyfeiriad hwnnw yn cael ei arosod ar eu mudiant thermol ar hap.

Mae cynnydd yn y tymheredd yn awgrymu cynnydd yn yr egni ar hap, felly bydd gwrthdrawiadau rhwng electronau ac ïonau yn digwydd yn fwy aml. Felly, bydd cyflymder drifft cymedrig yr electronau rhydd yn lleihau ar gyfer gp penodol. Felly bydd y cerrynt yn lleihau, a bydd gwrthiant y metel yn cynyddu.

(c) (i) $R = \dfrac{\rho l}{A} = \dfrac{5.6 \times 10^{-8}\ \Omega\,\text{m} \times 0.65\,\text{m}}{2.75 \times 10^{-5}\ \text{m}^2} = 1.32\ \text{m}\Omega\ (1.32 \times 10^{-3}\ \Omega)$

(ii) $I = \dfrac{V}{R} = \dfrac{1.65\,\text{V}}{0.00132\,\Omega} = 1\,247\ \text{A}$

$v = \dfrac{I}{nAe} = \dfrac{1247\ \text{A}}{8.25 \times 10^{28}\ \text{m}^{-3} \times 2.75 \times 10^{-5}\ \text{m}^2 \times 1.60 \times 10^{-19}\ \text{C}}$

$= 3.43\ \text{mm s}^{-1}$

C2 (a)

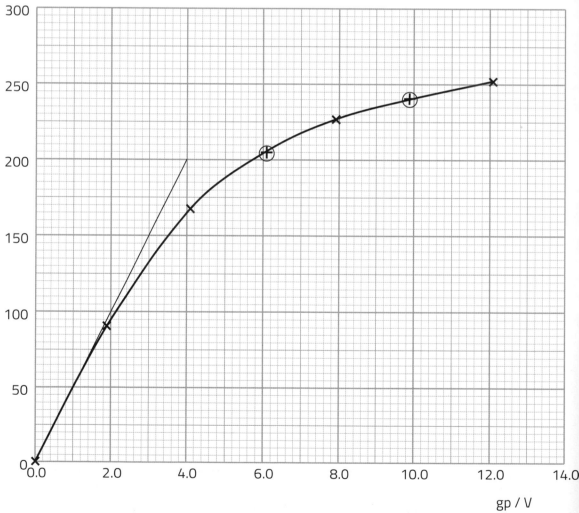

(b) (i) $R = \dfrac{1}{\text{graddiant ar y tarddbwynt}} = \dfrac{4.00\,\text{V}}{0.200\,\text{A}} = 20\ \Omega$

(ii) $R = \dfrac{12.0\,\text{V}}{0.252\,\text{A}} = 48\ \Omega$

(c) (i)   Mae'r canlyniadau a'r graff yn dangos y gwrthiant yn cynyddu gyda'r gp. Mae hyn i'w ddisgwyl oherwydd mae tymheredd y ffilament yn cynyddu wrth i'r gp gynyddu, gan arwain at wrthdrawiadau mwy aml rhwng ïonau ac electronau rhydd. Mae'r tymheredd yn ddigon fel bod y ffilament yn allyrru pelydriad ar yr un gyfradd ag y mae pŵer trydanol yn cael ei afradloni; felly mae gp mwy yn achosi cerrynt mwy, afradlonedd pŵer mwy, tymheredd uwch a mwy o wrthiant!

(ii)   Bydd gp penodol bob amser yn rhoi'r un cerrynt. Bydd cymhwyso'r rhannwr potensial yn rhoi pâr gwahanol (ond cwbl ddilys) o ddarlleniadau. Bydd ceisio dod yn ôl at bâr blaenorol yn anodd ei wneud, a dim ond yn ailadroddus os yw'n cael ei gyflawni.

(ch)(i)   Bydd cerrynt o unrhyw werth a ddewiswyd, unwaith iddo ddechrau, yn parhau hyd yn oed heb unrhyw gp yn bresennol. Mae hynny'n gwneud y syniad o'r cerrynt wedi'i blotio yn erbyn gp cydamserol yn ddiystyr.

(ii)   (e.e.) Y dargludyddion yn yr electromagnetau yn y Gwrthdrawydd Hadronau Mawr.

C3 (a) E yw'r egni cemegol sy'n cael ei drosglwyddo yn y gell am bob uned gwefr.
IR yw'r egni sy'n cael ei drosglwyddo i'r gwrthiant allanol am bob uned gwefr.
Ir yw'r egni sy'n cael ei drosglwyddo i'r gwrthiant mewnol am bob uned gwefr.
Mae egni'n cael ei gadw, felly $EI = I^2R + I^2r$ ac $E = IR + Ir$

(b) (i) $I = \dfrac{E}{R+r} = \dfrac{1.65\ V}{0.20\ \Omega + 0.20\ \Omega} = 4.1\ A$

(ii) $P = I^2R = (4.13\ A)^2 \times 0.20\ \Omega = 3.411\ W$

(c)   [Enghraifft o ddull gweithredu posibl]

Rhoi cynnig ar $R = 0.15\ \Omega$, yna $P = \left(\dfrac{1.65\ V}{0.15\ \Omega + 0.20\ \Omega}\right)^2 \times 0.15\ \Omega = 3.33\ W$

Rhoi cynnig ar $R = 0.25\ \Omega$, yna $P = \left(\dfrac{1.65\ V}{0.25\ \Omega + 0.20\ \Omega}\right)^2 \times 0.25\ \Omega = 3.36\ W$

Mae'r ddau werth pŵer hyn yn llai nag ar gyfer $R = 0.20\ \Omega$, felly mae'n ymddangos yn debygol bod gwerth mwyaf y pŵer ar $R = 0.20\ \Omega$.

C4 (a) Mewn ton ardraws, mae'r osgiliadau ar ongl sgwâr i gyfeiriad y gwasgariad; mewn ton arhydol, mae'r dirgryniadau yn baralel i gyfeiriad y gwasgariad.

(b) (i)   0.20 s

(ii)   5.0 Hz

(c) (i) $\lambda = (3.15 - 0.95)\ cm = 2.20\ cm$
$v = f\lambda = 5.0\ Hz \times 2.20\ cm = 11\ cm\ s^{-1}$

(ii)

dadleoliad / cm

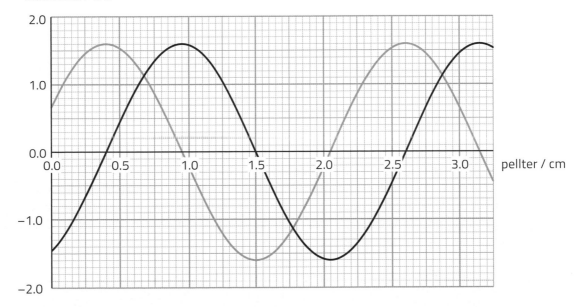

C5 (a) Roedd yn awgrymu'n gryf bod gan olau briodweddau ton [bod golau yn don].

(b) Gwahaniad eddïau $= \dfrac{65 \text{ mm}}{9} = 7.2$ mm

$$\lambda = \dfrac{0.25 \text{ mm} \times 7.2 \text{ mm}}{2.250 \text{ m}} = 800 \text{ nm} / 0.80 \text{ μm (2 ff.y.)}$$

(c) Mae'n rhaid i olau o un hollt deithio un donfedd ymhellach i gyrraedd A na golau o'r hollt arall. Mae hyn yn golygu bod golau o'r ddwy hollt yn cyrraedd A brig-ar-frig a chafn-ar-gafn, felly mae ymyriant adeiladol yn bodoli. Hefyd, yn ôl yr egwyddor arosodiad, mae dwywaith osgled y don a fyddai wedi bod o ganlyniad i un hollt yn unig.

(ch)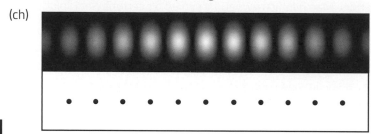

C6

(a) Deddf Snell: $n \sin \theta = $ cysonyn $\therefore 1.00 \sin 22.2° = 1.64 \sin \theta$

$$\therefore \theta = \sin^{-1}\left[\dfrac{\sin 22.2°}{1.64}\right] = 13.3°$$

(b) Ongl drawiad ar y ffin craidd–cladin $\phi = 90.0° - 13.3° = 76.7°$

Ond mae'r ongl gritigol C yn cael ei rhoi gan $1.64 \sin C = 1.61 \sin 90°$

Felly $C = \sin^{-1}\left(\dfrac{1.61 \times 1}{1.64}\right) = 79.0°$

Felly $\phi < C$. Dim ond adlewyrchiad rhannol fydd, ac felly bydd llawer llai o olau yn y craidd ar ôl ychydig o adlewyrchiadau.

(c) [Does dim ateb 'cywir' pendant; gallai llawer o bwyntiau gael eu gwneud, e.e...] O ystyried yr allyriad carbon deuocsid yn unig, sy'n cyfrannu at gynhesu byd-eang anthropogenig, mae'n dibynnu faint o egni sydd ei angen yn y broses buro ar gyfer y tywod (y prif ddeunydd crai ar gyfer y silica mae'r ffibrau gwydr yn cael eu gwneud ohono) ac ar gyfer cynhyrchu ffibrau o'r ddau fath. Gan dybio nad yw defnyddio cynhyrchion puro olew ar gyfer ffibrau optegol yn ychwanegu'n sylweddol at weithgareddau echdynnu a llosgi olew (gan mai dim ond sgil-gynnyrch ydyw), dydy ffibrau optegol sy'n seiliedig ar olew ddim yn effeithio'n sylweddol ar yr amgylchedd oherwydd allyriadau tŷ gwydr. Mae ffibrau optegol gwydr hefyd yn defnyddio plastigion ar gyfer y wain o amgylch y ffibrau, felly gallai gwaredu'r rhain fod yn broblem o ran rhyddhau plastigion i'r amgylchedd. Mae'n debyg nad oes llawer o wahaniaeth rhwng y ddau fath. [Gallech chi ennill marciau llawn am ateb llawer byrrach.]

C7 (a) System 3 lefel: Trosiad laser = 1.79 eV

$$E = \dfrac{hc}{\lambda} \therefore \lambda = \dfrac{6.63 \times 10^{-34} \text{ J s} \times 3.00 \times 10^{8} \text{ m s}^{-1}}{1.79 \times 1.60 \times 10^{-19} \text{ J}} = 6.94 \times 10^{-7} \text{ m}$$

System 4 lefel: Trosiad laser = 1.42 − 0.25 = 1.17 eV

$$\therefore \lambda = \dfrac{6.63 \times 10^{-34} \text{ J s} \times 3.00 \times 10^{8} \text{ m s}^{-1}}{1.17 \times 1.60 \times 10^{-19} \text{ J}} = 1.06 \times 10^{-6} \text{ m}$$

(b) Mewn system 3 lefel, lefel isaf y trosiad laser yw'r cyflwr isaf. Felly, i gyflawni gwrthdroad poblogaeth mae'n rhaid rhoi mwy na 50% o'r atomau yn y cyflwr uwch. Yn y system 4 lefel, mae lefel waelod y trosiad laser yn lefel gynhyrfol, sydd â phoblogaeth gychwynnol o sero. Oherwydd hyn, mae rhoi unrhyw atomau yn lefel uchaf y trosiad laser yn cynhyrchu gwrthdroad poblogaeth, felly mae angen llawer llai o egni i ddechrau'r laser.

(c) Mae ffotonau egni sy'n cyfateb i'r trosiad lasio (*lasing transition*) yn achosi allyriad ysgogol o'r cyfrwng mwyhau: allyriad ffotonau â'r un egni, gwedd a chyfeiriad teithio. Mae'r rhai sy'n teithio'n baralel ag echelin y tiwb yn cael eu hadlewyrchu yn ôl ac ymlaen gan y drychau ar y naill ben a'r llall, gan achosi mwy o allyriad ysgogol. Felly mae arddwysedd y paladr yn cynyddu i uchafswm, wedi'i gyfyngu gan gyfradd y pwmpio a dihangfa 1% o'r ffotonau sy'n taro'r drych sy'n adlewyrchu 99%. Y ffotonau sy'n dianc sy'n ffurfio'r paladr laser.

C8 (a) Yr egni ffoton yw *hf*. Mae egni cinetig mwyaf, $E_{k\,mwyaf}$, y ffotoelectronau yn hafal i'r egni hwn minws yr egni lleiaf sydd ei angen i dynnu electron o arwyneb y metel – y ffwythiant gwaith, ϕ.

(b) (i) $\phi = -$ y rhyngdoriad ar yr echelin $E_{k\,mwyaf} = 3.4 \times 10^{-19}$ J

$$h = \text{graddiant y graff} = \frac{(3.3 - (-3.4)) \times 10^{-19}\text{J}}{10 \times 10^{14} \text{ Hz}} = 6.7 \times 10^{-34} \text{ J s}$$

(ii) Does dim gwasgariad amlwg o amgylch y llinell ffit orau.
Mae'r llinell ffit orau yn syth, mae ei goledd yn rhoi gwerth *h* mewn cytundeb agos â'r hyn a ganfuwyd gan ddulliau eraill, ac mae ei rhyngdoriad yn negatif. Felly mae'n cyd-fynd â hafaliad Einstein.